李林强　主编

# 乳制品加工技术

RUZHIPIN
JIAGONG JISHU

化学工业出版社
·北京·

## 内容简介

《乳制品加工技术》包括二十章内容，全书分为上、下两篇，对乳制品进行了全面介绍，涵盖了包括鲜乳、液态乳、发酵乳、乳酸菌、乳粉、干酪等主要乳制品的生产加工技术以及巴氏杀菌的条件筛选，反映了国内外乳制品加工技术现状和牛羊乳保健制品开发研究成果。全书内容丰富，图文并茂，理论结合实践，实用性强。

本书既可作为高等院校食品科学与工程专业师生的教材，也可作为研究生进行乳制品研发的参考资料，同时还可作为乳品企业生产技术人员的学习资料。

## 图书在版编目（CIP）数据

乳制品加工技术 / 李林强主编. —北京：化学工业出版社，2024.1
ISBN 978-7-122-44816-3

Ⅰ.①乳… Ⅱ.①李… Ⅲ.①乳制品-食品加工
Ⅳ.①TS252.4

中国国家版本馆 CIP 数据核字（2024）第 043973 号

---

责任编辑：李建丽　　　　　　　文字编辑：朱雪蕊　李宁馨
责任校对：李雨晴　　　　　　　装帧设计：张　辉

---

出版发行：化学工业出版社
　　　　　（北京市东城区青年湖南街 13 号　邮政编码 100011）
印　　装：大厂聚鑫印刷有限责任公司
710mm×1000mm　1/16　印张 17¼　字数 307 千字
2024 年 6 月北京第 1 版第 1 次印刷

---

购书咨询：010-64518888　　　　　售后服务：010-64518899
网　　址：http://www.cip.com.cn
凡购买本书，如有缺损质量问题，本社销售中心负责调换。

---

定　　价：89.00 元　　　　　　　　　　版权所有　违者必究

# 前言 FOREWORD

乳是哺乳动物产仔后从乳腺中分泌出来的一种白色或淡黄色的具有胶体特性的生物学液体，是哺乳动物初生阶段维持生命发育无可替代的全价营养食品。哺乳动物是动物界中形态结构最高等、生理机能最完善的动物，这与哺乳这一行为密不可分。哺乳不仅是哺乳动物在生命初级阶段获得营养与健康的最佳途径，而且也是动物特别是人类的正向情感形成的开端。乳制品产业一直以来被认为是"健康产业"。在世界范围内，乳制品加工业是食品工业的支柱产业之一。《食品工业"十二五"发展规划》提出加快乳制品工业结构调整，积极引导企业通过跨地区兼并、重组，淘汰落后生产能力，推动乳制品工业结构升级。《全国奶业发展规划（2016—2020年）》提出优化区域布局、发展奶牛标准化规模养殖、提升婴幼儿配方乳粉竞争力等主要任务。《"十四五"奶业竞争力提升行动方案》提出优化奶源区域布局，提升自主育种能力，增加优质饲草料供给，支持标准化、数字化规模养殖，引导产业链前伸后延，稳定生鲜乳购销秩序，提高生鲜乳质量安全监管水平，支持乳制品加工做优做强。

近年来随着消费升级，乳制品结构不断优化，向着规范化、规模化、现代化的方向发展，市场上出现种类繁多的乳制品供消费者选择。大型乳品生产企业已经成为乳制品生产的主导力量。我国乳制品企业的生产设备、产量、质量和品种均接近国际发达国家水平，但同时也面临着国外乳制品巨头的市场竞争。国内乳制品企业需开发新技术、新工艺、新原料，以形成企业自身拥有的核心技术来保持企业的可持续发展。

《乳制品加工技术》分为上下篇两个部分，上篇全面系统地阐述了国内外各种乳制品的加工技术和基本理论，下篇论述了当下功能性乳制品的开发研究结果，可以为新型乳制品开发提供理论基础，同时还在该部分进一步论述了乳制品安全的 PCR 检测技术。

本书在编写过程中紧密结合国内外乳制品生产现状，参考了大量中外文献资料，全书内容丰富，图文并茂，理论结合实践，通俗易懂。乳制品加工技术是全国食品科学与工程类专业必修的课程内容，所以该书既可作为高等院校本科生和职业技术学院学生的教材，也可作为研究生进行乳制品研发的参考资料，同时也可作为乳品企业生产技术人员的学习资料。

本书受陕西师范大学优秀著作出版基金资助。由于编者水平有限，难免存在疏漏，敬请同行专家与读者指正。

李林强

2024 年 1 月

# 目录 CONTENTS

# 上 篇

## 第一章 乳的概念

## 第二章　乳的理化特性、组成及功效

## 第三章 乳的物理性质和加工特性

## 第四章 原料乳加工质量安全控制

## 第十二章　其他乳制品生产

# 下　篇

## 第十三章　羊乳联合低聚糖对大肠菌群结构影响及机理分析

## 第十四章　复合乳酸菌发酵羊乳对大肠菌群影响及机理分析

## 第十五章　羊乳联合低聚糖对小肠微生物群落影响及机理分析

## 第十六章　乳酸菌发酵羊乳对小鼠小肠微生物群落结构和免疫应答调控

## 第十七章　羊乳巴氏杀菌条件筛选

## 第十八章　牛羊乳热处理蛋白质变性程度比较及机理分析

## 第十九章　中国奶山羊产业发展现状和趋势

## 第二十章 乳中 DNA 提取方法的优化及试剂盒方法的建立

## 参考文献

## 附录一 名词解释

## 附录二 乳制品国家标准目录

## 附录三 乳粉车间清洁和消毒作业管理规程

# 绪　论

　　乳又名奶，是哺乳动物乳腺中分泌出来一种白色或淡黄色的不透明液体。乳中的脂肪、矿物质、乳糖和水组成乳浊液，乳蛋白则悬浮其中，呈胶体状态。乳营养成分丰富、营养素组成比例适宜，较易消化吸收，是一种完全营养食品，基本能满足幼小动物生长发育所需。乳类主要提供优质蛋白质、矿物质钙和维生素 D、维生素 $B_1$、维生素 $B_2$ 等，是人体所需的优质蛋白质和钙的良好来源。乳中的乳糖也能促进乳中矿物质钙、铁、锌等的吸收。发酵后的乳中乳糖分解，蛋白质和脂肪也有部分降解，更容易被人体消化吸收。同时经过发酵的乳还含有大量的益生菌，有益人体健康。

　　鲜乳经过不同的加工后其产品种类丰富，货架期延长，可制成一系列乳制品如乳粉、消毒乳、酸乳、冰淇淋、乳酪、奶油、炼乳等。乳粉也可经过调整或强化乳中的特定营养成分形成如婴儿配方乳粉、低脂乳粉、孕妇乳粉、低乳糖乳粉等特殊膳食食品。此外，鲜乳可加工制成一系列副产品，如乳清粉、乳糖、干酪素等，供工业和医药用。

## 一、乳业的起源与历史

　　饲养奶畜、食用乳和制作乳制品的历史悠久。早在新石器时代，人类已开始从事畜牧业乳的生产和加工。考古材料证实，在世界各地的新石器时代遗址中，都发现了大量的牛、羊、猪、狗的骨骼。撒哈拉沙漠岩石上的雕刻描绘了当时的人们养牛和挤奶的情景。印度的梵文和古雅利安语记载了在公元前 6000 年人们已开始饮用乳和制作乳制品。甲骨文考证，商朝（公元前 16 世纪—前 11 世纪）已普遍开始圈养家畜，如猪、牛、羊等。有了家畜的饲养，就有了乳的食用。战国末期的儒家经典《礼记》中的《礼运》篇就有制作乳酪的过程记述："以炮以燔，以亨以炙，以为醴酪。"北魏贾思勰的《齐民要术》中有奶酪、酸奶生产方法的记载。公元前 170 年，西汉文帝时，已有乳汁酿制奶酒的记载。在《魏书》《汉武内传》等古籍中有"常饮羊乳，色如处子"的记载。

古人对乳的营养价值已有一定的认识。在唐朝以前，牛乳被人们认为是一种珍稀、高贵、圣洁的食品，主要用于祭祀、供奉佛家弟子、药用以及进贡皇家。从唐朝开始，乳制品成为较普遍的贵族食品。宋朝（960—1279 年）官府中为了加强乳品制造的管理，设立了乳制品的加工部门"牛羊司、乳酪院"。1123 年时丰州城（今呼和浩特）内就有一条街叫"酪巷"，是专门制作和经营乳制品的街道。《马可•波罗游记》中记载元朝军队以干制乳品作为军粮，这样轻便且高营养的军粮是成吉思汗的铁骑能神速进军的缘由之一。

明朝时期对乳类的认识有了新的飞跃，乳制品已开始进入寻常百姓家。李时珍（1518—1593）《本草纲目》记载了人乳、牛乳、羊乳、马乳、骆驼乳、驴乳、猪乳等的性质和医疗效果。清代宫廷中已日常食用乳酪、奶卷、奶饽饽等。

我国少数民族利用牦牛、黄牛、水牛、骆驼、马、羊挤乳饮用和制作各种乳制品的历史可追溯到 5000 多年前。传统乳制品多种多样，如蒙古族的奶茶、奶豆腐、乳酪，藏族的酥油茶、奶疙瘩，维吾尔族的酸乳，白族的乳扇等，都各具特色。可见，乳制品是各民族智慧和劳动的结晶，是世界饮食文化的瑰宝之一。

## 二、乳的来源

除了牛乳外，许多国家也利用其他家畜的乳，其中水牛乳约占世界鲜乳总产量的 6.62%，比如印度、巴基斯坦、中国、埃及；山羊乳约占总产量的 1.73%，比如中国、印度、阿拉伯联合酋长国、希腊、孟加拉国、法国、意大利等，其中中国较多；绵羊乳约占总量的 1.57%，比如阿拉伯联合酋长国、印度、中国、叙利亚。中国少数地区也利用马乳、骆驼乳。北欧国家则食用驯鹿乳。

## 三、乳制品工业化生产发展

19 世纪，乳制品进入工业化生产时期。1851 年美国建立了第一个干酪和冰淇淋工厂。1855 年英国颁布乳粉制造法的专利。1856 年一种可长期保存的甜炼乳问世。1877 年瑞典和丹麦都制出了奶油分离机。1901 年德国首先用喷雾法制造乳粉。1908 年日本生产酸乳。1939 年德国用连续法生产奶油。美国于 1946 年采用超高温工艺进行牛乳灭菌，工业化生产无菌灌装的全脂灭菌牛乳，1971 年应用超滤和反渗透技术处理乳清。

在中国，1924 年宇康炼乳厂建于浙江瑞安，1926 年百好乳品厂在浙江温州建成，1928 年浙江海宁成立西湖乳品公司。1949 年以后中国的乳品工业较快地发展起来。截至 1987 年全国共有乳品厂 500 多家，主要分布在黑龙江、内蒙古、甘肃、陕西、青海等省和自治区以及北京、上海、天津等地。

乳加工技术不断进步，超高温灭菌乳不需冷藏，保存期约半年，逐渐取代传统的巴氏杀菌乳；婴儿配方乳粉产量和品种正在不断地增长；用乳糖酶处理鲜乳，使乳糖部分分解，可适合乳糖不耐受患者的需要；用反渗透技术预浓缩乳既可提高干酪得率，可减少凝乳酶用量，又可节省设备投资；超滤可使乳清脱盐，可进一步生产脱盐乳清的浓缩制品，超滤还可用于生产低盐、低乳糖的乳制品；真空蒸发器采用机械压缩的技术减少蒸发器的效数以减少投资；喷雾干燥器已发展到三级干燥；冰淇淋中的稳定剂可缩短成熟期；乳品的常规化学分析或微生物检验方法也在不断地发展之中。

## 四、中国乳制品行业发展现状与趋势分析

### （一）对标美、日国家人均乳制品消费量，我国仍有增长空间

目前，我国乳制品行业已基本处于成熟阶段。从人均消费量的角度来衡量，中国乳制品人均消费量是否见顶存在争议。一种观点认为中国乳制品人均消费量已经见顶，这是由于中国人的乳糖不耐受体质，中国的人均乳制品的消费量不会达到欧美国家的平均水平。另一种观点认为，随着中国人口城镇化程度提高，中国人均乳制品消费量会慢慢接近欧美国家。

2016 年，我国内地人均乳制品折合生鲜乳消费量为 36.1kg，约为世界平均水平的 1/3。2018 年我国农业农村部食物与营养发展研究所政策研究室对 6 个典型城市（呼和浩特、哈尔滨、南京、成都、武汉、西安）的调研数据表明，26 岁到 35 岁年龄段乳类消费水平最高，人均年消费量达到近 52.92kg，比更低年龄段和更高年龄段分别高出 18.5% 和 8.8%。因此，未来人均乳制品消费量提升将主要由农村地区贡献，而一线城市乳制品则更多的是产品升级换代。

### （二）中国乳制品消费结构

中国的乳制品消费结构与美国、亚洲其他国家及中东地区有较大差别。中国的乳制品消费主要以液态乳和乳粉为主，干酪消费量非常少。中国内地人均液态乳包括酸乳产品的消费量已接近日本和中国香港。

## （三）中国乳制品供给

2015—2019 年，我国乳制品供给能力不断提高。《全国奶业发展规划（2016—2020 年）》指出，到 2020 年，奶业现代化建设取得明显进展，奶业供给侧结构性改革取得实质性成效，供给和消费需求更加趋于合理。我国整体上加工布局的集中度突出，乳制品供给加工量排前 10 位的省（区、市）合计占全国乳制品加工总量的 67.3%。我国乳制品消费市场已呈现多样化和规模化态势，居民消费水平持续升级。中国海关总署数据显示，2014—2019 年，我国乳制品行业的出口数量呈现一定的增长态势，其中 2019 年我国乳制品行业的出口量为 5.44 万吨，出口金额为 4.31 亿美元，表明我国乳制品供给能力较强。

近些年在国家政策的引导下，中国乳制品生产技术基本达到国际化水平，乳业正在向科学化、集约化、规模化方向发展。

# 上　篇

# 第一章  乳的概念

## 第一节  乳的分类

乳是哺乳动物分娩后由乳腺分泌的一种白色或微黄色不透明液体，它含有幼儿生长发育所需的全部营养成分，是哺乳动物出生后最适于消化吸收的全价食物。

### 一、按乳的来源分类

按乳的来源，乳可分为牛乳、羊乳、马乳、骆驼乳、水牛乳等。

### 二、按乳的分泌时间分类

按乳的分泌时间可将乳分为初乳、常乳和末乳 3 类。

初乳：分娩 7 天内特别是 3 天内采集的乳汁。初乳具有下列几个特点：

① 颜色比正常乳黄。

② 具有苦味和特殊气味。主要由于 $Mg^{2+}$ 含量较高。

③ 干物质含量高。富含蛋白质、脂肪和维生素。

④ 对热不稳定。主要由于白蛋白和球蛋白含量高，加热易结晶凝固。

⑤ 具有免疫作用。初乳中含有丰富的免疫球蛋白。

常乳：产犊后 7 天至干奶期前所分泌的乳汁，通常是用来加工乳制品的原料乳。

末乳：干奶期前 1～2 周所分泌的乳，又称老乳，成分与常乳也有明显的差别。末乳 pH 达 7.0 左右，细菌数达 250 万 CFU/mL。这种乳不适合作为乳制品的原料乳。末乳具有下列特点：

① 除脂肪外干物质含量较高。

② 具有苦咸味。

③ 脂肪易氧化。由于末乳中有较多的解脂酶，乳脂肪易氧化变质。

## 三、按乳的加工性质分类

在乳品加工中，通常按乳的加工性质将乳分为常乳和异常乳两大类。

**1. 常乳**

产犊后 7 天至干奶期前所分泌的乳汁，通常是用来加工乳制品的原料乳。常乳成分基本稳定，作为原料乳必须符合下列要求：

① 采用由健康产乳家畜生产出的新鲜乳。

② 初乳和末乳不能使用。

③ 乳中不得含有肉眼可见的机械杂质。

④ 乳具有新鲜乳的滋气味。

⑤ 鲜乳必须状态均匀稳定一致。

⑥ 鲜乳色泽应呈白色或稍带黄色。

⑦ 鲜乳的乳酸度应小于 20°T。

⑧ 鲜乳保藏不得加入防腐剂。

**2. 异常乳**

产乳家畜受到饲养管理、疾病及其他各种因素的影响，乳的成分和性质发生变化，与常乳的性质有所不同，不适用于加工优质的产品。异常乳可分为生理异常乳、化学异常乳、微生物污染乳、病理异乱乳。

生理异常乳：由于生理因素的影响，乳的成分和性质发生改变，主要有初乳、末乳及营养不良乳。其中，营养不良乳又叫低成分乳，是由于遗传和饲养管理等因素影响，乳成分发生异常变化而产生干物质含量较低的乳。这种乳对皱胃酶几乎不凝固，所以，这种乳不能制造乳酪。其形成主要原因如下：

① 季节影响。通常冬季干物质含量高，夏季较低。

② 饲料影响。精饲料少，粗饲料多可使乳脂肪含量降低。

③ 营养不良。不仅产乳量降低，而且乳蛋白、乳糖和矿物质含量降低。

④ 人为因素。加水、撇油可造成低成分乳。

化学异常乳：由于乳的化学性质发生改变而形成的异常乳，包括酒精阳性乳、风味异常乳、混入杂质乳等。

酒精阳性乳：用 68%~72% 的酒精与等量乳混合产生絮状沉淀的乳称为酒精

阳性乳。高酸度乳、细菌污染乳、冻结乳、乳房炎乳酒精试验呈阳性，但要注意一些乳酸度较低（<16°T）但酒精试验也呈阳性，所以要区分低酸度乳与酒精阳性乳的关系。酒精阳性乳产生的主要原因如下：

① 环境的影响：春季易发生，到采食青饲料时自然治愈；气温剧烈变化或夏季盛暑期间易发生；年龄在 6 岁以上者易发生；卫生管理差者易发生。

② 饲养管理的影响：饲料腐败或喂量不同；长期喂单一饲料；过量喂给食盐；挤乳过度而热量供给不足。

③ 生理机能：内分泌机能紊乱易产生低酸度酒精阳性乳。

此外，还有低酸度酒精阳性乳，其性状如下：

① 酸度、蛋白质、乳糖、无机磷酸比正常乳低。

② 乳清蛋白、$Na^+$、$Cl^-$、$Ca^{2+}$、胶体磷酸钙的含量比正常乳高。

总的来看，其主要是盐类含量不正常及其与蛋白质之间不平衡引起的。

③ 利用价值：100℃左右加热时与常乳无太大差别；130℃加热时易产生凝固；用板式杀菌器杀菌时易形成乳垢；喷雾干燥产品溶解度降低。

混入杂质乳：混入乳中原来不存在的物质的乳称混入杂质乳。

微生物污染乳：原料乳被微生物污染产生异常变化的乳，以致不能作为生产原料乳，这种乳叫微生物污染乳。微生物污染乳产生原因如下：

① 畜体卫生管理差。

② 挤乳卫生不严格。

③ 不能及时冷却。

④ 挤乳器具不卫生。

病理异乱乳：由乳房发炎的产乳家畜，或者感染口蹄疫、布鲁氏菌病的产乳家畜所产的乳。病理异乱乳往往不能作为加工乳制品的原料使用。

# 第二节　乳的产生

## 一、乳的形成

乳是在乳腺泡的上皮细胞内合成的。乳的分泌速度取决于分泌细胞从血管中将吸收的营养物质转化为乳的成分并排到乳腺泡腔的速度，它是决定乳产量的主要生理条件。所以，乳的成分一部分直接来自血液，大部分利用血液中的成分在乳腺上皮细胞中合成，研究表明，每产生 1L 的乳，乳房内要流过 400～500L 的血液。牛乳和血液营养素比较见表 1-1。

**表 1-1 牛乳和血液营养素比较**

| 营养素 | 牛乳 | 血液 |
|---|---|---|
| 水 | 水 | 水 |
| 糖类 | 乳糖 | 葡萄糖 |
| 蛋白质 | 酪蛋白 | 氨基酸 |
| | β-乳球蛋白 | 氨基酸 |
| | α-乳白蛋白 | 氨基酸 |
| | 乳铁蛋白 | 氨基酸 |
| | 血清白蛋白 | 血清白蛋白 |
| | 免疫球蛋白 | 免疫球蛋白 |
| 脂质 | 甘油三酯 | *β*-羟基丁酸盐 |
| | 磷脂 | 脂类 |
| 葡萄糖酸盐 | 柠檬酸盐 | 葡萄糖 |
| 矿物质 | Ca、P、Na、K、Cl | Ca、P、Na、K、Cl |

## (一)蛋白质的形成

各种动物乳中的主要营养成分为蛋白质、乳糖、脂肪、矿物质和维生素等。蛋白质能够满足机体的生长需要，并促进免疫系统的调节功能。乳蛋白有酪蛋白和乳清蛋白两大类。酪蛋白主要由$\alpha_{s1}$-酪蛋白、β-酪蛋白、κ-酪蛋白、γ-酪蛋白等组成；乳清蛋白主要由α-乳白蛋白、β-乳球蛋白、血清白蛋白及免疫球蛋白等组成，这些蛋白质在乳中占总蛋白质的90%以上，其中的免疫球蛋白则是初乳中的主要成分，在婴儿建立健全免疫系统方面发挥了重要作用。乳中含有丰富的必需氨基酸和非必需氨基酸，动物乳含有动物幼体所必需的全部氨基酸，其中色氨酸被证实是人体内血清素等重要成分的前体物质。所有这些蛋白质都是在乳腺分泌细胞内由游离氨基酸所合成的。它们都是由进入乳腺细胞的血液蛋白质所组成的，在乳中未发生变化。这些蛋白质不需要在乳腺细胞内由氨基酸合成。乳蛋白合成与机体蛋白质合成方式相同（图 1-1）。

$$\text{氨基酸}\xrightarrow[\text{活化酶}]{\text{ATP}}\text{活性氨基酸}\xrightarrow{\text{氨酰tRNA 合成酶}}\text{氨酰tRNA}\xrightarrow{\text{mRNA}}\text{多肽}\longrightarrow\text{一级、二级、……、乳蛋白}$$

图 1-1 乳蛋白合成

## (二)脂肪的合成

脂肪作为乳中储存能量的物质，为动物幼体和婴儿提供必需脂肪酸和脂溶性维生素等。乳中的共轭亚油酸对动物和人体的健康有着重要的作用，主要是具有抗癌、抗动脉粥样硬化和预防慢性疾病等功能。二十碳五烯酸在合成前列腺素和保护心脏、血管方面不可缺少。二十二碳六烯酸主要存在于人体大脑灰质及视网膜中，是维持人体正常生理代谢的必需脂肪酸成分，在婴幼儿大脑和视力发育中有重要作用，并可治疗心血管疾病、提高人体免疫力等，而且还有保持细胞膜的相对流动性、降低血中胆固醇、改善血液微循环以及增强记忆力和思维能力的功效。另外，磷脂则在哺乳动物乳脂肪中所占比重较小，可分为甘油磷脂和鞘磷脂两大类，具有疏水、亲水属性，使得磷脂可以发挥稳定水相中悬浮乳脂肪的作用，并且可以使浓度相对较高的乳脂肪和蛋白质存在于同一溶液中。除此之外，磷脂在建立婴儿大脑神经系统、肠道免疫系统和胃肠消化系统等方面也起到了不可或缺的作用。

乳脂肪是甘油三酯的混合物，大约有 50%是短链脂肪酸，其余 50%左右的乳脂肪是由长链脂肪酸（$C_{16} \sim C_{20}$）组成的。乳脂肪的另一特点是含饱和脂肪酸的比例高。母牛日粮中的脂肪酸直接提供乳内脂肪酸的一半左右，这些脂肪酸几乎全属于长链类。母牛日粮中的植物性脂肪酸多属长链类，而且是不饱和的，即在碳原子间含有高比例的双链。这些不饱和脂肪酸在瘤胃中被氧化而成饱和脂肪酸。乳脂肪含有 50%的短链脂肪酸，它们并非直接来源于日粮中的脂肪酸，而是在乳腺分泌细胞中由乙酸盐和酮体 $\beta$-羟基丁酸盐所合成的。乙酸盐含有两个碳原子，而酮体 $\beta$-羟基丁酸盐则含有四个碳原子，并且两者都来源于瘤胃中植物性碳水化合物发酵而成的挥发性脂肪酸。短链脂肪酸气味芳香，干酪具有香味大部分是由于存在短链脂肪酸。所以，乳中脂肪主要有三个来源：

① 以甘油三酯和脂肪酸形成，经血液和淋巴至乳腺形成脂肪酸，多为 $C_{16}$以上。

② 在瘤胃微生物作用下，以乙酸盐和 $\beta$-羟基丁酸盐为原料在乳腺中合成。主要是短链脂肪酸。

③ 在葡萄糖酵解及柠檬酸循环中，柠檬酸盐裂解形成乙酰辅酶和草酰乙酸盐合成脂肪。（不是主要来源）

### （三）乳糖的合成

乳糖是哺乳动物乳中最重要的碳水化合物，由 1 分子的葡萄糖和 1 分子的半乳糖所合成，是由乳腺合成的特有的化合物，即在动物的其他器官中没有这种糖。乳糖在所有动物乳中的含量都很高，作为动物幼体和婴幼儿生长发育的重要供能物质，能够促进大脑发育进程，还具有抗原活性和促进肠道某些细菌生长的作用。葡萄糖是乳糖合成的唯一前体物。每形成 1 分子的乳糖必须有 2 分子的葡萄糖进入乳腺细胞，其中一个葡萄糖分子转化为一个半乳糖，另一个葡萄糖分子与半乳糖凝结，通过酶的催化作用而合成乳糖。

### （四）维生素和矿物质的来源

乳中还含有人体所需的各种维生素，虽然其含量较低，但对生理活动有重要影响，对于生命活动是必需的。矿物质是乳中的各种盐类的总称，在维持机体的酸碱平衡及组织细胞渗透压、维持神经肌肉兴奋性和细胞膜的通透性等方面都有重要作用。母乳中适宜的钙磷比有助于婴儿钙和磷的吸收，对促进婴儿骨骼生长非常理想，更有研究表明，乳中的钙元素与酪蛋白结合后极易被婴儿消化吸收。乳腺分泌细胞不能合成维生素和矿物质。因此，乳中所有维生素和矿物质都是从血液中获得的。

### （五）柠檬酸盐的形成

柠檬酸盐是微生物产生芳香化合物的原始化合物，主要在线粒体的三羧酸循环中形成，是牛乳呈酸性的主要成分。

## 二、乳的分泌

母牛在泌乳期间，乳的分泌是持续不断的。乳刚挤完时，乳的分泌达到最大速度，到下次挤乳前减到最低速度。挤乳后最初 9～11h，乳的分泌速度是高而稳定的，以后分泌速度即开始迅速降低，如果不给母牛挤乳，则挤乳后 35h，乳即停止分泌。这就是为什么母牛特别是高产母牛一天必须每隔 12h 或 11～13h 挤乳一次。对于更高产的母牛一天要挤乳三次的主要原因，是比一天挤乳两次的母牛有更长的时间处于乳房内压较低的情况下进行挤乳。

## 三、乳的排出

大脑引起垂体后叶分泌催产素，经血液流到乳腺，刺激乳腺泡和末梢导管周围的肌上皮细胞以及血管壁肌肉，使其起收缩作用。乳房收缩组织的反射性活动使乳房内压急剧增加，于是压迫乳腺和末梢导管内的乳汁流入乳导管和乳池中，这时泌乳作用即行开始，这种动作叫作"排乳"。这种"排乳"过程在刺激作用以后经过 45～60s 即行发生，维持的时间最长仅达 7～8min。因此，及早开始挤乳（刺激作用以后 1min 内）和迅速挤乳是很重要的，这样才能获得最高的乳产量。

有时对母牛即使进行了正确刺激，乳的排出也可能停止，这就是通常所说的"停乳"。排乳的停顿是不知不觉地发生的，它是由于母牛受惊而分泌出其他激素（肾上腺素）。肾上腺素通过血管壁的收缩，有中和（降低）催产素的效果，这样就减少了血液的流量和乳房内催产素的含量，并妨碍垂体后叶分泌催产素。

# 第三节　特色乳

除牛乳外，人们还利用山羊乳、水牛乳、马乳、绵羊乳及牦牛乳等特色乳为乳制品加工的原料。

## 一、山羊乳

羊乳又分为山羊乳和绵羊乳。虽然同属于羊乳，但是二者的营养价值却相差较大。相比较而言，山羊乳中含有更全面的营养元素，高钙、高蛋白质、高维生素，脂肪球更小易吸收。因为牛乳中的 $\alpha_s$-酪蛋白与 $\beta$-乳球蛋白都偏高，很多婴幼儿喝牛乳容易出现蛋白质过敏状况。绵羊乳中 $\alpha_s$-酪蛋白与 $\beta$-乳球蛋白的含量占比并不低，甚至比牛乳都高，因此从致敏性角度来讲，绵羊乳存在引起蛋白质过敏的风险。绵羊乳、山羊乳二者营养成分对比，绵羊乳具有较低饱和脂肪酸及高含量的 B 族维生素，较低水平的乳糖及叶酸，帮助降低胆固醇。

羊乳干物质含量与牛乳基本相近或稍高。每千克羊乳的热量比牛乳高 210kJ。羊乳脂肪含量为 3.6%～4.5%，脂肪球直径 2μm 左右，而牛乳脂肪球直径为 3～4μm。羊乳富含短链脂肪酸，低级挥发性脂肪酸占所有脂肪酸含量的 25%左右，而牛乳中则不到 10%。羊乳蛋白质主要是酪蛋白和乳清蛋白。羊乳、牛乳、人乳三者的酪蛋白与乳清蛋白之比大致为 75：25（羊乳）、85：15（牛乳）、60：40（人乳）。可见羊乳比牛乳酪蛋白含量低，乳清蛋白含量高，与人乳接近。酪蛋白在胃酸的作用下可形成较大凝固物，其含量越高，蛋白质消化率越低，所以羊乳蛋白质的消化率比牛乳高。羊乳矿物质含量为 0.86%，比牛乳高 0.14%。羊乳比牛乳含量高的元素主要是钙、磷、钾、镁、氯和锰等。经研究证明，每 100g 羊乳所含的 10 种主要的维生素的总量为 780μg。羊乳中维生素 A、维生素 $B_1$、维生素 $B_2$、维生素 C、泛酸和尼克酸的含量均可满足婴儿的需要。羊乳的自然酸度（11.46°T）低于牛乳的自然酸度（13.69°T）。羊乳的主要缓冲成分是蛋白质类和磷酸盐类。羊乳的优越缓冲性能使之成为缓解胃溃疡的理想食品。每 100g 羊乳胆固醇含量为 10～13mg，每 100g 人乳可达 20mg。羊乳比牛乳和人乳的核酸（脱氧核糖核酸和核糖核酸）含量都高。构成核酸的基本单位是核苷酸，在羊乳的核苷酸中，三磷酸腺苷（ATP）的含量相当多。核酸是细胞的基本组成物质，它在生物的生命活动中占有极其重要的地位。山羊年平均产乳量为 100～160kg，其特点如下：

① 干物质含量较高：牛乳 12%，羊乳 13%～14%；

② 乳脂肪球较小：牛乳脂肪球直径为 3μm，羊乳脂肪球直径为 2μm，易消化吸收；

③ 蛋白质凝块较软：牛乳 50～60g，羊乳 20～40g，因此易消化吸收，牛乳完全消化需 60h，而羊乳仅需 24h；

④ 乳脂肪颜色：牛乳为浅黄色，而羊乳为白色，因其不含胡萝卜素；

⑤ 气味：羊乳具有膻味，目前主要认为是由于羊乳中挥发性脂肪酸含量较高，尤其是 $C_6$～$C_{12}$ 脂肪酸，最主要的是癸酸。

与牛乳相比，喝羊乳的人较少，很多人闻不惯它的味道，对它的营养价值也不够了解。中医一直把羊乳看作对肺和气管特别有益的食物。对于妇女来说，羊乳中维生素 E 含量较高，可以阻止体内细胞中不饱和脂肪酸氧化、分解，延缓皮肤衰老，增加皮肤弹性和光泽。而且，羊乳中的上皮细胞生长因子对皮肤细胞有修复作用。对于老年人来说，羊乳性温，具有较好的滋补作用。上皮细胞生长因子也可帮助呼吸道和消化道的上皮黏膜细胞修复，提高人体对感染性疾病的抵抗力。羊乳的脂肪球与蛋白质颗粒只有牛乳的 1/3，且颗粒大小均匀，所以更容易被人体消化吸收。

羊乳被认为对于乳糖不耐受人群有更高的耐受度。英国研究报道 206 名对牛乳糖不耐受的受试人群中，99%的人对羊乳制品耐受。羊乳中的钙质均为优质钙，能更好地沉积在骨骼上，减少体内钙质流失，提高骨密度。羊乳具有食疗作用，在《本草纲目》《食疗本草》《食医心鉴》《魏书》《饮膳正要》《千金方》《备急方》《中国药膳学》等中便有记载。现代研究证实羊乳对胃肠炎、胃病、肾病、肝病等有缓解和促进康复作用。欧洲最新研究报道，山羊乳是天然的抗生素，有防癌抗癌的功效。美国医学家在《怎么吃才健康》中提到："食物过敏会导致生理功能紊乱，明显的表现如皮疹、痤疮（青春痘）等等。山羊乳不产生过敏，在成分上和人乳最接近……"

羊乳的食疗价值：

① 山羊乳的脂肪中不饱和脂肪酸含量高，其中约 25%为水溶性低级脂肪酸，是能量的快速来源，不会造成脂肪堆积；

② 羊乳中含丰富的核酸，可促进新陈代谢，减少黑色素生成，使皮肤白净细腻；

③ 羊乳中含有独特的表皮生长因子（EGF），能快速修补老化的皮肤细胞，增强皮肤的自我修护能力，使肌肤健康白皙光嫩；

④ 羊乳中超氧化物歧化酶（SOD）丰富，它是体内主要的自由基清除剂，具

有护肤消炎抗衰老的作用；

⑤ 羊乳中的免疫球蛋白含量很高；

⑥ 羊乳中维生素 C、维生素 E、镁非常丰富，维生素 C 能促进胶原蛋白的合成，使肌肤光嫩有弹性，镁也是缓解压力不可缺少的物质，维生素 E 可阻止体内不饱和脂肪酸的氧化，延迟皮肤的衰老；

⑦ 羊乳含有生物活性因子环磷酸腺苷、三磷酸腺苷和 EGF，这些因子在体内具有多种调节功能，"环磷酸腺苷"是科学界公认的防癌抗癌因子，它能使人体新陈代谢维持平衡，能增加血清蛋白和白蛋白的含量，增加人体的抗病力；可改善心肌营养，软化血管，对改善动脉硬化、高血压非常有效。

## 二、马乳

马每年产乳约 700kg，是制造发酵乳制品的好原料，与人乳成分接近，其特点如下：

① 干物质含量较低：干物质含量为 10.5%，外观稀薄，呈青白色。

② 乳脂肪球小：不宜制作奶油。

③ pH 高：呈碱性，pH6.8～7.4（平均 7.22）。

④ 乳糖含量高：乳糖含量 6%～8%，适宜制作发酵乳制品。

中国传统药典记载，与羊乳、牛乳相比，马乳性偏凉，羊乳性偏温，牛乳性平。因此，相对而言，马乳偏于清补，羊乳偏于温补，牛乳是平补之物。从营养角度而言，马乳中蛋白质和脂肪等营养成分皆不及羊乳和牛乳。

## 三、水牛乳

水牛乳的干物质含量是 18.9%，分别比黑白花牛乳及人乳高 19% 和 27%；蛋白质和脂肪含量分别是黑白花牛乳和人乳的 1.5 倍到 3 倍。此外，水牛乳矿物质含量和维生素含量也都优于黑白花牛乳和人乳，铁和维生素 A 的含量分别是黑白花牛乳的约 80 倍和 40 倍，并被认为是最好的补钙、补磷食品之一。水牛乳乳化特性好，100kg 的水牛乳可生产 25kg 乳酪，而相同量的黑白花牛乳只能生产 12.5kg 乳酪。水牛年产乳 1200～1500kg。水牛乳特点如下：

① 干物质含量高：18.6%。

② 乳脂肪含量高：8.7%。

③ 脂肪球较大：直径 3.5～7.5μm，宜加工奶油。

④ 乳脂肪呈白色：缺乏色素。

水牛乳产量虽然较低，但乳中所含蛋白质、氨基酸、乳脂肪、维生素、微量元素等均高于黑白花牛乳。据国家有关科研部门测定，水牛乳乳质十分优良，可称得上是乳中极品，其价值相当于黑白花牛乳的 2 倍，最适宜儿童生长发育，具有抗衰老的功能，锌、铁、钙含量特别高，氨基酸、维生素含量非常丰富，是老幼皆宜的营养食品。作为一类高级营养食品，水牛乳制品日渐成为人们消费的"新宠"。水牛乳被誉为"乳中之王"，它在安全性、营养价值、加工特性等方面具有其它畜乳不可比拟的优势。随着人们对水牛乳的不断认识和研究，世界水牛乳产业也迅猛发展，水牛乳的消费人群正逐渐增加，水牛乳已成为人类的一种营养丰富的食品。

## 四、牦牛乳

从 20 世纪 30 年代人们将现代畜牧科学技术应用到牦牛的研究中，经过几代人的努力查清了中国的牦牛资源，并筛选出了 9 个优良的牦牛地方类群：四川的九龙牦牛、青海玉树的青藏高原牦牛、甘肃的天祝白牦牛、西藏的斯布牦牛等。从目前所查到的资料看，这些类型的牦牛乳的基本组成由于地理位置、营养、泌乳期、测定方法、季节、放牧水平等的不同，所得数据也有很大的差异。牦牛乳的脂肪和蛋白质的含量较荷斯坦牛高，而与水牛相似。可见牦牛乳的营养价值很高，是生产高级乳制品（风味酸乳、奶油、奶酪、配方乳粉等）的优质原料。

牦牛乳蛋白质的平均质量分数（5.4%）要高于藏山羊（4.3%）、杂交牛（4.7%）和荷斯坦牛（3.4%）。虽然哺乳动物的乳蛋白在理化特性方面有许多相似之处，但仍存在着差异。

牦牛乳中脂肪质量分数平均为 6.0%。脂肪球直径平均为 4.4μm，而普通牛乳脂肪球直径平均为 2～4μm。牦牛乳脂肪含量高，是加工奶油系列制品的优质原料乳之一。乳脂肪对乳制品的风味和其加工工艺有重要的影响。牦牛乳中钙的浓度较普通牛乳高，钾、镁、磷的浓度则不如普通牛乳。

牦牛每年产乳量 250kg。其特点如下：

① 干物质含量高：18.4%；

② 乳脂率高：6.0%；

③ 蛋白质含量高：5.6%；

④ 脂肪球大：直径 3～4μm，宜制作奶油。

# 第二章　乳的理化特性、组成及功效

## 第一节　乳中各成分的分散状态

乳是一种复杂的分散体系，其分散剂是水，蛋白质、脂肪、乳糖、盐类等为分散质。

### 一、呈乳浊液与悬浮液状态分散在乳中的物质

#### （一）乳浊液（emulsion）

由于牛乳中脂肪球直径在 $3\mu m$ 左右，它在乳中就形成乳浊液，分散质为液体。

#### （二）悬浮液（suspension）

分散质为固体。当牛乳冷却时，液体状态的脂肪球凝固成固体，这时脂肪球在乳中就呈悬浮液状态。

### 二、呈乳胶体与悬浮态分散在乳中的物质

粒子直径在 $1\sim100nm$ 的称为胶态或胶体（colloid），胶体的分散体系称为胶体溶液（colloidal solution）。

#### （一）乳胶体（emulsoid）

分散质为液体或分散质为固体但粒子周围包有液体皮膜。牛乳中酪蛋白粒子

为 5～15nm，乳白蛋白为 1.5～5nm，乳球蛋白为 2～3nm。这些蛋白质都是以乳胶体状态存在的，此外乳中一些脂肪球在 100nm 以下者也构成乳胶体。

### （二）悬浮态（suspensoid）

分散质是固体的属于这一类，乳中的磷酸盐形成的胶体是以悬浮态存在的。

## 三、呈分子或离子（溶液）状态分散在乳中的物质

凡粒子直径在 1nm 以下者，都是以分子或离子状态形成溶液的，如乳糖、无机盐、柠檬酸盐及一部分磷酸盐。

总之，牛乳中有以乳浊液和悬浮液存在的乳脂肪球，有以乳胶体状态存在的蛋白质、部分柠檬酸盐和磷酸盐。有的以分子或离子（溶液）状态存在，比如乳糖、柠檬酸盐及其它盐类。

掌握乳中各种成分的存在状态，利用这些规律为乳品生产服务。例如在生产奶油和干酪时，破坏这种体系，在生产消毒牛乳时保护这种体系。

# 第二节　乳的化学组成和物理特性

牛乳的化学成分主要包括水分、蛋白质、脂肪、乳糖、矿物质以及微量的维生素，具体含量见表 2-1。

表 2-1　牛乳的主要营养组成

| 营养素 | | 含量/% |
| --- | --- | --- |
| 水分 | 自由水、结合水、结晶水 | 87～89 |
| 固形物 | 脂肪 | 3.0～4.2 |
| | 蛋白质 | 2.9～4.0 |
| | 乳糖 | 4.6～4.9 |
| | 矿物质 | 0.6～0.8 |
| | 维生素 | 微量 |

## 一、水分

牛乳中水分约占 87%～89%，可分为自由水、结合水和结晶水（少量）。

### （一）自由水

也叫游离水。自由水是牛乳中的主要成分，起分散剂的作用，可溶解有机物、无机物及气体，微生物可以利用，加热蒸发时很容易排除。在生产乳粉时主要排除的就是这类水分，它的冰点为0℃。

### （二）结合水

主要与牛乳中蛋白质以氢键形式结合，无溶解其它物质的能力，在通常结冰条件下不冻结（图2-1）。

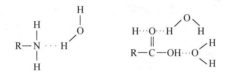

图2-1　结合水与牛乳中蛋白质氢键结合

在蛋白质胶体表面由于氢键作用形成向水的单分子层，在单分子层上又吸附一些水滴形成一层新的结合水，向外层结合力减弱，这种水分在乳粉生产时不能完全除去，因此，乳粉中通常含有 3%～5%的水分。若要除去这部分水分，必须高温或长时间加热，但这时生产的乳粉已变色、蛋白质变性、脂肪氧化，不能食用。

### （三）结晶水和乳中干物质

结晶水存在于结晶性化合物中，当生产乳粉、炼乳及乳糖产品时而使乳糖结晶（$C_{12}H_{22}O_{11} \cdot H_2O$），1分子乳糖可结合1分子水分。

乳中干物质，又叫乳固体，通常用无脂乳干物质作为干物质的指标，即非脂乳固体（nonfat milk solids，NMS）。由于牛乳中乳脂肪是一种最不稳定的成分，所以实际生产中通常用无脂乳干物质作为干物质的指标。

## 二、乳脂肪

乳脂肪是牛乳中主要成分之一，与牛乳的风味相关，在常乳中乳脂肪是变化最大的一种成分，一般含量为3.0%～4.2%。牛乳脂肪以乳脂肪球形式存在于乳中，其大小 0.1～10μm，平均 3μm，每毫升乳中乳脂肪球数量为 20 亿～40 亿。

乳脂肪提供的热量约占牛乳总热量的一半，所含的卵磷脂能大大提高大脑的工作效率。乳脂肪以小球或小液滴状分散在乳浆中，其球径 0.1～20μm，平均球径 3～4μm。每毫升牛乳中，大约有 150 亿个脂肪球。每一个乳脂肪球外包一层薄膜，厚度约 5～10nm。脂肪球被膜完整包住。膜的构成相当复杂。

## （一）乳脂肪的组成及构造

乳脂肪是乳的主要成分之一。乳脂肪主要以中性脂肪形态存在于乳中，其中溶有磷脂、甾醇、色素及脂溶性维生素，脂肪由甘油和脂肪酸构成，与其它油脂一样，其性质主要由脂肪酸种类和数量决定。

乳脂肪中的 98%～99% 是甘油三酯，还含有约 1% 的磷脂和少量的甾醇、游离脂肪酸以及脂溶性维生素等。牛乳脂肪为短链和中链脂肪酸，熔点低于人的体温，仅为 34.5℃，且脂肪球颗粒小，呈高度乳化状态，所以极易消化吸收。乳脂肪还含有人类必需的脂肪酸和磷脂，也是脂溶性维生素的重要来源，其中维生素 A 和胡萝卜素含量很高，因而乳脂肪是一种营养价值较高的脂肪。所以，乳脂肪组成包括甘油三酯（主要组分）、甘油二酯、单甘油酯、脂肪酸、固醇、胡萝卜素（脂肪中的黄色物质）、维生素（维生素 A、维生素 D、维生素 E、维生素 K）和其余一些痕量物质。

## （二）乳脂肪的特点

① 乳脂肪短链低级挥发性脂肪酸含量远高于其他动植物油脂，因此乳脂肪具有特殊的香味和柔软的质地，是高档食品的原料。

② 乳脂肪易受光、氧、热、铜、铁的作用而氧化，产生脂肪氧化味。

③ 乳脂肪易在解脂酶及微生物作用下发生水解，使酸度升高。

④ 乳脂肪易吸收周围环境中的气味。

⑤ 乳脂肪在 5℃ 以下呈固态，11℃ 以下呈半固态。

## （三）乳脂肪的营养

脂类的主要成分是甘油三酯，甘油三酯由甘油和脂肪酸组成，其中脂肪酸分为饱和脂肪酸和不饱和脂肪酸，不饱和脂肪酸又分为单不饱和脂肪酸和多不饱和脂肪酸。前者是具有一个不饱和键的脂肪酸，而后者具有多个不饱和键。有些多不饱和脂肪酸是人体所不能合成的，如亚油酸、亚麻酸和花生四烯酸等，而它们又是人体生理所必需的，只能从食物中摄取，因此，把它们叫作必需脂肪酸。动物实验证明，缺乏必需脂肪酸时，动物生长迟缓，体、尾出现鳞屑样皮炎。

脂类是人体的重要构成成分。它是不溶于水而溶于有机溶剂的化合物，包括脂肪和类脂。脂肪是脂肪酸的甘油三酯，日常食用的动植物油如猪油、菜油、豆油等均属于此类，而类脂包括磷脂、固醇等性质与油脂类似的化合物，也包括脂蛋白等物质。脂肪以多种形式存在于人体的各种组织中，其中皮下脂肪为体内的贮存脂肪，当机体需要时，可随时被用于机体代谢。每克脂肪所能释放的能量是等量糖和蛋白质的一倍多。当摄入能量过多，体内贮存脂肪过多时，人就会发胖；长期摄入能量过少，贮存脂肪耗竭，而使人消瘦。脂肪除了是体内的一种热能储备以及主要的供能物质之外，还对机体起隔热保温和支持及保护体内的各种脏器、组织和关节等的作用。脂类还为机体提供各种脂肪酸及合成类脂的基本材料。类脂是多种组织和细胞的组成成分，如细胞膜是由磷脂、糖脂和胆固醇等组成的类脂层。脑髓及神经组织含有磷脂和糖脂，一些固醇则是制造固醇类激素的必需物质。脂类是一种重要的营养物质，它可以改善食物的感官性状，引起食欲，维持饱腹感，以及帮助脂溶性维生素的吸收。在临床上，胃肠外营养的患者已开始应用特制的中性脂肪制剂进行静脉注射。

胆固醇是类脂的一种，血浆中的胆固醇可来自食物，也可在机体肝脏内合成。摄入到体内的胆固醇可以从胆汁中排出，经过肠道内细菌的作用而变为类固醇，也可以在肝脏内形成胆酸排出。在正常情况下，当摄入的胆固醇增高时，机体内源性合成下降。

乳脂肪是乳的主要成分之一，不溶于水，呈微细的球状分散在乳中，形成乳浊液。乳脂肪球的大小依乳畜的品种、个体、健康状况、泌乳期、饲料及挤乳情况等因素而有很大差异，一般直径在 0.1μm 到 10μm，平均为 3μm。脂肪球的直径越大，上浮的速度就越快，将牛乳放在容器中静置一段时间后，乳脂肪球就会逐渐上浮，在乳表面形成脂肪层，这就是我们通常所说的奶皮子。乳脂肪的脂肪酸种类很多，与一般脂肪相比，乳脂肪的脂肪酸组成中，水溶性挥发性脂肪酸的含量特别高，这就是乳脂肪风味良好和容易消化的重要原因。

## （四）乳脂肪的功能

### 1. 乳脂肪是能量的载体

乳中脂肪提供的能量在发达国家的营养组成中意义不大，因为在这些国家的平均膳食中，能量和脂肪的数量已经远远超过了最适宜量，每天的能量摄入约12552kJ，而对于一般轻体力劳动的人来说，每人每天摄入 9205～10460kJ 就足够了。在大部分发达国家里，人均脂肪的消耗量已经超过了 130～150g，而 80～90g是理想的，最低为 40～50g。因此，建议食物中能量的 25%～35%应该由脂肪提供，15%由蛋白质提供，50%～60%由碳水化合物提供。

乳的能量含量平均为 2678kJ/kg，人奶（母乳）中的含量相似，为 2803kJ/kg，500g 全乳将供给一个成年男性每日需要能量的 11%。需要记住的是，最佳氮存留需要摄入一定量的能量，否则蛋白质就会燃烧，提供能量，从而降低了蛋白质的价值。氮在人体内积累需要一定能量，即每克氮需要 628kJ 能量摄入，或者是每克蛋白质需要 100kJ 能量摄入。当然，这种情况适用于能量供给不足时。

### 2. 乳脂肪的消化与膳食价值

脂肪的消化率是指它被人体吸收的速率和程度。在各种膳食脂肪和油类中，乳脂肪最容易被消化吸收，它的消化率高于玉米油、豆油、葵花油、橄榄油、猪油等，乳脂肪有较好消化率的原因是脂肪球的分散状态和乳脂肪的脂肪酸组成，此外熔点也是很重要的，因为乳脂肪中大部分脂肪酸是液体，所以其熔点低于人的体温，消化率高于 95%。

由于乳脂肪容易消化和吸收，它给机体造成的负担很少，因此乳脂肪被认为是胃肠道疾病及肝脏、肾脏、胆囊疾病和脂肪消化紊乱患者膳食中最有价值的成分。通过对乳脂肪和其它脂肪的比较，胃病和肠道紊乱的患者可以忍受用乳脂肪焙烤和油炸的食品，而其它脂肪引起病人胃部疼痛。对患腹泻的儿童，在他们的食物中添加 5% 的乳脂肪时，氮的存留率更好。乳脂肪中的短链脂肪酸和中链脂肪酸有一定的生理和生化效果及治疗价值，它们可以被快速吸收，迅速提供能量，在许多消化系统疾病（特别是伴随有脂肪吸收障碍）的治疗中有很好的价值，甚至有一些研究人员指出短链和中链脂肪酸在控制肥胖中起到一定作用。

## （五）乳脂肪与其它动植物油脂的比较

### 1. 构成乳脂肪的脂肪酸种类多

目前已发现牛乳中的脂肪酸多达 60 余种，而一般动植物油脂通常只有 5～7 种，且几乎全是由偶数 C 原子构成的直链脂肪酸，牛乳中发现不仅有奇数 C 原子脂肪酸而且含有侧链脂肪酸。

### 2. 乳脂肪中低级（$C_{14}$ 以下）挥发性脂肪酸（$C_2 \sim C_{12}$）含量较高

其含量达 14% 左右，其中水溶性挥发性脂肪酸（$C_2 \sim C_8$）达 8%，而其它油脂中不到 1%。因此牛乳具有良好的风味和易消化吸收的特点。

### 3. 乳中不饱和脂肪酸含量也较高

这些脂肪酸在室温下是液体，不溶于水，不易蒸发，因此奶油具有比较柔软的质地。此外牛乳中也含有必需脂肪酸（亚油酸、亚麻酸和花生四烯酸），曾有人称其为维生素 F。由于乳脂肪的这些特点，脂肪也易氧化变质，特别不能接触铜器，Cu 加速脂肪的氧化。

## （六）乳脂肪的理化特性

① 相对密度：0.935～0.940。

② 折射率：折射率（40℃）为 1.4445～1.4570。

③ 熔点：乳脂肪的熔点指脂肪由固体转为液体的温度，牛乳脂肪熔点 34.5℃。由于比人体温度低，在嘴里很易熔化，口感好。

④ 酸价：指 1g 油脂中游离脂肪酸用碱中和时所需 KOH 的质量（mg），乳脂肪酸价（AV）通常在 0.4～2。

⑤ 皂化值：皂化值反映脂肪酸分子量的大小，指 1g 油脂完全皂化时所需要 KOH 的质量（mg），与分子量成反比，乳脂肪皂化值 220～240，这主要是由于含低级脂肪酸较高。

⑥ 水溶性挥发性脂肪酸价（Reichert-Meissl value，RMV）：中和 5g 脂肪蒸馏出的挥发性脂肪酸所消耗 0.1mol/L 碱液的体积（mL），乳脂肪中 RMV 最高，牛羊乳 RMV 平均为 24～30，其它动植物油脂约为 1，利用此性质可以鉴别乳脂肪中是否混有其它异质脂肪。

⑦ 碘价：表示不饱和脂肪酸的数量，即 100g 油脂所能吸收碘的质量（g），碘价高的油脂熔点低，乳脂肪碘价为 26～38。

### （七）乳脂肪球膜的结构

脂肪球膜：乳脂肪球表面有一层由卵磷脂和蛋白质构成的薄膜叫脂肪球膜。可保护乳脂肪乳浊液及悬浮液的稳定性，防止黏结变大上浮。

乳脂肪球膜厚度约为 5nm，1L 乳中只有 0.35g，虽然量很少，但对乳稳定性有很大的作用。在膜中卵磷脂是一种表面活性剂，它具有一个亲水基和一个疏水基。它的疏水端朝向脂肪球，它具有胆碱的亲水端朝向乳液。

膜的主要成分是蛋白质和卵磷脂，卵磷脂在内层，蛋白质在外层，此外中间还夹杂着甘油酯、胆固醇、类胡萝卜素和维生素 A 等。

## 三、乳糖

乳糖（$C_{12}H_{22}O_{11}$）是以单体分子形式存在于乳中的唯一双糖，由葡萄糖和半乳糖通过 1,4-糖苷键连接而成，经乳腺内乳糖合成酶作用产生。在自然界中乳糖仅存在于哺乳动物的乳中。季节、饲料、饲养管理条件对乳糖含量的影响极微。在乳牛泌乳期间，逐月挤得的混合牛乳中乳糖含量与平均值相差不大，一般仅相差 0.1%～0.2%，但当乳牛患有某种病症如乳房炎、结核病等时，便会使其含量锐减。牛乳酸化变质时乳糖的含量也要降低。

乳糖是人类和其他哺乳动物乳汁中特有的碳水化合物，占乳中碳水化合物总量的 99.8%，此外乳中还含有少量的葡萄糖和半乳糖。

### （一）乳糖性质和种类

#### 1. 乳糖性质

乳糖属还原糖，从水溶液中结晶时带有一分子结晶水，其甜度为蔗糖的 1/6。在动物乳中，马乳中乳糖含量最高，约为 7.6%，牛乳中乳糖的含量一般为 4.5%～5.0%，平均为 4.8%，人乳为 6%～8%。

#### 2. 乳糖种类

乳糖有 α-乳糖和 β-乳糖两种异构体。α-乳糖很易与一分子结晶水结合，变为 α-乳糖水合物（α-lactose monohydrate），所以乳糖实际上共有三种构型，即 α-乳糖水合物、α-乳糖无水物和 β-乳糖（图 2-2）。

α-乳糖及 β-乳糖在水中的溶解度也随温度而异。α-乳糖溶解于水中时逐渐变成 β-乳糖。因为 β-乳糖较 α-乳糖易溶于水，所以乳糖最初溶解度并不

乳糖有三种形态 { α-乳糖水合物 / α-乳糖无水物 / β-乳糖 }

图 2-2　乳糖的三种形态

稳定，而是逐渐增加，直至 α-乳糖与 β-乳糖平衡为止。甜炼乳中的乳糖大部分呈结晶状态，结晶的大小直接影响炼乳的口感，而结晶的大小可根据乳糖的溶解度与温度的关系加以控制。温度在 93℃ 以下结晶出的乳糖为 α-乳糖，在水中的溶解度为 8g/100mL，在 93℃ 以上结晶出的乳糖为 β-乳糖，在水中的溶解度为 55g/100mL。α-乳糖和 β-乳糖可以相互转化达到平衡，在 20℃时，α∶β=1∶1.65，即 α（37.75%）∶β（62.25%）。由于 α-乳糖溶解度低，易最先结晶析出。

快速干燥乳糖溶液（如用喷雾干燥方法）所形成的乳糖结晶是无定形的玻璃态乳糖。一般乳糖溶液中的 α-乳糖和 β-乳糖呈平衡状态存在，无定形玻璃态乳糖中保持了原来乳糖溶液中的 α/β 的比率。乳粉中乳糖的晶态就是无定形乳糖，当其吸收水分达 8%时就结晶成为 α-乳糖。

### （二）乳糖不耐受症

在婴幼儿生长发育过程中，乳糖不仅可以提供能量，还参与大脑的发育进程。但乳糖不能被人体直接利用，必须转化为单糖后才被人体吸收，在人体内这种转化必须在乳糖酶（lactase）作用下才能分解，这就涉及人体乳糖含量的问题，在小孩子体内乳糖酶含量较高，对乳糖利用率较高，但在亚洲部分成年人中，随年龄增长，乳糖酶含量逐渐下降，一些人饮用牛乳后常出现腹胀、腹泻等现象，这叫作乳糖不耐受症（lactose intolerance），其主要原因是乳中的乳糖在胃肠道中不能被分解，进入大肠后，在肠道中一些杂菌作用下产生 $CH_4$、$CO_2$ 等气体。乳糖不耐受症在中国婴幼儿中发病率极高，可达 46.9%～70.0%，其最常见的症状为腹泻，如若不引起重视可导致慢性腹泻、营养不良、贫血、骨质疏松等长期危害。

因此，解决乳糖不耐受症已成为营养卫生学上的一个重要课题。利用乳酸菌在体外分解或利用固定化酶技术分解乳糖，生产发酵乳制品或低乳糖产品，来满足一部分人的需要。例如低乳糖乳其乳糖含量低于正常牛乳中的乳糖含量，通常为水解度达到 70%～90% 的乳糖水解乳。

### （三）乳糖的消化吸收

乳糖主要在空肠、回肠消化吸收，通过小肠上皮细胞刷状缘分泌的乳糖酶将其水解为葡萄糖和半乳糖，然后通过细胞的主动转运而吸收。葡萄糖主要为机体提供能量，而半乳糖以糖苷键结合于神经酰胺上，形成半乳糖脑苷脂，从而参与大脑的发育。婴儿期是神经发育的关键期，因此，乳糖对婴儿期的神经系统的发育至关重要。

### （四）乳糖的营养功能

乳糖和其它糖类一样都是人体热能的来源。牛乳中总热量的 1/4 来自乳糖。除供给人体能源外，乳糖还具有与其它糖类所不同的生理意义。乳糖在人体胃中不被消化吸收，可直达肠道。在人体肠道内乳糖易被乳糖酶分解成葡萄糖和半乳糖，以被吸收。半乳糖是构成脑及神经组织的糖脂质的一种成分，对婴儿的智力发育十分重要，它能促进脑苷脂和糖胺聚糖类的生成。乳糖能促进人体肠道内某些乳酸菌的生成，能抑制腐败菌的生长，有助于肠的蠕动作用。由于乳酸的生成有利于钙以及其它物质的吸收，能防止佝偻病的发生，婴儿食品中常强化乳糖。

### （五）乳糖的主要用途

乳糖一般是从牛乳的乳清中经浓缩、结晶、精制、重结晶、干燥后提取得到的，再经过不同的最终处理工艺，可得到粒径、可压性、流动性不同的产品，从而满足多种需求。乳糖用于制作婴儿食品、糖果、人造奶油等。

α-乳糖水合物在药品生产中被广泛使用，医药上用作矫味剂，在固体制剂中被作为填充剂、助流剂、崩解剂、润滑剂和黏合剂，在冻干制剂中被作为赋形剂。

## 四、乳蛋白

乳蛋白是乳中最有营养价值的成分，乳中除蛋白质外，还含有其它含氮化合物。乳中蛋白质主要分为两大类：酪蛋白（casein）和乳清蛋白（whey protein）。

非蛋白质含氮化合物（占总氮 5%），其主要成分是氨基酸、尿素、尿酸、肌酐和叶绿素。

## 五、维生素

乳中含有人体所需的多种维生素，但含量较低。除维生素 D、维生素 A、维生素 $B_2$ 及维生素 PP 在巴氏杀菌下不损失外，其它维生素均有不同程度的损失。此外，由于微生物能合成维生素，酸乳、牛乳酒、嗜酸菌乳、干酪等发酵乳制品中维生素都有不同程度的增加。在一般乳制品中都需强化维生素，使其营养更加全面合理。

## 六、矿物质

乳中矿物质是乳中含量最稳定的一种成分，含量在 0.7%左右。

乳中矿物质的作用：

① Ca、P 等成分在营养上有重要意义。

② 盐类构成及其状态对乳的物理化学性质有很大影响,乳的稳定性取决于乳中盐类平衡。

③ 乳中一些金属 Cu、Fe 对贮藏中乳制品有促进异味的作用。

乳中盐类主要以磷酸盐和柠檬酸盐状态存在。

**1. 盐类存在状态**

乳中盐类可分为溶解性盐和呈胶体状态的非溶解性盐。

**2. 各种因素对盐类分布的影响**

① 温度：乳中 $Ca_3(PO_4)_2$ 随加热温度升高，溶解性降低。

② 酸度：降低酸度，离子态 $Ca^{2+}$、$Mg^{2+}$增大，溶解性增大。

③ 浓度：乳中 $Ca_3(PO_4)_2$ 呈饱和状态，稀释时，一部分不溶性盐溶解，乳的 pH 升高，所以在滴定酸度时，稀释度不宜过大。

④ 添加盐类或去除盐类：当乳中添加柠檬酸盐或磷酸盐或除去乳中 $Ca^{2+}$时，牛乳蛋白质稳定性提高。

**3. 盐类平衡**

乳中蛋白质稳定性取决于盐类平衡，当这种平衡破坏时，牛乳加热时易凝固。

## 七、乳中的酶

牛乳中存在着各种酶，这些酶对牛乳的加工处理保存及评定乳的品质方面都有重大的影响，牛乳中的酶一部分来自乳腺细胞分泌，一部分由乳中生长的微生物产生。主要酶类有：

## 1. 脂肪酶

将脂肪分解为甘油及脂肪酸的酶称为脂肪酶（图 2-3）。

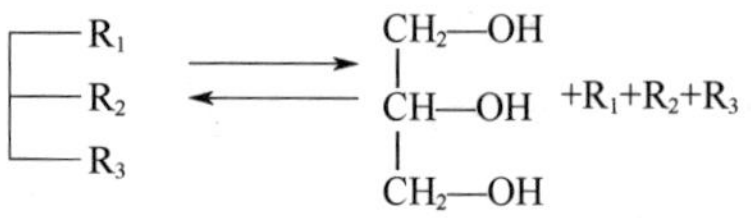

$$\begin{array}{c} \left[\begin{array}{c} R_1 \\ R_2 \\ R_3 \end{array}\right. \xleftarrow{\hspace{1cm}} \begin{array}{c} CH_2{-}OH \\ | \\ CH{-}OH \\ | \\ CH_2{-}OH \end{array} +R_1+R_2+R_3 \end{array}$$

图 2-3　脂肪分解为甘油及脂肪酸

乳中的脂肪酶主要是由微生物产生的，最适 pH5.5～8.5，pH8 时作用最强，80℃加热被破坏，62～65℃/30s 巴氏杀菌后还有存活。脂肪酶是使乳制品中脂肪分解产生酸败的主要原因，奶油被霉菌污染后，脂肪酶作用使奶油酸败并产生苦味。

## 2. 磷酸酶

磷酸酶能水解复杂的有机磷酸酯。牛乳中主要有碱性磷酸酶和酸性磷酸酶两种。

① 碱性磷酸酶：并非来源于细菌，是牛乳中原有酶，最适 pH 为 9，63℃/30min 或 71～75℃/15～30s 失活，但失活的酶在贮藏中能复活，根据此性质来检验牛乳是否杀菌、杀菌程度或杀菌后是否混有生乳及杀菌后贮藏时间。此法检验非常灵敏，即使乳中有 0.5% 的生乳都能被检出。

碱性磷酸酶（alkaline phosphatase，EC3.1.3.1，ALP）是非特异性磷酸单酯酶，可以催化几乎所有的磷酸单酯的水解反应，生成无机磷酸和相应的醇、酚、糖等，还可以催化磷酸基团的转移反应（图 2-4），且大肠埃希菌 Af5P 还是一种依赖亚磷酸盐的氢化酶。ALP 存在于除高等植物外几乎所有的生物体内，可直接参加磷代谢，在钙、磷的消化、吸收、分泌及骨化过程中发挥了重要的作用。1911 年 Levene 等、1912 年 Grosser 等分离到（碱性）磷酸酯酶；1934 年，Davis 提出了碱性磷酸酶这一命名；1958 年，Agren 等用同位素标记的方法分离到磷酸丝氨酸；1961 年，Schwartz 在大肠埃希菌中也发现了这一复合物，并认为丝氨酸可能是 ALP 活性部位的组成成分；1962 年，Plocke 等证实 ALP 是一种金属酶；1981 年，Bradshaw 测定了大肠埃希菌 ALP 氨基酸全序列，并克隆了大肠埃希菌 ALP 的基因 phoA；之后多种生物 ALP 的基因相继被克隆，近些年对 ALP 的结构、作用机制和功能的研究越发深入，使 ALP 的应用更加广泛。

② 酸性磷酸酶：最适 pH 为 4，耐热性强，一般杀菌条件不易失活，完全失活需 95℃/5s，与牛乳长时间贮存后变质有关。

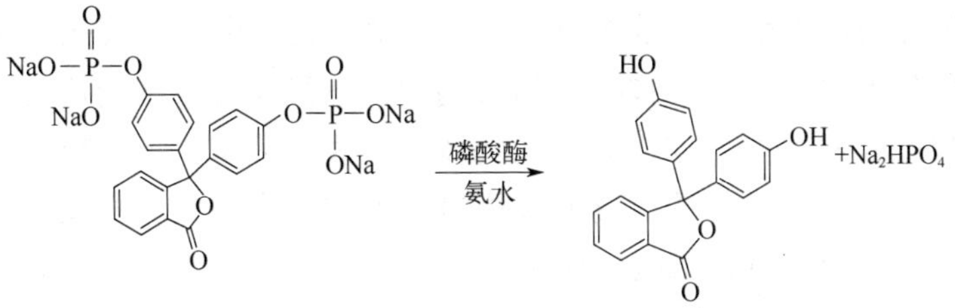

图 2-4 碱性磷酸酶检验

### 3. 过氧化物酶

这是一种在 $H_2O_2$ 或有机过氧化物作用下，氧化某些化合物的酶。过氧化物酶是过氧化物酶体的标志酶，是一类氧化还原酶，它们能催化很多反应。过氧化物酶是以过氧化氢为电子受体催化底物氧化的酶，主要存在于载体的过氧化物酶体中，以铁卟啉为辅基，可催化过氧化氢，氧化酚类、烃类和胺类化合物。这种酶来自白细胞，属于乳中原有的酶，其数量与细菌无关。牛乳中过氧化物酶具有抑制乳酸菌发育的作用，故称 lactenin，在乳中称乳过氧化物酶，利用此性质人们开发研制乳保鲜剂，并应用于实践。

动物组织中大约有 25%～50%的脂肪酸是在过氧化物酶体中氧化的，其它则是在线粒体中氧化的。另外，因为过氧化物酶体中有与磷脂合成相关的酶，所以过氧化物酶体也参与脂的合成。在大多数动物细胞中，尿酸氧化酶（urate oxidase）对于尿酸的氧化是必需的。尿酸是核苷酸和某些蛋白质降解代谢的产物，尿酸氧化酶可将这种代谢废物进一步氧化去除。另外，过氧化物酶体还参与其他的氮代谢，如转氨酶（aminotransferase）催化氨基的转移。

过氧化物酶体的反应：各类氧化酶的共性是将底物氧化后，生成过氧化氢。

$$RH_2+O_2 \longrightarrow R+H_2O_2$$

过氧化氢酶又可以利用过氧化氢，将其它底物（如醛、醇、酚）氧化。

$$R'H_2+H_2O_2 \longrightarrow R'+2H_2O$$

此外当细胞中的 $H_2O_2$ 过剩时，过氧化氢酶亦可催化以下反应：

$$2H_2O_2 \longrightarrow 2H_2O + O_2$$

### 4. 还原酶

乳中的还原酶主要是脱氢酶，与乳中微生物污染程度有关，可使亚甲蓝还原褪色（图2-5），利用此性质检验乳被微生物污染程度，亚甲蓝褪色时间与乳中细菌数的关系见表 2-2。脱氢酶是指一类能催化物质（如糖类、有机酸、氨基酸）

进行氧化还原反应的酶，在酶学分类中属于氧化还原酶类。反应中被氧化的底物称为氢供体或电子供体，被还原的底物称为氢受体或电子受体。不同的脱氢酶几乎都根据其底物的名称命名。生物体中绝大多数氧化还原反应都是在脱氢酶及氧化酶的催化下进行的。物质经脱氢酶催化氧化，最后通过电子传递链而被氧氧化，此时通过氧化磷酸化作用生成腺苷三磷酸（ATP），是异养生物体取得能量的主要途径。

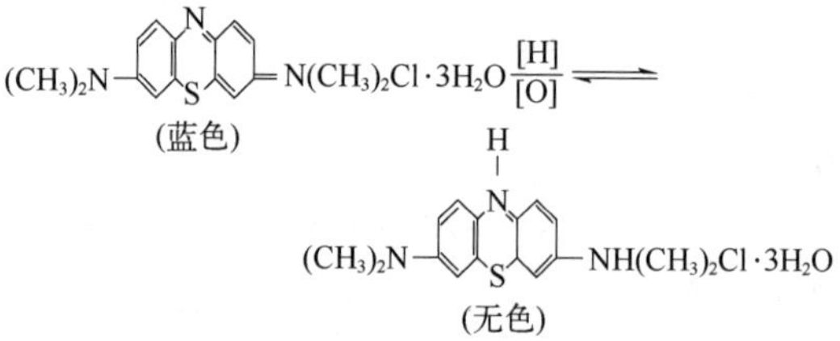

$$(CH_3)_2N \underset{S}{\overset{N}{\bigcirc\bigcirc\bigcirc}} N(CH_3)Cl \cdot 3H_2O \quad \overset{[H]}{\underset{[O]}{\rightleftharpoons}}$$

（蓝色）

$$(CH_3)_2N \underset{S}{\overset{\overset{H}{N}}{\bigcirc\bigcirc\bigcirc}} NH(CH_3)Cl \cdot 3H_2O$$

（无色）

图 2-5　亚甲蓝还原褪色

**表 2-2　亚甲蓝褪色时间与乳中细菌数的关系**

| 乳等级 | 褪色时间/h | 1mL 乳中细菌数/CFU | 乳质量 |
|---|---|---|---|
| Ⅰ | >5.5 | 500000 | 良好 |
| Ⅱ | 2~5.5 | 500000~4000000 | 及格 |
| Ⅲ | <2h | 4000000 以上 | 劣 |

注：乳中还原酶最适条件 pH5.5~8.5，温度 40~50℃，因此亚甲蓝试验在 40℃下进行。

# 第三节　乳蛋白的组成及酪蛋白概述

乳蛋白主要分为两大类，酪蛋白（casein，CN）和乳清蛋白（whey protein），其组成如图 2-6。

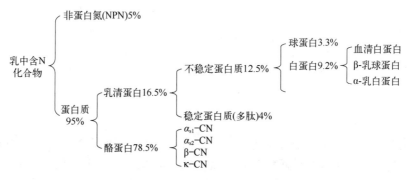

图 2-6　乳中含 N 化合物的组成

酪蛋白（casein）是一种含磷钙的结合蛋白，对酸敏感，pH 较低时会沉淀。酪蛋白是牛乳蛋白质的主要成分，其氨基酸组成平衡，是优质的动物蛋白质资源。酪蛋白是哺乳动物包括母牛、羊和人乳中的主要蛋白质，又称：干酪素、酪朊、乳酪素。人乳中没有 α-酪蛋白，以 β-酪蛋白为主要酪蛋白形式。酪蛋白对幼儿既是氨基酸的来源，也是钙和磷的来源，酪蛋白在胃中形成凝乳以便消化。在 20℃时，调节脱脂乳 pH 到 4.6 时沉淀的部分叫酪蛋白，占乳蛋白的 80%。

干酪素是等电点为 pH4.8 的两性蛋白质。在牛乳中以磷酸二钙、磷酸三钙或两者的复合物形式存在，构造极为复杂，直到现在没有完全确定的分子式，分子量大约为 57000～375000。干酪素在牛乳中约含 3%，约占牛乳蛋白质的 80%。纯干酪素为白色、无味、无臭的粒状固体，相对密度约 1.26，不溶于水和有机溶剂。干酪素能吸收水分，浸于水中，则迅速膨胀，但分子并不结合。

# 一、酪蛋白（CN）的分类

经电泳可分为 $\alpha_s$-酪蛋白（包括 $\alpha_{s1}$、$\alpha_{s2}$）、β-酪蛋白、κ-酪蛋白，以及由 β-酪蛋白中分出的 γ-酪蛋白等 4 种（表 2-3）。

表 2-3 酪蛋白的种类

| 种类 | 含量/% | 分子量 | 氨基酸残基数 | $PO_3$ | 特征 |
|---|---|---|---|---|---|
| $\alpha_{S1}$-CN | 39～46 | 23600 | 199 | 8 | 对 $Ca^{2+}$ 敏感 |
| $\alpha_{S2}$-CN | 8～11 | 25150 | 207 | 10～13 | 对 $Ca^{2+}$ 敏感 |
| β-CN | 25～35 | 24000 | 209 | 5 | 对 $Ca^{2+}$ 敏感 |
| κ-CN | 8～15 | 19000 | 169 | 1 | 在 $Ca^{2+}$ 下稳定 |
| γ-CN | 3～7 | — | — | — | 由 β-CN 降解片肽 |

注："—"表示未检测到。

# 二、酪蛋白在乳中存在状态

酪蛋白在乳中不是以一种单一的蛋白质状态存在的，酪蛋白富含磷，与钙结合以酪蛋白酸钙-磷酸钙复合体形式存在（Ca-caseinate-phosphate complex），在乳中以胶体粒子形式存在，其中酪蛋白酸钙占 95.2%，磷酸钙 4.8%。这种酪蛋白胶粒在乳中呈球形或椭圆形存在，直径 30～300nm，以 80～120nm 居多，平均直径为 100nm，每毫升乳中约为 $5\times10^{12}$～$15\times10^{12}$ 个。在酪蛋白结构中 $\alpha_{S1}$-CN、$\alpha_{S2}$-CN、β-CN 由 $Ca^{2+}$ 进行凝集存在于胶粒的内部，κ-CN 覆盖于表面防止进一步聚集，因此 CN 胶粒在乳中稳定存在。

## 三、酪蛋白与酸碱的反应

酪蛋白具有两性，在不同 pH 下呈现不同的酸碱性，现已证明 CN 的等电点为4.6。在酸性条件下（pH<4.6），酪蛋白开始沉淀，然后溶解。在碱性条件下（pH>4.6）酪蛋白与碱结合形成盐，几乎透明溶解。正常牛乳的 pH 为 6.6，也就是说在酪蛋白 pI 的碱侧，CN 带负电荷是酸性，与牛乳中 $Ca^{2+}$ 结合形成酪蛋白酸钙。

## 四、酪蛋白与糖的反应

酪蛋白中含有大量的氨基，而乳中的乳糖是一种还原糖，具有游离的醛基，所以在产品的贮存期间极易发生美拉德反应（Maillard reaction），特别是在乳粉贮存过程中易使乳粉变色产生异味。

## 五、酪蛋白的酸沉淀

牛乳中 CN 是以酪蛋白酸钙-磷酸钙复合体的形式存在，新鲜牛乳 pH 为 6.6，当向牛乳中加入酸时，CN 就游离出来而沉淀，反应式如下：

$$\begin{bmatrix} 酪蛋白酸钙 \\ Ca_3(PO_4)_2 \end{bmatrix} + 2HCl \longrightarrow 酪蛋白\downarrow + 2Ca(H_2PO_4)_2 + CaCl_2$$

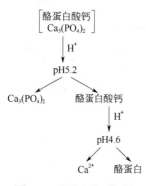

图 2-7　酪蛋白的酸沉淀

由于加酸浓度不同，酪蛋白中 $Ca^{2+}$ 被取代的程度也不相同，当 pH 到 5.2 时，$Ca_3(PO_4)_2$ 首先分离，CN 开始沉淀，当 pH 到 4.6 时，$Ca^{2+}$ 从酪蛋白酸钙中分离，游离酪蛋白完全沉淀（图 2-7）。

利用酪蛋白的酸沉淀原理可以生产干酪素。当用 HCl 或乳酸时，生成产物为 $CaCl_2$ 和乳酸钙，干酪素质量较高，灰分含量较少；当用稀 $H_2SO_4$ 时，由于生成物中 $CaSO_4$ 不溶于水，同酪蛋白一起沉淀，产品中灰分含量增加。此外，生产酸乳时，乳酸菌分解乳糖逐渐产生乳酸，可使酪蛋白形成均匀一致的凝胶状态。

## 六、酪蛋白的凝固

### （一）酪蛋白的醇凝聚

一般用 68%～72%的酒精进行试验，就是利用酒精具有脱水作用使酪蛋白凝聚的原理（图2-8）。酪蛋白胶粒在乳中能稳定存在主要取决于两个因素，即水膜和电荷。

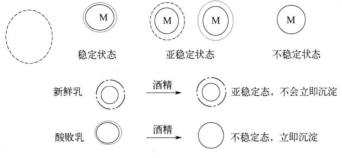

图 2-8　酪蛋白的醇凝聚

## （二）酪蛋白的酶凝固

犊牛、羔羊第四胃中可分泌一种能使乳凝固的酶叫皱胃酶（rennet），生产干酪利用这种酶，当然还有其它蛋白酶能使乳凝固。所以，凡是能使乳凝固的酶都称为凝乳酶（chymosin），目前胶生产中应用的凝乳酶有：

动物凝乳酶：胃蛋白酶、皱胃酶和鸡胃酶；

植物凝乳酶：木瓜蛋白酶、无花果蛋白酶和凤梨蛋白酶；

微生物凝乳酶：细菌分泌的蛋白酶。

皱胃酶主要作用于 $\kappa$-CN 而对 $\alpha_{S1}$-CN、$\alpha_{S2}$-CN 和 $\beta$-CN 不作用，皱胃酶作用于 $\kappa$-CN 的苯丙氨酸（105）-甲硫氨酸（106）链，产生一个水溶性的糖巨肽（glycomacropeptide），其凝乳过程分两个阶段。$Ca^{2+}$ 对酪蛋白凝聚具有显著的促进作用（图2-9）。

① 酪蛋白 $\xrightarrow{\text{皱胃酶}}$ 副酪蛋白+糖巨肽

② 副酪蛋白+$Ca^{2+}$ ⟶ 凝聚

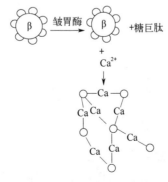

图 2-9　皱胃酶凝乳过程

### （三）酪蛋白的钙凝固

CN 中含有一定量的 Ca 和 P，Ca 和 P 在乳中呈平衡状态，当向乳中加入 $CaCl_2$ 时，这种平衡就被破坏，酪蛋白就处于不稳定状态，Ca 不仅可使 CN 凝固，而且可使乳清蛋白凝固。因此，干酪生产中要添加一定量的 $CaCl_2$。

# 第四节　乳清蛋白的组成和生理功效

乳清蛋白（whey protein）是牛乳中酪蛋白沉淀分离时保留在上清液中的多种蛋白质组分的统称，其含量约为牛乳总质量的 0.7%，包括 β-乳球蛋白（约占 45%~48%）、α-乳白蛋白（约占 18%）、免疫球蛋白（约占 8%）、牛乳血清白蛋白（约占 5%）、乳铁蛋白、乳过氧化物酶、糖巨肽、生长因子、生物活性因子和酶等。

乳中的免疫活性物质主要由免疫球蛋白和乳铁蛋白组成。免疫球蛋白包含 IgA、IgG 和 IgM，其中 IgG 所占比重较大并占主导地位，对人体预防一些疾病有着重要的作用；乳铁蛋白具有免疫调节、抗病毒等生物学特性，可以保护婴幼儿免受病毒的侵袭。此外，乳汁中还具有调节机体免疫功能的细胞生长因子，其中的 α-乳白蛋白、乳铁蛋白、血清白蛋白、白细胞介素以及溶菌酶，具有抗微生物及免疫保护的作用，有助于新生儿先天性免疫系统的建立和肠道微生物的发展。此外，乳中的活性物质酪啡肽可以通过改善肠道质子平衡从而缓解婴幼儿腹泻；糖巨肽具有调节肠道质子平衡的作用，同时可以对感冒病毒产生竞争性抑制。

值得注意的是，乳脂中的鞘磷脂和乳铁蛋白介导肠道淋巴结中的免疫细胞分泌一类保护性抗体 sIgA，是肠道免疫屏障的一部分，起到防止肠道感染致病菌的作用。乳脂肪球膜中存在的鞘磷脂对中枢神经系统的髓鞘形成尤其重要，可改善低出生体重儿的神经行为发育。

## 一、乳清蛋白的理化性质

① 乳清蛋白中不含磷，而酪蛋白中含有大量的 P。

② 具有很强的水合能力，在乳中具有高度的分散性，能溶于水。

③ 在凝乳酶和酸作用下不沉淀。

④ 含 S 量较高，是一种全价蛋白质。

⑤ 对热不稳定，加热到 60~70℃时开始变性沉淀，特别是含量最高的 β-乳

球蛋白，受热时可产生 $H_2S$ 及硫化物，使牛乳带有蒸煮味（cooked-flavor）。

## 二、乳清蛋白营养特点

① 具有高的生物利用效价。

② 含支链氨基酸（如亮氨酸、异亮氨酸、缬氨酸）26%，能作为能源物质提供能量。

③ 是含硫氨基酸（半胱氨酸、甲硫氨酸）的良好来源，有助于维持体内的谷胱甘肽（GSH）水平，发挥抗氧化作用。

④ 含大量的赖氨酸和精氨酸，能刺激合成代谢激素的分泌，促进肌肉生长。

⑤ 含谷氨酰胺，有助于肌糖原更新并防止因过度训练导致的免疫功能下降。

⑥ 是高生物利用率钙的良好来源，有助于预防骨质疏松。

## 三、乳清蛋白各组分的生理功效

### 1. β-乳球蛋白（β-lactoglobulin，β-Lg）

在中性条件下，乳清加入饱和 $(NH_4)_2SO_4$ 或 $MgSO_4$ 进行盐析时，呈溶解状态而不析出的一类蛋白质叫乳清蛋白，其中包括 β-乳球蛋白，呈不溶解状态。β-乳球蛋白是由乳腺上皮细胞合成的乳特有蛋白质，是乳清蛋白的主要成分。它具备较合理的氨基酸比例，支链氨基酸含量极高。研究证实，支链氨基酸对促进蛋白质合成和减少蛋白质分解起着重要作用，其中亮氨酸及其氧化代谢产物可抑制蛋白水解酶活性，减少肌肉蛋白的分解，从而提高运动能力。丰富的亮氨酸还可以保护瘦体组织，减少脂肪合成，因此乳清蛋白可促进增肌减脂，有助于健身爱好者塑造优美体型。

### 2. α-乳白蛋白（α-lactalbumin，α-La）

α-乳白蛋白是必需氨基酸和支链氨基酸的极好来源，也是唯一能与金属元素和钙元素结合的乳清蛋白成分。α-La 富含半胱氨酸，而半胱氨酸是体内还原型谷胱甘肽的前体物质，后者能够通过增强胰岛素敏感性和诱导胰岛 β 细胞释放胰岛素来维持血糖稳定，从而抑制餐后血糖的升高。α-La 还有助于阻止癌变的发生，从而产生抗肿瘤的效果。动物和体外实验结果显示，通过喂食富含 α-La 的乳清蛋白来增加 GSH 水平，可以抑制某些癌细胞增长，如前列腺癌、乳腺癌、结肠癌等。α-La 是唯一能与金属离子包括钙结合的乳清蛋白成分，富含 α-La 的乳清蛋白作为良好的钙的来源，可阻止骨骼中钙的丢失，预防骨质疏松。根据乳清蛋白的类型不同，每 100g 乳清蛋白可提供 500～800mg 钙。研究表明，富含 α-La

的乳清蛋白能够增加年轻卵巢切除大鼠的股骨强度，抑制老年雌性卵巢切除大鼠骨吸收，减少股骨骨量丢失。

### 3. 免疫球蛋白（immunoglobulin，Ig）

是指具有抗体活性或化学结构与抗体相似，能与相应的抗原发生特异性结合反应的球蛋白，是体液免疫的主要物质。Ig 能凝集细菌、中和细菌毒素，并能在体内其他因素的参与下彻底杀死细菌和病毒，增强机体的免疫功能，预防消化道疾病。乳清蛋白中的免疫球蛋白与人乳免疫球蛋白有相同的特性，也具有抗人类疾病的活性。而且，这些活性能对抗蛋白酶的水解作用，能够完整地进入近端小肠，起到保护小肠黏膜的作用，有助于提高摄入者的免疫力，尤其是肠道局部的免疫力。

### 4. 牛血清白蛋白（bovine serum albumin，BSA）

BSA 可以同许多内源性和外源性化合物结合，在存储和运输方面起着重要的作用。BSA 含有 9 种必需氨基酸，能提高人体 T 淋巴细胞的数量和抗氧化活性，从而增强人体抵御疾病的能力。有研究表明，BSA 可以通过调控机体的内分泌水平来抑制人乳腺癌细胞的增长。

### 5. 乳铁蛋白（lactoferrin，Lf）

Lf 是一种铁结合性糖蛋白，通过它的氨基和羧基末端两个铁结合区域，高亲和性可逆地与铁结合促铁吸收，并在一个较广的 pH 范围内使铁被十二指肠细胞吸收和利用。Kawakami 证实，机体对铁的吸收有负反馈调节机制，当细胞缺铁时，细胞就会在其表面合成特异的铁受体，如转铁蛋白和 Lf。此外，在摄入铁的同时摄入 Lf 则可明显减缓铁对肠道的刺激作用，一是因为 Lf 螯合了铁，避免了铁离子对肠道的直接刺激作用，二是进食 Lf 可以减少无机铁离子的摄入量。Lf 含量虽不高，但生物活性较高，其活性包括：

① 抑菌作用：Lf 能够牢固地与铁结合，使细菌失去其生长的必需元素从而达到抑菌效果。

② 灭菌作用：Lf 的灭菌作用是通过其氨基末端强阳离子结合区域，使细菌细胞膜通透性增加，导致细菌的脂多糖从外膜渗出，从而导致细胞膜生理功能的彻底破坏，直接达到杀菌作用。

③ 抗感染：Lf 在炎症中的作用在许多试验中都已得到证实。Lf 具有调节巨噬细胞活性和刺激淋巴细胞合成的能力，而且嗜中性粒细胞是含 Lf 最多的细胞，在机体受感染时可以将 Lf 释放出来，释放出的 Lf 夺取致病菌的铁离子致使后者死亡。

④ 促进细胞生长，提高免疫力：Lf 可促进中性粒细胞或巨噬细胞的吞噬作用和灭菌作用，对自然杀伤细胞（NK cell）的活化和淋巴细胞、中性粒细胞的增

殖具有调节作用，促进肠道免疫系统成熟，影响造血系统的免疫应答及功能。

⑤ 抗氧化性：Lf 具有结合和转移游离铁和其它二价金属离子的能力，因而有效地抑制了铁催化的脂质氧化过程，阻断氧自由基的生成，是理想的抗氧化剂。

⑥ 抗肿瘤：Lf 对消化道肿瘤，如结肠癌、胃癌、肝癌、胰腺癌具有预防作用，并可抑制肿瘤转移。体外实验表明，高浓度的 Lf 有助于促进抗癌药诱导肝癌细胞凋亡，可用于肿瘤的辅助治疗中。

**6. 乳过氧化物酶**（lactoperoxidase，Lp）

Lp 是存在于乳汁中的一种血红素蛋白，是一种来自动物的过氧化物酶。Lp 是一种天然抗微生物和抗菌剂，它单独存在时并不能发挥生物功能，而是协同过氧化氢、硫氰酸盐离子共同组成的乳过氧化物酶体系（LPS）对革兰氏阴性菌表现出抗菌作用，抑制嗜热菌生长，对沙门氏菌、大肠埃希菌有抑制及杀死双重作用。由于 LPS 破坏了细菌的—SH 基，细胞受损，从而缺乏葡萄糖、嘌呤、嘧啶、氨基酸的摄取能力，蛋白质、DNA 合成受阻，同时 LPS 消耗介质氧气。Lp 的应用包括：①作为乳替代品或电解质添加剂，以替代用以预防某些新生儿感染的抗生素；②作为个人保健产品，对口腔和皮肤提供保健作用，防止牙龈炎和皮肤感染，同时减少龋齿的发生；③应用于酸乳中，可防止酸乳在贮存时所产生的后酸化作用，使得产品组织更软、更幼滑。

**7. 糖巨肽**（glycomacrepeptide，GMP）

GMP 是位于 κ-酪蛋白上的一个多肽片段，在被凝乳酶水解后得到的干酪乳清蛋白中含量较高。其主要生物活性包括：对所有的流感病毒株表现出抑制作用，促进肠道有益菌（双歧杆菌）的增殖；含有唾液酸的糖链能黏附病原体，所以能抑制口腔内细菌如链球菌、放线菌、幽门螺杆菌、霍乱毒素的黏附作用，调节免疫系统应答。

**8. 生长因子**

乳清蛋白中含有的生长因子能够在慢性、非外伤性伤口如糖尿病、溃疡伤口修复时促进细胞生长。同时，乳清蛋白生长因子提取物有助于肠道疾病康复。有资料报道，摄入乳清蛋白能减少因化学药物疗法而造成的小肠损害。

# 四、乳清蛋白运动营养价值

人们对营养保健食品的认识和兴趣日益深入，乳清蛋白作为从牛乳中分离提取出来的一种优质蛋白质，具有丰富的营养价值和独特的保健功能。因其含有乳球蛋白、乳清蛋白、免疫球蛋白、乳铁蛋白和多种分解多肽等而被认为是"蛋白质之王"，非常适合孕产妇、生长发育期的儿童和青少年、免疫力低下者、病后或术后康复期的患者、体质差者等人群用以补充优质蛋白质。补充乳清蛋白不光是对于以上所列人群意义重大，对于活动量大的人群及从事各种不同类型运动的运动员或者是健美爱好者也有重要意义。因为运动人群对于蛋白质的需要量比常人需要量更高，而且运动后体内合成蛋白质的速率提高，因此他们更需要补充容易吸收的优质蛋白质。乳清蛋白因为具有容易消化吸收的特性，能作为机体快速合成蛋白质的原料；同时，乳清蛋白浓缩物比研究过的任何一种蛋白质都具有更高的生物价，所以乳清蛋白理所当然地成为运动员训练必备的营养食品，其功能主要表现在以下方面：

**1. 具备理想的运动蛋白质应满足的标准**

必需氨基酸和非必需氨基酸之间平衡良好；支链氨基酸含量丰富；脂肪、胆固醇含量低。乳清蛋白完全具备了上述优点。蛋白质消化率校正的氨基酸评分（PDCAAS）法测定蛋白质质量的原理是基于人体对氨基酸的需求的，其原则是近似的氮组成、必需氨基酸组成与含量及实际消化吸收率。根据这一方法，乳清蛋白的生物利用价值比许多其他高质量的膳食蛋白质如蛋、牛肉和大豆都要高。

**2. 乳清蛋白与自由基**

乳清蛋白中的 α-乳白蛋白、牛血清蛋白、乳铁蛋白富含胱氨酸残基，能安全通过消化道和血流，进入细胞膜，还原成两个半胱氨酸，合成谷胱甘肽，维持细胞和组织 GSH 水平，从而增强机体抗氧化能力，提高肌肉耐力和作功能力及延缓疲劳的发生。

**3. 乳清蛋白与免疫**

谷氨酰胺是淋巴细胞和巨噬细胞在免疫反应过程的重要底物，高速利用谷氨酰胺生成嘌呤和嘧啶核苷酸有利于合成更多的 DNA，使免疫细胞增殖加速。长时间高强度运动后期血糖降低，此时谷氨酰胺主要参与糖异生以维持血糖浓度，谷氨酰胺不能满足免疫细胞的需要，这是运动造成机体免疫力下降的主要原因。乳清蛋白富含谷氨酸等谷氨酰胺前体物质，为糖原异生提供原料，维持谷氨酰胺水平，保护免疫细胞功能。此外，乳清蛋白中的乳铁蛋白和球蛋白都具有抗菌和抗病毒作用。

**4. 延缓疲劳**

中枢疲劳理论认为，在耐力运动过程中，当肌糖原、肝糖原大量消耗时，血液中的支链氨基酸也降低，游离色氨酸水平升高，大量色氨酸进入脑屏障转变为5-羟色氨酸，后者可抑制中枢兴奋性，产生嗜睡和疲劳的感觉。乳清蛋白含有丰富的支链氨基酸，可以阻断色氨酸的转运，延缓疲劳的产生。还有研究表明，喂食乳清蛋白可明显加速高脂喂养大鼠体内胆固醇的代谢，抑制胆固醇的合成。Nagaoka 等首先从 β-Lg 的胰蛋白酶解液中成功地分离出一种能够降低血清胆固醇水平的五肽，对应于 β-Lg 的 71～75 位氨基酸残基，经动物实验证实，摄入乳清蛋白多的大鼠血浆和肝脏胆固醇水平明显降低，同时血浆甘油三酯的水平也有降低趋势。另外研究较多的是源于 β-Lg 的具有抑制血管紧张素转换酶（ACE）活性的短肽，具有较强的抗高血压作用，对自发性高血压小鼠具有明显的抗高血压活性。β-Lg 与脂溶性维生素和脂肪酸的结合能力很强，尤其对维生素 $D_2$ 与维生素 E 等脂溶性维生素。β-Lg 不仅可以结合脂溶性小分子，而且能够提高其在机体内的转运效率，从而促进它们的吸收。利用 β-Lg 中支链氨基酸含量丰富的特点，可用于运动食品，其原理是它们在活跃的骨骼肌中分解以释放氮，氮在肌肉中与丙酮酸盐反应生成丙氨酸，丙氨酸经肝脏代谢产生葡萄糖，为运动提供大量能量。

**5. 增加运动肌肉作功**

乳清蛋白增加运动肌肉作功能力主要表现在几个方面：

① 易消化的优质蛋白质——为机体提供额外能量，节约体内蛋白质，减少肌蛋白分解。

② 赖氨酸、精氨酸含量高——刺激合成代谢激素或肌肉生长刺激因子的分泌和释放，刺激肌肉生长和脂肪降低。

③ 提供 GSH 等抗氧化剂，保护肌细胞膜、肌浆网、线粒体等结构，延缓肌肉疲劳产生。

④ 富含支链氨基酸，其中亮氨酸及其氧化代谢物可抑制蛋白酶的活性，减少肌蛋白分解。

**6. 促进肌肉生长**

运动中的我们需要消耗更多的蛋白质来延缓肌肉疲劳或者构筑肌肉。乳清蛋白中含有特别丰富的支链氨基酸，而支链氨基酸具有阻止肌肉分解、促进肌肉合成的功效，对于修复运动损伤也大有裨益。研究指出，进食乳清蛋白可以减少对食物的渴望和降低能量摄入。可通过控制食欲，减少脂肪，改善身体比例。

# 五、乳清蛋白的分离

我国分离、制备乳清分离蛋白始于十多年前，当时采用的技术主要是膜技术。而美国早在 1990 年就已采用离子交换法从乳清中分离乳清蛋白。此外，生物选择吸附、亲和色谱提纯法及反相胶束萃取法等都是开发的新的分离乳清蛋白成分的方法。目前我国尚没有具有自主知识产权的乳清蛋白综合利用技术，而国外技术受专利保护，这严重制约了我国乳清蛋白资源的开发利用及乳品工业的可持续发展。据了解，我国每年仍需进口大量脱盐乳清粉、乳清浓缩蛋白、乳清分离蛋白和乳糖等乳清制品用于配方食品、糖果生产和冰淇淋配料，其花费巨大。

国外乳品工业中已经研制运用超滤技术来制作"预干酪"和乳清浓缩物。与传统的蒸发浓缩相比，膜技术不仅能减少加热引起的蛋白质变性，而且在产品提纯方面具有明显优势。在美国大约三分之二的乳清直接喷雾干燥成粉或制成浓缩物，其余三分之一乳清做进一步处理，加工成其他乳清产品，如脱盐乳清粉、低乳糖乳清粉、高乳糖乳清粉、乳糖、乳清浓缩蛋白和乳清分离蛋白等。美国乳清工业是乳清蛋白技术开发和应用的先驱。先进的技术和巨大的研发投入使美国乳清工业将产品生产线从基本的乳清粉扩展到多种高价值产品，包括乳清浓缩蛋白（蛋白质含量在34%到80%之间）、乳清分离蛋白（蛋白质含量超过90%）和脱盐乳清等。从乳清中分离、制备乳清分离蛋白技术的研究开始于十多年前，主要采用以下乳清蛋白分离技术：

### 1. 膜分离技术

膜分离技术研究者使用色谱膜完成了蛋白质分离，此过程着重于离子交换和亲和膜，采用具有吸收性质的微过滤器（不同于传统的过滤和过筛）。色谱膜一般是聚合物，由醋酸纤维素或聚偏二氟乙烯构成。这种多孔的膜材料在内表面有离子交换基，可形成微孔直径为 $0.1\mu m$ 的一个平板或中空纤维，这样大小的孔可以使杂质分离。离子交换基通过吸附来捕获目标蛋白质分子，当目标蛋白质分子流过膜壁时，膜内部的离子交换基就会捕获它。该膜首先要用一种缓冲溶液清洗，然后再用一种可调节 pH 值的盐溶液来分离蛋白质。已开发了相关工艺设备和产品，并不断有膜处理改进技术的报道。

### 2. 吸附分离法

直到现在，分离乳清蛋白最常用的方法仍是非专一性超滤和离子交换，这种方法可以生产蛋白质混合物，即乳清浓缩蛋白或乳清分离蛋白。但这个过程也有一定的局限性，例如它不能分离出特定的天然乳清蛋白成分，如 β-乳球蛋白。因为天然的 β-乳球蛋白易与脂溶性维生素如维生素 A、维生素 D、维生素 K 结合，所以这种蛋白质是在液态乳中强化维生素最理想的物质。研究者们正在开发一种通过生物选择吸附分离乳清蛋白的技术，这项技术可以成功地分离出天然 β-乳球蛋白，完成这种特定蛋白分离的关键是将化合物视黄醛固定在硅藻土（celite）上。β-Lg 有结合小疏水分子的能力，这样就使得材料表面有益于 β-Lg 吸附。β-Lg 的结合也取决于 pH 值和离子强度，因此，仅仅通过调节 pH 值就可以完成吸附和解吸过程，但这种方法相对来说成本过高。

### 3. 亲和色谱提纯法

乳铁蛋白和转铁蛋白是在乳清中发现的最主要的铁运送和调节蛋白。为了发挥铁输送的生物功能以及与炎症和免疫学有关的人类细胞功能，这些蛋白质必须与真核细胞表面相作用，真核细胞表面的一种常见组成部分就是神经节苷脂。在分离实验中，神经节苷脂最初被混合乳清蛋白溶液所加载，用醋酸钠和磷酸盐缓冲溶液（在特定 pH 值条件下）清洗装置后，完成乳铁蛋白和转铁蛋白的回收。神经节苷脂色谱柱可回收高于 74% 的转铁蛋白，同时可从最初的乳清浓缩蛋白或乳清分离蛋白中提取至少 40% 的乳铁蛋白。神经节苷脂亲和色谱法与其他类似方法相比有几个优点：它可以用未处理过的乳清浓缩蛋白或分离蛋白进行分离；固定的神经节苷脂色谱柱可重复使用 12 个月，不会降低结合乳铁蛋白的能力；装置很容易用乙醇、尿素或高浓度盐缓冲剂清洗。

## 六、乳清蛋白的应用前景

我国人民的平均生活水平较低，蛋白质的摄入量尤其是动物蛋白的摄入量还在亚洲地区的平均水平以下。如何调整我国人民的膳食结构，增加蛋白质尤其是优质动物蛋白的摄入量已迫切地摆在我国食品科技工作者面前。将乳清蛋白引入我国人民的日常饮食，不失为一个较好的解决方法。到了 21 世纪，从小保持饮奶习惯的新一代人，每日的食品类消费性支出中乳清蛋白等乳制品比例将加大。如果按每人年均消费 2kg 乳清蛋白来估算，则 2030 年所需乳清蛋白量约为 320 万 t。我国乳清蛋白市场以每年两位数的增长速度迅速发展，市场规模接近 50 亿元。尽管医疗机构大力提倡母乳喂养，乳清蛋白食用量还是呈现上升趋势，主要是职业母亲数量增加，断奶时间提前等因素。特别随着生活水平提高，幼儿持续饮用乳粉时间延长到学龄前的情况在增加。因此未来婴幼儿用乳清蛋白的数量和比例还将呈现刚性增长，预计年增长幅度在 5% 左右。

随着产品技术的不断开发和蛋白质产品竞争的日趋激烈，乳清蛋白产品也逐步走向了多样化，市场上已出现了浓缩乳清蛋白、分离乳清蛋白以及添加了蛋白肽类的乳清蛋白产品等。

### 1. 浓缩乳清蛋白（WPC）

将乳清直接烘干后，可得到乳清粉末，其中的乳清蛋白极低，一般为百分之十几，不超过百分之三十。乳清经过澄清、超滤、干燥等过程后得到的产物就是浓缩乳清蛋白。根据过滤程度的不同可以得到乳清蛋白浓度从 34%～80% 不等的产品。

### 2. 分离乳清蛋白（WPI）

分离乳清蛋白是在浓缩乳清蛋白的基础上经过进一步的工艺处理得到的高纯

度乳清蛋白，纯度可达 90%以上。其价格昂贵，是浓缩乳清蛋白的 2～3 倍，但是它也更容易消化吸收。分离乳清蛋白的真正妙处在于它的营养价值，它拥有高含量的优质蛋白质，能为某些特定需要的人群比如婴儿和住院病人提供所需优质蛋白质。此外，分离乳清蛋白所含有的生物活性化合物如 α-乳白蛋白、β-乳球蛋白、乳铁蛋白以及免疫球蛋白，都为市场注入了新鲜的活力。

### 3. 乳清蛋白肽

乳清蛋白肽是乳清蛋白的水解产物，是乳清蛋白的精华，它在机体中能更快地参与肌肉合成的过程。

在食品工业中，乳清蛋白具有很多独特的功能特性（如溶解性、持水性、吸水性、成胶性、黏合性、弹性、搅打起泡性和乳化性等），合理利用这些功能特性能够使食品的品质大大改善，因此也得到了广泛的应用。再者，可以每隔几个小时就进食蛋白质和绿色蔬菜，并于每天饮用一次 40g 的乳清蛋白奶昔，无论在运动后或你最容易对食物产生渴望的时间。乳清配以定时的肉类蛋白质饮食，能于消除脂肪时，改善蛋白质的合成，保持肌肉质量。

## 七、乳清蛋白应用

乳清蛋白应用主要表现在以下方面：

### 1. 冷冻食品

如在冷饮冰淇淋生产中，它作为廉价的蛋白质来源，也可用于替代脱脂乳粉降低产品的成本。它良好的乳化性，对冰淇淋混合料体系的黏度、凝冻性非常有益，尤其在低脂产品中更可大幅度改良口感、质地，在高级冰淇淋中不仅是乳粉的优良替代品，而且赋予冰淇淋非常清新的乳香味。

### 2. 焙烤食品

如面包、甜饼、曲奇等生产中可利用乳清蛋白，增大面包的体积，提高水分含量，使面包更加柔软，特别是添加含钙量低的乳清浓缩蛋白，这一效果尤为突出。在蛋糕体系中，利用 WPC 代替鸡蛋，可以提高蛋白糊的硬度和黏度，因此可以防止膨松剂产生的 $CO_2$ 逸出。在曲奇和软质曲奇加工中，WPC 除可作为鸡蛋的替代物外，它还用于改善全脂和低脂曲奇的颜色和咀嚼性，是一种非常经济的乳固体来源。

### 3. 发酵乳制品

乳清蛋白还应用于酸乳等发酵乳制品的生产中，常用的低盐乳清蛋白不但不会影响发酵和风味，而且起到一个很好的保护作用，即在保质期内可以减缓酸乳的分层和乳清的析出。经过适当的热处理，强化 WPC 的酸乳具有更高的黏度和更好的持水性，还可以减少胃酸对益生菌和乳糖酶的破坏，增强肠道酶的活性。

### 4. 肉类制品

添加乳清蛋白能促进肉中蛋白质与水结合，还能帮助肉类制品形成胶态和再成形。在火腿肠中加入含蛋白质10%以上的乳清溶液，能控制水分和脂肪的损失，防止在烹调时降低烹调后肉制品的质量和风味。在香肠中加入乳清蛋白可帮助其中的脂肪乳化，防止脂肪分离和聚集。

# 第三章 乳的物理性质和加工特性

## 第一节 乳的物理性质

乳的物理性质包括乳的色泽、气味、相对密度、黏度、冰点、沸点、比热容、表面张力、折射率、导电性等。

### 一、颜色

乳颜色为白色或稍带黄色，白色是由脂肪球和酪蛋白胶粒对光的反射和折射产生的，黄色是由核黄素、叶黄素和胡萝卜素引起的。

### 二、滋味、气味

乳的滋味、气味主要由乳中挥发性成分构成，乳加热后香味增强，此外乳也易吸附各种异味，如：鱼腥味、葱味、蒜味及饲料味等。

#### （一）正常风味

乳的正常风味主要是一些挥发性物质如$(CH_3)_2S$、丙酮、醛类、酪酸及一些游离脂肪酸（FFA）产生的。甜味主要是来源于乳糖。咸味主要是$Cl^-$引起的，由于受乳糖、蛋白质掩蔽不易觉察，但乳房炎乳咸味很明显。

#### （二）异常风味

**1. 生理异常风味**

（1）粪味；

（2）饲料味；

（3）杂草味。

### 2. 脂肪分解味

由于脂肪分解产生脂肪酸，主要成分为丁酸。

### 3. 烧焦味

脂肪氧化产生的风味，主要因素是重金属，如 Cu 等。

### 4. 焦臭味

主要由乳清蛋白受阳光照射产生，具有焦臭味和羽毛烧焦味。

### 5. 蒸煮味

主要与乳清蛋白中的 β-乳球蛋白有关。

### 6. 苦味

贮存时间过长产生，主要与低温菌及酵母菌产生胨肽化合物有关，或与解脂酶产生的 FFA 有关。

### 7. 酸败味

主要与杂菌污染有关。

## 三、乳的酸度

### （一）pH

正常乳的 pH 为 6.6，所以乳呈酸性，可与碱反应。通常乳是一个复杂的体系，只有用乳滴定酸度才能表示乳中的真实酸碱程度。

### （二）乳滴定酸度的表示方法

#### 1. 特尔纳度（°T）

中和 100mL 乳所用 0.1mol/L NaOH 的体积（mL）。通常用 10mL 乳滴定，则所用 0.1mol/L NaOH 的体积（mL）乘以 10，°T 则可用下式计算：

$$°T = 滴定所用\ 0.1mol/L\ NaOH\ 的体积（mL）×10$$

#### 2. 乳酸度

表示每 100g 乳中乳酸的质量（g），计算公式如下：

$$乳酸度 = \frac{0.1mol/L\ NaOH体积（mL）×0.009}{供试乳重（g）} ×100\%$$

注：乳酸分子量为 90；0.1mol/L 时，1000mL 中为 9g，而 1mL 中含有 0.009g，此数乘以 0.1mol/L NaOH 的体积（mL）就相当于乳酸含量。

### （三）酸度的构成

新鲜牛乳酸度为 16～18°T（0.15%～0.18%），主要由自然酸度和发酵酸度构成。通常滴定的酸度为乳的总酸度。

因为牛乳是一个复杂的胶体体系，具有一定的缓冲能力，所以用 pH 不能准确表示酸度大小。°T 与滴定酸度之间也没有规律的关系，与牛乳的缓冲体系有关（主要与蛋白质和柠檬酸盐有关）。

## 四、乳的相对密度

乳的相对密度通常用乳稠计测量，通常有两种乳稠计。

相对密度：指 20℃时乳的质量与同容积 4℃水的质量之比，即 D20℃/4℃。

乳比重：乳的质量与同容积同温度（15℃）水的质量之比，即 D15℃/15℃。

正常乳相对密度为 1.030，乳比重为 1.032。

① 乳的相对密度与乳中非脂乳固体成正比，因此当乳中掺水时，非脂乳固体下降，乳的相对密度减小，乳中每加 15%的水，相对密度下降 0.003。

② 乳中脂肪含量增加，相对密度减小。

③ 国家标准规定，乳的相对密度为 20℃乳与同容积 4℃水质量之比，即 D20℃/4℃。

在 10～25℃范围内，换算成 20℃时：温度每上升 1℃，校正为实际密度时应加上 0.2°；温度每下降 1℃，校正为实际密度时应减去 0.2°。如：乳温为 18℃时测定密度为 32°，则校正到 20℃时，乳的相对密度则为 32°−(2×0.2)+2°=33.6°即 1.0336。

## 五、黏度

乳的黏度主要与乳中蛋白质和脂肪含量有关。

① 乳中脂肪含量增加，乳的黏度增加。

② 乳中蛋白质含量增加，乳的黏度增加。

在实际生产中，如炼乳中黏度过高，可产生矿物质沉淀及形成陈胶状；黏度过低，会使糖沉淀或脂肪分离。在乳粉生产中，黏度过高，可妨碍喷雾，使水分不易蒸发；黏度过低，乳中水分含量过高，乳粉不易干燥。

## 六、比热容

水的比热容指从 14.5℃升到 15.5℃（上升 1℃）所吸收的热量，称为 1cal 牛乳的比热 [1kcal/(kg·℃)=4.18kJ/(kg·℃)]，是乳中各种成分的比热容之和，如蛋白质为 0.5cal/(g·℃)、脂肪 0.5cal/(g·℃)、乳糖 0.3cal/(g·℃)、灰分 0.7cal/(g·℃)、水 0.1cal/(g·℃)，结果牛乳比热容为 0.93～0.96cal/(g·℃)。乳的比热容与温度有关。

## 七、冰点

牛乳冰点为−0.565～−0.525℃，平均−0.540℃，冰点比水低。

牛乳冰点主要与乳中乳糖和盐类有关，这种成分在牛乳中变化较小，因此牛乳冰点也很稳定。但当牛乳掺水时，冰点即会变化，因此实际中可用测定牛乳冰点的方法大致判断牛乳加水量。牛乳中大约加 1%的水，冰点上升 0.0054℃，计算公式如下

$$W = \frac{T - T'}{T} \times 100\%$$

式中，$W$ 为加水量，%；$T$ 为正常乳冰点，℃；$T'$为被检乳冰点，℃。

## 八、导电性

牛乳中溶有盐类，因此牛乳具有导电性。

# 第二节　加工处理对乳理化性质的影响

生乳杀菌可以采用 60～70℃的传统巴氏杀菌、80～90℃的高温短时杀菌、132～150℃的超高温瞬时杀菌等。超高温瞬时杀菌对保存营养素最为有利。生乳超高温瞬时杀菌对蛋白质的生物价值无显著影响，但有利于提高其消化率。

## 一、加热处理对乳理化性质的影响

加热处理是生乳加工必经的过程，对其各种成分有主要的影响。

### （一）一般变化

#### 1. 形成薄膜
生乳在 40℃以上加热时，表面生成薄膜，这是蛋白质变性沉淀形成的，其主

要成分为乳中的白蛋白和乳脂肪。为防止薄膜形成，在加热时应搅拌。

**2. 褐变**

乳褐变主要是由于 Maillard 反应，此外高温作用还会出现乳糖焦化反应。

**3. 蒸煮味**

蒸煮味主要是乳中的 β-乳球蛋白在加热中变性产生—SH 基，甚至产生 $H_2S$ 形成的。

### （二）各种成分的变化

**1. 乳清蛋白的变化**

乳清蛋白主要成分是乳白蛋白和乳球蛋白，这些蛋白质在巴氏杀菌时，就产生蛋白质变性现象，例如：61.7℃，30min 杀菌后约有 9%的白蛋白和 5%的球蛋白发生变性。

**2. 酪蛋白的变化**

正常酪蛋白在低于 100℃加热时性质不受影响，140℃开始变性。但在巴氏杀菌时，用酸或凝乳酶凝固时，凝块物理性质发生变化：在巴氏杀菌时，用酸凝固时，凝块小而软；用凝乳酶凝固时，凝块要比高温短时处理凝固性要好。

**3. 乳糖的变化**

低于 100℃加热时，乳糖不会发生变化，但高温长时间加热，乳糖产生糖焦化。

**4. 脂肪的变化**

乳脂肪在加热处理时不会发生变化，但一些球蛋白上浮，使乳脂肪球凝聚。

**5. 无机成分的变化**

加热处理主要影响 Ca、P，可使可溶性 Ca、P 降低，不溶性 $Ca_3(PO_4)_2$ 沉淀，从而使 Ca、P 胶体性质发生变化。

## 二、冷冻对乳理化性质的影响

### （一）冷冻对蛋白质的影响

乳在低温长时间冷冻后，解冻时酪蛋白产生凝固沉淀，这种不稳定现象主要受乳中 Ca 浓度、乳糖结晶和冻结速度影响。

① 乳冻结时，冰晶体析出，造成乳中盐浓度增大（特别是 Ca），结果消除了酪蛋白的电荷，从而使酪蛋白胶黏发生凝聚。当添加磷酸盐时，可减少酪蛋白的沉淀。

② 乳冻结时，乳糖也会结晶，原来与乳糖结合存在的一部分钙盐也脱离乳

糖，作用于酪蛋白发生沉淀。同时 α-乳糖水合物生成，也对蛋白质起一种脱水作用，破坏酪蛋白胶粒的稳定性。添加蔗糖可抑制乳糖析出，提高黏度，使冰点下降。

③ 冻结速度越快，乳糖分布越均匀，对蛋白质影响越小，酪蛋白越稳定。

### （二）冷冻对脂肪的影响

冷冻时由于冰晶体的生成，挤压作用一方面使脂肪球变形，脂肪球膜弹性降低；另一方面脂肪结晶及冰晶体形成，造成内外压力，使脂肪球膜破坏，形成大小不等的脂肪团粒。当乳解冻时，脂肪聚集上浮。

解决办法：可在冻结前采取均质处理。

# 第四章 原料乳加工质量安全控制

## 第一节 影响原料乳质量的因素

原料乳的质量优劣将直接决定乳制品的质量和安全，所以应当把原料乳和其加工质量安全控制放在首要位置。

原料乳的质量影响因素主要集中在养殖、饲料污染、药物残留、重金属、毒素等方面。

### 一、养殖

家畜养殖户（场）的基础设施并不完善，粪污处理未达到环保要求。一是家畜卧地时，乳房会沾染粪便，如果不加清理和消毒，会造成乳大肠埃希菌超标；二是现场挤乳无法保证0～7℃的最佳保存温度，乳液一旦脱离母体，超过7℃就容易滋生细菌；三是家畜的健康状况没办法保证，如果家畜感染了结核病、乳房炎等疾病，乳液中也很可能携带病原体，单纯通过加热煮沸并不能保证病原体完全清除。尤其是儿童、老人、孕妇和免疫力低的人群，食用生鲜乳后被病原菌感染的风险更大。国内外均有因为食用生鲜乳而引发食物中毒的报道。

个别养殖场（户）生物安全管理理念缺失，防疫意识差，跨省引进家畜不检测疫病、不审批、不申报检疫、不隔离，随意引种，防疫程序缺乏或不合理，饲养环境条件差，不消毒或消毒不严格、不彻底，导致家畜的疫病控制水平低。危害较大的主要是乳房炎、口蹄疫、布鲁氏菌病等，这些疫病不仅造成了家畜生产性能下降或导致家畜死亡，有的也会威胁公共卫生安全。

根据相关调查，现阶段乳加工企业具备自有奶源基地的比例不超过30%，原料乳供给量仅占整个供应量的 20%，很大一部分奶源来自散养户，无法实现稳定供给。如部分乳加工企业虽建有养殖场，但自有奶源不足，90% 的奶源靠收购散养户或其他企业的乳；还有部分乳加工企业没有自己的养殖场，采取"公司+农户"方式收购养殖户的乳。散养户由于受条件所限，乳的来源、品质复杂。这些现状导致奶源不稳定，乳品质难以得到有效控制和保证。

此外，乳业"养加"环节地位不对等，奶源供应、加工、流通 3 个环节利润分配比例为 1 : 3.5 : 5.5，养殖场（户）明显处于弱势地位。尤其是在奶源供给、生鲜乳定价及饲料、兽药等投入品的选择上，其话语权偏弱，部分乳加工企业对牛羊乳限量、降价、拒收现象时有发生。利益分配不公导致在高额利润的驱使下，存在羊乳中掺牛乳、牛乳粉或水等现象，对羊乳产业的稳定发展造成了恶劣影响，严重影响了乳品质量安全。

乳的生产过程要参照国家颁布的《乳品质量安全监督管理条例》（简称《条例》）。《条例》规定，直接从事挤乳工作的人员应持有有效的健康证明。奶畜养殖者对挤乳设施、生鲜乳贮存设施等应当及时清洗、消毒，避免对生鲜乳造成污染。牛羊感染了布鲁氏菌病、结核病、口蹄疫等人畜共患疾病，生鲜乳里面会含有活性致病菌，人一旦食用可能会给自身健康带来严重的后果。另外，奶牛、奶羊乳腺炎的患病率高达 70%，奶农一般都会用青霉素、链霉素等抗生素对其进行治疗。停药一周后，牛、羊乳中仍会有抗生素的残留，人喝了这种乳，很可能会出现抗生素间接过敏。按照法律法规规定，畜牧兽医主管部门负责牛羊饲养以及生鲜乳生产环节、收购环节的监督管理。

## 二、饲料污染

乳中的霉菌毒素主要通过饲料摄取的霉菌毒素在体内转化而来。部分养殖场所采用的饲草饲料采用就地取材、粗放加工，且存放条件比较差，容易被污染，甚至发生霉变，产生某些有毒有害物质。常用饲料中霉菌毒素包括黄曲霉毒素 $B_1$（AFB$_1$）、玉米赤霉烯酮（ZEN）、呕吐毒素（DON）、赭曲霉毒素 A（OTA）4 种毒素，通常污染较为严重的为呕吐毒素，在玉米及副产品、玉米秸、米糠、酒糟、豆饼、豆渣中含量较高；其次为玉米赤霉烯酮，在玉米秸、苜蓿、混合饲料和全价料中含量较高；赭曲霉毒素 A 主要污染棉粕；黄曲霉毒素 $B_1$ 污染较轻。

黄曲霉毒素（aflatoxins，AFs）是由曲霉属中的黄曲霉、寄生曲霉等产生的一组次生代谢物。天然产生的 AFs 主要有 4 种，即 AFB$_1$、AFB$_2$、AFG$_1$ 和 AFG$_2$。AFM$_1$ 是 AFB$_1$ 的羟基化代谢产物，能导致肝脏损伤、肝硬化、肿瘤诱导和致突变以及免疫抑制等作用，被世界卫生组织国际癌症研究机构（WHO/IARC）列为 I

类致癌化合物。黄曲霉毒素毒性是氰化钾的 10 倍，砒霜的 68 倍。$AFM_1$ 主要存在于动物的乳、肾脏、肝脏、蛋、肉和尿中，其中乳中的 $AFM_1$ 最引人关注。世界许多国家都设定了乳中 $AFM_1$ 的允许残留标准，中国和美国为 0.5μg/kg，欧盟为 0.050μg/kg。

## 三、药物残留

### 1. 抗生素残留

含 $\beta$-内酰胺类、四环素类、磺胺类等抗菌类药的乳叫"有抗乳"。"有抗乳"不仅影响牛羊乳的品质，还影响人体健康，使人产生耐药性、过敏反应，严重时甚至危及生命。抗生素残留是指给动物使用抗生素药物后积蓄或贮存在动物细胞、组织或器官内的药物原形、代谢产物和药物杂质。乳中抗生素残留的主要原因是非治疗目的的用药、治疗目的的用药和非法人为掺杂。非治疗目的的用药主要指在动物饲料中添加含有一定比例抗生素的饲料添加剂，作用是预防疾病，这是乳中抗生素残留的重要原因；另一方面，利用抗生素治疗动物临床型、隐性型乳房炎和子宫内膜炎，其中乳管注药法就是将药物直接注入乳房，通过乳腺管进入某个已感染区进行消炎，动物在接受这种治疗后，乳中的药物残留期可延缓到停药 3～5d 后。美国食品药品监督管理局（FDA）调查表明，泌乳期乳牛用药不当或不注意安全是牛乳中抗生素残留的主要原因。因此，不含有抗生素残留已成为现在市场原料乳的收购标准。

### 2. 兽药滥用

硫氰酸盐是一种用于医药、印染等多种行业的化工原料，同时它也天然存在于乳中，是乳过氧化物酶抗菌体系的主要成分之一。乳中天然硫氰酸盐浓度受奶牛品种、个体、饲养类型等因素影响有很大差异。据报道，健康牛的牛乳中平均含硫氰酸盐 0.9mg/kg，范围 0.4～22mg/kg。20 世纪 80 年代由于受制冷技术限制，硫氰酸钠曾被作为保鲜剂而在乳品行业广泛应用。但由于硫氰酸盐的毒性作用及其滥用，2008 年 12 月，卫生部发布的《食品中可能违法添加的非食用物质和易滥用的食品添加剂品种名单（第一批）》中明确规定硫氰酸钠添加到乳及乳制品中属于违法添加。

### 3. 农药残留

农药残留是指任何由于使用农药而在食品、农产品和动物饲料中出现的特定物质，包括被认为具有毒理学意义的农药衍生物，如农药转化物、代谢物、反应产物及杂质。国内外毒理学专家经过大量的试验研究证明，牛乳中农药残留污染对人体健康的危害，属于长时期、微剂量、慢性毒性效应。乳中农药残留一般认为通过饲料、饮水、驱虫等途径污染乳汁，使乳中的农药残留超标。目前在我国还没能够对整个奶牛群体的牛乳进行系统调查，从而无法确证乳品中农药残留的普遍情况，但是在对市场的抽查当中有农药残留的检出。

## 四、重金属

通常将密度大于 $5g/cm^3$ 的金属元素称为重金属，对人体危害较大的有铅、镉、汞和砷（因砷危害与重金属相似，故通常将它也视为一种重金属）。重金属在人体中不易被排出、具有累积效应，当积累到一定量时会引发急、慢性中毒现象，甚至会引发癌症。乳制品中重金属元素的来源途径大致可分为两种：①由原料乳带入，由于化肥的过量使用，工业"三废"的排放，污染空气、土壤和水源等，重金属随食物链进入动植物体内；②乳制品在采集、运输、加工过程中由于设备清洗不净或操作不当等原因造成的污染。

## 五、亚硝酸盐超标

硝酸盐与亚硝酸盐，属于食品加工业中常用的发色剂，硝酸盐可在一定条件作用下还原为亚硝酸盐。亚硝酸盐是有毒物质，摄入过量会引起高铁血红蛋白症，导致机体组织缺氧，还可使血管扩张，血压降低，成人摄入 $0.3\sim0.5g$ 可引起中毒，$3g$ 即可致死。Jonesa 等研究发现低水平硝酸盐和亚硝酸盐的摄入可能对新生儿的胃和心血管健康造成负面影响。另外，亚硝酸盐可与食物或胃中的仲胺类物质作用生成亚硝胺，亚硝胺具有强烈的致癌作用。亚硝酸盐能够透过胎盘进入胎儿体内，产生致畸作用。因而，世界上大多数国家都对食品中的亚硝酸盐限量作出严格规定。我国农业行业标准所规定的牛乳中亚硝酸盐（以 $NaNO_2$ 计）质量分数 $\leq0.2mg/kg$。原料乳中硝酸盐和亚硝酸盐质量分数出现超标的原因，主要是化肥的使用、农作物残渣含氮物的分解等。

## 六、其他

挤乳所用的设备、器具中清洁剂和消毒剂的残留；某些耐药菌在体内不断表达分泌 $\beta$-内酰胺酶，$\beta$-内酰胺酶可以破坏青霉素的内酰胺结构，使有抗乳变为无抗乳。

# 第二节　原料乳加工质量安全控制要素

## 一、包装材料中的塑化剂

塑化剂又称增塑剂，即邻苯二甲酸酯（PAEs）类化合物，是一类能起到软化作用的化学品，它被普遍应用于玩具、食品包装、乙烯地板、壁纸、清洁剂、指甲油、喷雾剂、洗发水和沐浴液等数百种产品中。近年来的研究表明，塑化剂具有雌激素的特征及抗雄激素生物效应，可通过饮水、进食、皮肤接触和呼吸等途径进入人体，会干扰人体正常的内分泌功能，引起内分泌系统紊乱，在体内长期积累会导致畸形、癌变和突变。这类化合物已成为全球性的主要环境有机污染物。

塑化剂进入乳品的途径：一是在部分调味乳、含乳饮料及调味乳粉中所使用的各类乳化香精、增稠剂中可能带入的邻苯二甲酸酯类化合物；二是在食品加工与包装中使用了含有塑化剂的塑料材料中的迁移；三是由环境因素（如土壤等）迁移带入食品原料中。此外，在牛乳采集过程中若采用聚氯乙烯软管机械采乳，也可能导致牛乳中的浓度比人工法高得多，即使以人工挤乳的方式，生牛乳中仍然可以检出。

## 二、加工设备和材料

净乳机、均质机、包装机等这些机械的传动装置都会使用润滑油，因设备故障或者是操作不当会使润滑油接触乳，从而造成污染；用具、管道和设备内清洗的清洁剂及消毒剂因清洗不净而造成残留；可能接触的各种材料如塑料、橡胶、涂料及其它材料带来的危害。

## 三、储运中的不安全因素

乳品因储运不当而造成的二次污染事件也有报道。个别经销商、运输商和零售商对产品质量和安全要求知之甚少，而且食品卫生意识淡薄，所以使得在乳品链的后端也存在很多的危害风险：仓库内有虫害，经销商用农药杀虫害，可能污染产品外箱或产品内包装袋；储运过程中由于温度和时间等原因造成乳品包材中有害物质向乳品中迁移；与可能存在交叉污染的原料、成品等一起存放，同时与易挥发的有毒性的物质存放在一起；在储运与装运过程之中外包装破坏，与有毒害物质一起运输。

## 四、添加剂

防腐剂、增味剂、着色剂等的超标使用。

# 五、乳加工、储存过程中的质量安全控制

## （一）乳制品加工过程中设备的消毒清洗

在乳制品加工过程中，加强对于其生产设施设备的消毒清洗也是提升乳制品产品质量的重要方式。作为乳制品加工企业，要及时对生产设备进行消毒清洗。同时在清洗的过程中，需要注意的是所使用的清洗液浓度必须要进行严格的控制，而且不同的设备所需使用的清洗液浓度也不相同。例如：在使用碱性溶液对设备进行清洗时，要根据设备的材质与使用性质，进行合理的调配；而在使用酸性溶液对设备进行清洗时，要尽量选择酸性较小的溶液对设备进行清洗。当然在清洗的过程中，还需要对清洗液的浓度、流动的速度以及时间进行合理的控制。如果并未对其进行控制，一旦清洗液的数量过多、流速过快以及消毒的时间过长，就会使设备承受较大的压力，最终导致设备的损毁；而如果清洗液的数量过少、流速过慢以及消毒的时间过短，就会导致最终的消毒效果不佳，从而对乳制品的生产质量造成影响。在设备消毒清洗完毕后，作为乳制品加工企业，要对消毒清洗的效果进行验证，同时也要对其进行全面系统的监督与管理，从而有效保障设备运行的正常与稳定，促进其工作质量与工作效率的提升，最终保障乳制品加工的质量水平。

## （二）乳制品包装的质量控制

乳是微生物的天然培养基，特别容易受到污染，在乳制品加工的过程中，乳制品的包装也是影响乳制品质量水平的重要因素。因此，作为乳制品加工企业也要加强对于乳制品产品包装的质量控制。通过对不同乳制品产品使用不同的包装方式，从而有效保障乳制品的质量水平。同时对其包装的类别进行有效的分类与划分，例如：对于某些质量标准要求较高的乳制品，使用无菌塑料袋或者其他类型的无菌化高档包装方式；而对于质量标准要求稍低的乳制品，可以通过使用符合国家食品安全标准的塑料袋、塑料瓶或者瓷瓶等进行包装。但应该根据乳制品的实际情况，选择合适的包装方式。

## （三）工艺的质量控制

乳制品的加工工艺，一直都是影响乳制品产品质量的重要因素。因此，乳制品加工企业要加强管理、控制乳制品加工过程中的关键环节与关键工艺。同时积极学习国内外先进的乳制品加工工艺技术，并结合企业现有的加工工艺技术，更好地提升乳制品产品的质量与其所产生的经济效益。针对整个乳制品加工生产环节的

关键部分以及关键点进行有效控制，然后通过与指导性文件的有机结合，保证各个生产加工工作的顺利展开。生产设备是乳制品加工的关键与重点，因此，需要为生产设备创造良好环境，这样可以使得生产设备能够在良好的环境当中运作，保证乳制品加工质量与加工安全。针对生产设备的运作环境，需要及时做好监督与管理工作。与此同时，在生产加工过程中，需要严格按照相应的标准与规定展开，这样才能在最大程度上避免因为操作流程不当，带来严重的质量问题。明确每一道工序的参数以及特性等，同时在生产加工过程中，需要根据工艺特性与工艺参数，展开相应的对比与监控工作。在实际监控过程中可以采取不同监控方式，比如仪表监控方式以及监测点监控方式等。在加工的过程中要严格按照国家的相关食品安全标准进行操作，从而有效保障消费者的身体健康与企业的良好形象。

从源头开始，要推行机械化挤乳装置。目前，我国奶羊养殖以散养为主，机械化挤乳程度较低，很多养殖户仍然采用手工挤乳的方式，污染风险大，极易导致羊乳中的体细胞数偏高，影响其质量。因此，我们要推行机械化挤乳装置，从源头保证羊乳产品的质量符合国家标准。在奶羊养殖小区以及一些具有规模的奶羊养殖基地推行机械化挤乳设施的使用，在奶羊比较集中的饲养区建立机械化挤乳站，做到分散饲养、集中挤乳，不仅干净卫生，还有效保障了羊乳质量。

### （四）贮存和运输过程中的质量保证

乳产品的贮存和运输都有其特殊的规定，故而在进行运输的时候，装配人员要注意产品摆放的密集度、高度和运送车辆的温控装置是否有效。因为任何一个条件不达标，都会导致乳制品的变质和腐败。生产企业要注意各个环节的操作人员的健康问题，定期为员工做好身体检查，同时搬运人员的个人卫生也要自觉做好清洁准备，以免损坏包装，污染产品。再者，乳产品的贮存点也要具备相应的储存条件，这是由于乳产品在后期如果缺少严格的贮存条件，也难以确保产品在售卖过程中不出现变质和腐坏的现象。

### （五）加强乳制品生产企业自主创新能力

乳制品企业的科技创新具有重大意义，促进奶源基地建设与管理，提高资源的有效利用率；改善乳品供给结构，满足多样化需求；提升产品质量水平，增强企业竞争力；缩减成本，增强企业效益。因此，科技创新能力成为推动乳品加工企业发展的关键因素。科技创新又是产业发展的根本，企业作为主体，肩负较大的重担。发展极不成熟的乳制品产业，投入到科技创新的人、财、物等要素就极为有限，是由于乳制品生产企业，面对国内外激烈的市场竞争环境，获得的利润较低，更甚至一些小规模的乳制品生产企业没有自己的检测与研发部门，只进行简单的重复作业。没有创新，资源损耗高和原材料成本高直接导致本土企业利润率摊薄，质量无保障，产品结构单一、无竞争力，市场份额不断被压缩。乳制品加工企业自主创新能力薄弱，成为制约我国乳业发展的主要因素。因此，生产企业应该加强其自主创新能力，从而提高产品质量安全。

### （六）完善加工储藏过程中的质量监管体系

我国现阶段监管体系并不能实现对乳制品产业链的全程监管，而由国家卫生健康委员会、农业农村部等多个监管部门进行分段式监管，极易产生部门间职责不清、管理重叠等现象。同时当前所制定的法律法规其总体深度与广度都不能实现对乳制品"从农田到餐桌"整个产业链的监管，并且法律条款多而难以操作，相比于西方国家，我国法律的监管力度还需继续提升。乳品安全国家标准新发布的 66 项标准，主要针对当前中国乳业所面对的最突出的需求，但与一些发达国家相比，我国的标准体系还有待完善，乳制品质量安全指标还不能完全达到国际一般水平，甚至又放宽了标准水平。例如在《食品安全国家标准　生乳》（GB 19301—2010）中，乳蛋白含量从 1986 年的每 100g 生鲜乳蛋白质含量不低于 2.95g 降到 2.8g，而国际标准为 3.0g；菌落总数则从 2003 年 50 万 CFU/g(mL)调至 200 万 CFU/g(mL)，美国、欧盟的标准为 10 万 CFU/g(mL)。此前 20 世纪 80 年代的国家标准已和国际标准有很大差距，新的国家标准却比原来的标准还低。而且现在国际上流行用体细胞数（SCC）来衡量生鲜乳的质量，但新的国家标准没有把此指标列入。总而言之，我国的乳制品监管体系需要进一步地完善，才能对质量安全有更好的控制。

乳制品日益成为人们日常生活的必需品，其质量安全备受人们重视。乳制品加工、储存过程中的质量安全控制，也就显得尤为重要。因此，需要企业相关工作人员肩负起自身责任，针对加工和储存过程中的质量问题及时做好分析与研究工作，从而针对其中存在的质量问题，以及相应的影响因素，给出有效解决措施，从而为我国乳制品行业的更好发展提供保障。乳制品生产企业应做好生产加工储运过程中的质量安全控制，确保最终乳制品的质量安全，把好产品生产的每一道关卡，让健康安全的乳制品走上人们的餐桌。

# 第三节　乳制品的贮藏保鲜

乳制品是指以动物乳为原料经过一定工业技术加工出来的产品。其营养丰富，是人们摄取蛋白质的重要来源，但其也极易受微生物污染导致腐败变质。脂肪酸分解产生的低分子化合物（醛类、酸类、羟酸类、酮类和酮酸类等）会产生各种特殊的苦味、酸味、脂酶味，严重影响乳和乳制品的风味。因而，乳品贮藏保鲜技术在乳品发展过程中扮演重要角色。

# 一、贮藏保鲜技术分类

按照市场上销售的乳品形态，贮藏保鲜技术可分为三类。

## （一）干燥

固态乳制品经脱水处理后的干乳制品（含水量在 4%以下），如乳粉，宜在 10～20℃的干燥通风、避光、阴凉处贮藏。

## （二）冷藏

冷藏是各种乳制品贮藏保鲜的最佳方式。冷藏前冷却处理可将食品的温度下降至接近食品的冰点，抑制食品中微生物的繁殖，减缓食品中的生化反应速度，延长食品保质期。空气冷却法是乳品冷却的最佳方法，即利用低温空气流过食品表面，使食品温度下降，达到低温杀菌的效果。

液态乳制品，包括鲜牛乳、酸乳、活性乳酸菌饮料等，宜在低于 5℃恒定温度下贮藏，或者在冷库中存放 48h 以上。炼乳是牛乳除去水分浓缩后制成的，宜保存在 15℃以下。稀奶油是从牛乳中分离而得的乳脂肪，可在 2～4℃条件下冷藏 62h。奶油是稀奶油经成熟、搅拌、压炼而成的一种乳制品，可在 10℃下贮存 10 天。冰淇淋是以牛乳或乳制品为主原料，加入甜味料、乳化剂、稳定剂及香料等，经混合、杀菌、均质、老化、凝冻、成型和硬化而制成的体积膨胀的冷冻饮品，贮藏温度-18℃。

## （三）超高温灭菌

低温可抑制微生物生长繁殖，但耐冷微生物仍能生长繁殖导致乳品变质。鲜乳最好是当日加工，超高温灭菌乳可保存 6 个月。

# 二、天然保鲜剂

乳链菌肽保鲜技术属于生物保鲜技术，原理是通过隔离乳品与空气的接触，延缓氧化作用，从而达到保鲜防腐的效果。我国 1990 年开始批准乳链菌肽作为一种高效、无毒的天然食品防腐剂使用。一般参考用量为 0.1～0.2g/kg，最大使用量为 0.5g/kg。乳链菌肽应用于乳制品，具有以下优点：

① 有效抑制有害细菌，如耐热的芽孢杆菌和梭菌，这些细菌的孢子虽经巴氏杀菌，但仍会存活；

② 避免产品因温度变化而造成的腐败，保证了产品质量；

③ 延长产品保存期 4～6 倍，便于产品贮存和运输，扩大了产品的市场和销路；

④ 缩短灭菌时间，降低灭菌温度，节省能源消耗，降低产品成本。

乳酸菌及其代谢产物可以有效地抑制乳制品中致病菌和腐败菌的生长，保证其质量和安全性。乳酸菌作为一类微生物源天然防腐剂，不仅影响酸乳的发酵时间及发酵剂的活菌数，达到保鲜酸乳的目的，同时能显著抑制霉菌和酵母菌的滋生，增强其安全性及保健功效，且不影响酸乳的感官特性。乳酸菌作为食品保鲜制剂在乳制品保鲜中的优势日渐凸显，作为一种天然、安全的抑菌防腐保鲜剂，在未来的乳品保鲜技术发展进程中，必将成为主流趋势。

## 三、化学保鲜技术

在乳制品贮藏保鲜中表现为抗氧化和防霉处理，乳品中常用的抗氧化剂有维生素 C、维生素 E、卵磷脂、柠檬酸、正二氢愈创酸（NDGA）、没食子酸丙酯，常见的防霉剂有脱氢乙酸、山梨酸、甲萘醌（又称维生素 $K_3$）等。

## 四、其他

影响乳制品保鲜和货架期的因素还有很多，包装材料对乳制品的贮藏保鲜也有重要影响。塑料包装（如单层聚乙烯薄膜）虽有防潮效果，但阻隔性差，只能短期贮存（3 个月）；铝箔复合袋包装可避免光线、水分和空气的渗入，可贮存 12 个月；充氮包装可显著延长保质期（24℃下可贮存 9 个月）。美国农业部（USDA）东部研究中心研发出一种用牛乳蛋白酪蛋白制成的可食用且可自然分解的包装材料，在酪蛋白的基础上加入柠檬和酸橙果皮中的果胶成分，制成透明的膜片，比一般的包装材料低密度聚乙烯（LDPE）隔氧能力强 500 倍。

此外，超声波保鲜技术、紫外线保鲜技术、辐照保鲜技术、超高压保鲜技术、脉冲电场和脉冲磁场保鲜技术等高科技的乳制品保鲜技术也发挥出了显著效果。

# 第五章 鲜乳处理

## 第一节 鲜乳的验收

### 一、鲜乳的验收条件

鲜乳送到乳品加工厂，必须根据其质量指标进行验收，质量指标见表 5-1、表 5-2 和表 5-3。首先进行感官鉴定（嗅觉、味觉、外观、尘埃等），发现异常可进行理化鉴定；其次进行理化鉴定，主要是测相对密度、酸度、含脂率以及进行酒精试验。

表 5-1 感官要求

| 项 目 | 要 求 | 检验方法 |
|---|---|---|
| 色泽 | 呈乳白色或微黄色 | 取适量试样置于 50mL 烧杯中，在自然光下观察色泽和组织状态。闻其气味，用温开水漱口，品尝滋味 |
| 滋味、气味 | 具有乳固有的香味，无异味 | |
| 组织状态 | 呈均匀一致液体，无凝块、无沉淀、无正常视力可见异物 | |

表 5-2 理化指标

| 项 目 | | 指 标 | 检验方法 |
|---|---|---|---|
| 冰点[1][2]/℃ | | −0.560～−0.500 | GB 5413.38—2016 |
| 相对密度/（20℃/4℃） | ≥ | 1.027 | GB 5009.2—2016 |
| 蛋白质/(g/100g) | ≥ | 2.8 | GB 5009.5—2016 |
| 脂肪/(g/100g) | ≥ | 3.1 | GB 5009.6—2016 |
| 杂质度/(mg/kg) | ≤ | 4.0 | GB 5413.30—2016 |
| 非脂乳固体/(g/100g) | ≥ | 8.1 | GB 5413.39—2010 |

续表

| 项　目 | 指　标 | 检验方法 |
|---|---|---|
| 酸度/°T<br>牛乳② <br>羊乳 | <br>12～18<br>6～13 | GB 5009.239—2016 |

① 挤出 3h 后检测。

② 仅适用于荷斯坦奶牛。

表 5-3　微生物限量

| 项　目 | 限量/[CFU/g(mL)] | 检验方法 |
|---|---|---|
| 菌落总数　≤ | $2 \times 10^6$ | GB 4789.2—2022 |

## 二、乳的净化

### （一）乳的过滤

用过滤材料将牛乳中固体颗粒和液体微粒除去的过程。过滤方法通常有常压过滤、减压过滤和加压过滤等。

常压过滤：通常用 3～4 层纱布、滤布或人造纤维进行过滤，过滤后下次利用时，应将纱布等清洗干净，防止二次污染。

减压过滤和加压过滤需要一定的设备，应用较少。

### （二）高纯度乳的净化

原料乳虽经过滤，但只能除去一些大的杂质，为了得到高度的纯度乳，一般采用离心净乳机净化。净乳机工作原理与奶油分离机相似。

## 三、乳的冷却、贮存及运输

### （一）乳的冷却

刚挤出的乳温度为 36℃ 左右，是微生物生长繁殖最适宜的温度，若不及时冷却，则微生物会大量繁殖。

乳中含有能抑制微生物生长繁殖的抗菌物质——乳酸菌素（Lactein）。但其抗菌特性延长时间长短，与乳温关系密切，即温度较低时，抗菌期较长。

此外，抗菌特性也与细菌污染程度有关。

乳的冷却方法很多，主要包括：

① 水池冷却；

② 冷排冷却；

③ 浸没式冷却；

④ 板式热交换器冷却。

### （二）乳的贮存

乳冷却后必须尽可能地低温保存，并保持恒温，以防止温度升高，因为高温时微生物就会生长繁殖。但要注意，不能冻结，否则影响酪蛋白的稳定性，研究表明乳在4℃保存时效果最好。

### （三）乳的运输

① 防止运输途中温度升高，特别在夏季应在夜间或早晨运输，并使用隔热材料，遮盖奶桶。

② 保持清洁：运输容器必须清洁卫生，严格杀菌，防止污染。

③ 防止震荡：通常奶桶要装满，以防震荡。

④ 防止中途停留。

⑤ 长距离运输时要用奶槽车。

# 第二节　鲜乳的卫生

## 一、乳牛的健康和卫生对原料乳的影响

乳牛患人畜共患病，如结核杆菌、巴氏杆菌、炭疽杆菌、口蹄疫病毒等病原体会由病牛直接传入乳中。

患乳房炎的牛产的乳，除细菌污染外，乳呈碱性，Cl⁻含量高，酒精反应呈阳性，有咸味等。

## 二、挤乳员健康对原料乳的影响

挤乳员必须定期体检，若患一些传染病，如痢疾等，不应参加挤乳。

## 三、牛舍卫生对原料乳的影响

牛舍内有大量尘埃，喂干草时会导致乳中微生物数量大大增加。

## 四、牛体清洁对原料乳的影响

牛的腹部通常易被土壤、牛粪、垫草污染，因此牛乳中细菌数增加，是乳中大肠埃希菌的主要来源，因此必须注意对牛体进行清理。

## 五、乳房卫生对原料乳的影响

牛乳房乳头中含有细菌，特别是乳导管中，因此通常在乳牛挤乳时要弃去前3把乳。

挤乳前要对牛乳房清洁，通常用 45～55℃热水，一方面清洁乳房，另一方面刺激乳房提高产乳量。

## 六、挤乳用具对原料乳的影响

手工挤乳污染较大，如用机械挤乳，效果较好。

# 第三节　鲜乳处理设备的清洗与消毒

## 一、清洗消毒的目的

① 彻底除去残留乳成分，防止细菌滋生。
② 利用洗涤剂的化学作用和洗刷机械作用除去细菌和杂质。
③ 清洗消毒后必须干燥。
④ 奶桶等盛乳容器清洗后，应低温存放。

## 二、清洗剂的选择

清洗剂的选择要考虑到清洁程度、经济效益和环境污染三个方面。
清洗剂的作用为：乳化、润湿、松散、悬浊、洗刷、软化和溶解。
通常分五类：碱类、酸类、磷酸盐类、润湿剂类和螯合剂类等。

## 三、消毒清洗方法

设备生产结束后，要进行清洗消毒。清洗、消毒分开进行。

清洗时，首先用 38～60℃ 的温水进行冲洗，目的是洗掉附着在管壁和容器上的牛乳。

其次用 71～72℃ 的热的清洗剂进行冲洗，目的是除去容器内壁的蛋白质和脂肪的固体物。若还清洗不干净再用六偏磷酸钠处理。

最后，再用清水彻底冲洗干净，目的是洗掉管道和容器壁的清洗剂。

消毒时有三种方法：

**1. 沸水消毒法**

用沸水将容器煮到 90℃ 以上，保持 2～3min，如消毒酸乳杯（瓷或玻璃杯）等容器。

**2. 蒸汽消毒法**

在管道中通入蒸汽进行消毒，使冷凝水出口温度达 82℃，然后把冷凝水放掉。

**3. 次氯酸盐消毒法**

这是最常用的方法。通常用于消毒容器如奶筐等，消毒前必须将容器洗刷干净，以除去有机物。若用软水时，应添加 0.01% 的碳酸钠以提高 pH，效果最好。最后用清水彻底冲洗干净，直到无氯味为止。

# 第六章 液态乳的加工

乳制品主要包括液态乳（巴氏杀菌乳、灭菌乳、发酵乳等）、固体乳（全脂乳粉、脱脂乳粉、部分脱脂乳粉、调制乳粉、牛初乳粉等）、冷冻饮品（冰淇淋、雪糕等）、干酪（天然干酪、再制干酪等）、炼乳（全脂无糖炼乳、全脂加糖炼乳、调味炼乳、配方炼乳等）、乳脂肪类（稀奶油、奶油、无水奶油、酸奶油等）、其他乳制品（干酪素、乳清粉、乳清蛋白粉、乳糖等）。

## （一）原料乳验收与处理

质量卫生必须符合国家标准。

## （二）标准化

根据国家标准要求，标准化原料乳各项指标。

## （三）均质

利用机械作用将脂肪球破碎，防止脂肪上浮。

## （四）杀菌

杀菌是生产巴氏杀菌乳最关键的步骤。

### 1. 杀菌和灭菌的意义

杀死乳中的病原菌，保证消费者身体健康，提高乳在贮藏运输中的稳定性。

### 2. 牛乳杀菌和灭菌方法

① 低温长时（LTLT）杀菌法（保温杀菌或巴氏杀菌）：杀菌温度 62～70℃，时间 30min，效果不理想。

② 高温短时（HTST）杀菌法：条件为 72～75℃/15s 或 80～90℃/10～15s，可连续杀菌。

③ 普通灭菌法（sterilization）：可将乳中微生物全部杀死，条件为 115～120℃/15～20min。

④ 超高温灭菌法（ultra high temperature，UHT）：条件为 132～150℃/0.5～4s，灭菌效果好，营养成分损失少。

### 3. 加热杀菌对微生物的致死效果表示方法

① 热致死率表示法：

$$热致死率 = \frac{杀菌前微生物数 - 杀菌后微生物数}{杀菌前微生物数} \times 100\%$$

② 乳中各种微生物的热致死条件。

③ 热致死后残存菌数和致死率。

### 4. 各种杀菌温度对牛乳质量的影响

牛乳杀菌有多种方法，其目的是杀死牛乳中可能存在的所有有害微生物（包括一切致病菌）。目前用得比较多的是巴氏杀菌和 UHT 杀菌技术。目前市场上许多鲜牛乳都采用巴氏杀菌技术，可杀灭乳中微生物的代谢产物和酶，如磷酸酶、过氧化物酶、溶菌酶、核糖核酸酶等。巴氏杀菌纯鲜乳较好地保存了牛乳的天然风味与营养，深受消费者青睐。巴氏杀菌所采用的温度越高时间越短，遵循一个基本原则，能将病原菌杀死即可。温度太高会使牛乳有较多的营养损失，糊管严重，容易产生蛋白质褐变、稳定性差等问题；温度过低，则不能保证货架期内微生物不繁殖。经巴氏杀菌后，仍保留小部分无害或有益、较耐热的细菌或细菌芽孢。因此，巴氏杀菌牛乳要在 4℃左右的温度下保存，且只能保存 3～10 天。

UHT 杀菌乳保质期长，易运输和携带，销售半径大。但 UHT 乳也有其自身不足，如蛋白质凝结，会出现个别酸包、胀包的现象，尤其在夏季。UHT 杀菌乳中可能存在非致病菌，主要为耐热菌，如微球菌，它能分解蛋白质和脂肪，且使牛乳在保质期内发生凝固和陈化。当然，一些细菌也能产酸、产气，致使产品出现酸包、胀包现象。值得注意的是，UHT 乳中留下的都是耐热菌，这些菌如果遇到适宜的条件，便会系列生长，从而影响 UHT 乳的质量安全。

### 5. 杀菌操作要点

① 设备必须严格清洗和消毒；

② 各种管道要严格洗涤；

③ 用洗涤液清洗；

④ 洗涤后容器要保持干燥；

⑤ 消毒。

### （五）冷却

通常冷却到 4℃左右，最后在 5℃以下贮存。

### （六）灌装、冷藏

#### 1. 灌装目的

便于分送和零售，防止混入杂物和细菌污染，防止吸附异味，防止维生素损失。

#### 2. 灌装容器

灌装容器包括玻璃瓶、塑料瓶、塑料袋、复合纸。

#### 3. 冷藏

冷藏库温 4～6℃，不能冻结。国内保存 1～3d，国外可保存 7d。

# 第一节　巴氏杀菌乳

## 一、巴氏杀菌乳的概念及种类

巴氏杀菌乳（pasteurized milk）：指以生鲜牛乳或羊乳为原料，经巴氏杀菌工艺而制成的液体产品，又可称为巴氏消毒奶/乳。

巴氏杀菌乳因脂肪含量不同，可分为全脂乳、低脂乳和脱脂乳；就风味而言，有草莓、巧克力、果汁和调酸等风味产品。

## 二、巴氏杀菌乳加工工艺

巴氏杀菌乳加工工艺流程如图 6-1 所示。

图 6-1　巴氏杀菌乳加工工艺

# 第二节 灭菌乳

## 一、灭菌乳的概念和种类

灭菌乳：又名长久保鲜乳，指以鲜乳为原料，经过净化、均质、灭菌和无菌包装或包装后再进行灭菌，从而具有长保质期的可以直接饮用的商品乳。

灭菌乳根据杀菌条件可分为以下种类：

### （一）一次灭菌乳

将乳装瓶后，用110～120℃/10～20min 加压灭菌。

### （二）二次灭菌乳

将乳预先经巴氏杀菌，装入容器后，再用110～120℃/10～20min 加压灭菌。

### （三）超高温（UHT）灭菌乳

采用132～150℃/0.5～4s 杀菌，然后无菌灌装。由于杀菌时间短，乳的风味、营养成分损失少，保存期长。

## 二、UHT 灭菌乳加工工艺

UHT 灭菌乳加工工艺（图6-2）与巴氏杀菌乳加工工艺基本相同，区别主要在杀菌和灌装。UHT 灭菌乳杀菌更为彻底，完全破坏其中可生长的微生物和芽孢。

图6-2 UHT 灭菌乳加工工艺

UHT 灭菌乳通常采用无菌包装（aseptic package），主要设备有：
① 无菌菱形袋包装机。
② 无菌砖形盒包装机。
③ 无菌线包装机。
④ 无菌灌装系统。
⑤ 成型密封机。

# 第三节　再制乳和风味乳

再制乳（recombined milk）：用脱脂乳粉和奶油或无水奶油等乳脂肪以及水混合勾兑而成的符合《食品安全国家标准　生乳》（GB 19301—2010）成分的液态乳。复原乳（reconstituted milk）则是指用全脂乳粉和水勾兑成的，符合《食品安全国家标准　生乳》（GB 19301—2010）成分的液态乳。再制乳又可称为还原奶/乳、复原奶/乳。

## 一、再制乳加工

### （一）再制乳的概念及特点

概念：把几种乳成分（主要是脱脂乳粉和无水奶油）加工制成的液体乳。特点如下：

① 成分与鲜乳相似。

② 可强化各种乳成分或制造其它乳制品，如酸乳等。

③ 保证淡乳制品供应。

④ 原料（脱脂乳、奶油）保存期长。

### （二）再制乳的原料

（1）脱脂乳粉

质量符合要求。

（2）无水黄油

质量符合要求。

（3）水

水是再制乳的溶剂，一些金属离子如 $Ca^{2+}$、$Mg^{2+}$ 含量不宜过高。水必须用紫外线或其它清毒方法处理。

（4）添加剂

① 稳定剂和乳化剂：常用的有卵磷脂，添加量为 0.1%。

② 水溶胶类：可改变产品外观、质地和风味，增强黏性和稳定性，主要有阿拉伯胶、果胶、油脂、海藻酸钠等。

③ 盐类：磷酸盐和柠檬酸盐。

④ 风味剂：天然和人工合成香精。

⑤ 着色剂：常用胡萝卜素、胭脂树橙。

（5）脱脂乳粉和黄油用量计算

## （三）再制乳加工工艺

### 1. 工艺流程

再制乳加工工艺流程如图 6-3 所示。

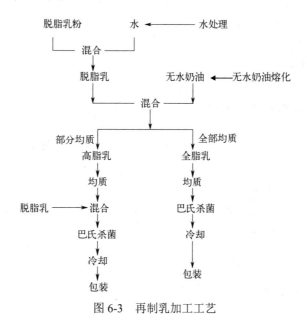

图 6-3　再制乳加工工艺

### 2. 关键操作

（1）水粉混合

水温通常在 40℃左右，此温度下脱脂乳粉溶解度最佳。

乳粉溶于水后是悬浊颗粒，只有通过不断分散，吸收膨润之后，才能形成均匀的胶体状态。因为水粉混合需要一个过程，通常为 30min。

（2）添加黄油

通常有两种混合方法：一种为罐式混合法，即黄油经加热熔解后趁热倒入脱脂乳中，并充分搅拌；另一种为管道式混合法，即在管道中通过计量泵混合。

（3）均质条件

由于无水奶油中的脂肪易聚集上浮，因此要求均质后脂肪球要小于牛乳中脂肪球（通常 1～2μm），均质压力 15～20MPa，温度为 60℃。

## 二、风味乳的加工

风味乳（flavored milk）：以牛乳（或羊乳）或混合乳为主料，脱脂或不脱脂，添加调味辅料物质，经有效加工制成的液态产品。又可称为风味乳、调味牛奶/乳、调香牛奶/乳。风味乳常见的有咖啡乳和巧克力乳。

### （一）原材料

① 咖啡：通常选用1～3种咖啡混合，选择咖啡应为酸味弱的，否则易引起蛋白质沉淀。

② 可可和巧克力：通常是用可可豆制成的粉，稍加脱脂称可可粉，不脱脂者称巧克力粉。由于巧克力粉含脂率高，在乳中不易分散，因此常使用可可粉，用量1%～5%。

③ 甜味剂：通常为蔗糖，还可用饴糖及一些其它甜味剂。

④ 稳定剂：海藻酸钠、羧甲基纤维素（CMC）、海藻酸丙二醇酯（PGA）等。

### （二）加工方法

① 咖啡乳：乳、咖啡、红茶、蔗糖和水混合后经均质、杀菌而制成。

② 可可乳：牛乳、香草糖、可可粉、淡奶油和水混合后经均质、杀菌而制成。

## 三、营养强化乳

以牛乳（或羊乳）或混合乳为主料，脱脂或不脱脂，添加营养强化辅料物质，如铁、钙、锌、二十二碳六烯酸（DHA）等加工制成的液态产品。

# 第四节　发酵乳饮料

发酵乳饮料是以鲜乳（粉）、白糖为主要原料，采用生物技术经微生物发酵工艺生产的中、高档乳饮料。根据相关标准，发酵乳中的蛋白质含量不低于2.3%，配制型乳饮料和发酵型乳饮料的蛋白质含量均大于或等于1.0%，乳酸菌饮料蛋白质含量大于或等于0.7%。

## 一、发酵乳饮料生产工艺

全脂乳粉→溶解（鲜乳标准化）→定容→均质→灭菌→冷却→接种→发酵→

冷却→发酵乳→破乳混合→酸化（白砂糖+稳定剂+甜蜜素+山梨酸钾+柠檬酸+乳酸）→调香（水+香精+香兰素）→定容→均质→灌装→杀菌→成品

## 二、工艺要点

① 乳粉的处理：将称量好的全脂乳粉用约 200mL、45～50℃左右的温水保温搅拌 10min 使其充分溶解，备用。

② 鲜乳的前处理：将称量好的鲜乳先加热至 70℃进行预热处理 20min，然后再经 120 目过滤筛网过滤，备用。

③ 均质：将处理好的乳液用 65℃纯净水定容至 1000mL，再进行均质（25MPa/5MPa、70℃）。

④ 杀菌：将均质后的乳液采用巴氏杀菌，杀菌条件为 86～88℃、15s。

⑤ 发酵：把经消毒灭菌后的乳液放入冷水水浴中迅速冷却至 43～45℃时接种，恒温 43℃发酵 4～5h 达到发酵终点后，快速冷却至 25℃左右备用（发酵乳的酸度要控制在 70～80°T 左右）。

⑥ 发酵乳的处理：将发酵乳用高速搅拌器搅拌破乳 10min（或通过均质破乳，均质压力为 15～18MPa），最后称取所需的发酵乳液，备用。

⑦ 溶胶：将称量好的白砂糖、山梨酸钾、甜蜜素和稳定剂干混合均匀后，加入约 300mL、70～80℃的纯净水中，剪切 15～20min 使胶体溶解充分，然后立即冷却至 30℃以下，备用。

⑧ 酸化：将发酵乳液与胶液混合均匀，然后用 300mL、35℃纯净水将柠檬酸和乳酸溶解，将稀释好的酸液缓慢加入混合料液中，充分搅拌，将整个溶液的 pH 值调整为 3.8～4.2。（加酸温度不宜过高或过低，一般以 30℃以下较为适宜。）

⑨ 均质：将料液用 40℃纯净水定容至 1000mL，调香后进行均质（25MPa/5～10MPa、60～65℃）。

⑩ 杀菌：将均质后的料液先灌装再进行巴氏杀菌（中心温度 86～88℃、15s）。

⑪ 冷却和成品：使产品冷却至容器中心温度 40℃以下，贴标，装箱，入库。

# 第七章 酸乳及乳酸菌制剂生产

## 第一节 概述

酸乳英文名叫 yoghurt，是以牛乳为原料，经过巴氏杀菌后添加有益菌（发酵剂）后再进行冷却灌装的乳制品。酸乳在发酵过程中，一部分蛋白质、糖类、脂肪被分解成小分子，如乳糖分解为半乳糖，脂肪被分解为脂肪酸，这些变化使得酸乳更容易被消化吸收。

### 一、酸乳制品的历史

#### （一）国外

有资料记载，酸乳起源于亚洲，8 世纪的土耳其语中出现 yoghurt。也有人认为，酸乳起源于巴尔干地区，当地人擅长制作酸乳，当地妇女把其当作化妆品使用，他们把一部分凝固乳留作下次酸乳菌种生产酸乳。到 20 世纪，人们才从酸乳中分离出乳酸菌制作酸乳。梅切尼可夫在他的"长寿乳"中谈到酸乳对人体有益，进一步推动了酸乳在欧洲的普及。第二次世界大战后，酸乳进一步在世界普遍推广。

#### （二）我国

我国发酵乳制品最早在草原地区生产，《齐民要术》《本草纲目》中都有记载。

## 二、酸乳制品的种类及标准

### （一）种类

#### 1. 按组织状态分类

① 凝固型酸乳。发酵过程在包装容器中进行，从而使产品因发酵而保留其凝乳状态。

② 搅拌型酸乳。先发酵后灌装而得成品，发酵后的凝乳在灌装前搅拌成黏稠状组织状态。

#### 2. 按脂肪含量分类

分为全脂酸乳、部分脱脂酸乳和脱脂酸乳；按联合国粮农组织/世卫组织（FAO/WHO）规定，脂肪含量全脂酸乳为 3.0%，部分脱脂酸乳为 3.0%~0.5%。脱脂酸乳为 0.5%。酸乳非脂固体含量为 8.2%。

#### 3. 按成品口味分类

① 纯酸乳：产品只由原料乳和菌种发酵而成，不含任何辅料和添加剂。

② 调味酸乳：产品由原料乳和糖加入菌种发酵而成。在我国市场上常见，糖的添加量较低，一般为 6%~8%。

③ 风味酸乳：是指以 80%以上生牛（羊）乳或乳粉为原料，添加其它原料，经杀菌、发酵后 pH 值降低，发酵前或后添加或不添加食品添加剂、营养强化剂、果蔬、谷物等制成的产品。这种酸乳在西方国家非常流行，人们常在早餐中食用。

#### 4. 按发酵的加工工艺分类

① 浓缩酸乳：将正常酸乳中的部分乳清除去而得到的浓缩产品。因其除去乳清的方式与加工干酪方式类似，有人也称为酸乳干酪。

② 冷冻酸乳：在酸乳中加入果料、增稠剂或乳化剂，然后将其进行冷冻处理而得到的产品。

③ 充气酸乳：发酵后在酸乳中加入稳定剂和起泡剂（通常是碳酸盐），经过均质处理即得这类产品。这类产品通常以充 $CO_2$ 的酸乳饮料形式存在。

④ 酸乳粉：通常使用冷冻干燥法或喷雾干燥法将酸乳中约 95%的水分除去而制成酸乳粉。

#### 5. 按菌种种类分类

① 单菌发酵乳：如嗜酸乳杆菌发酵乳、德氏乳杆菌保加利亚亚种发酵乳。

② 复合菌发酵乳：酸乳由两种特征菌和双歧杆菌混合发酵而成。

此外，还有其他分类，比如按功能可分为低乳糖酸乳、低热量酸乳、维生素酸乳或蛋白质强化酸乳等。

## （二）主要标准

非脂乳固体≥8.5%，活菌数≥$10^7$CFU/mL，大肠埃希菌为阴性。

## 三、酸乳制品对人体的生理功能

酸乳制品能促进动物生长，调节胃肠道正常菌群、维持微生态平衡，从而改善胃肠道功能、提高食物消化率和生物效价、降低血清胆固醇、减少内毒素、减缓肠道内腐败菌生长、提高机体免疫力等。

# 第二节 酸乳生产

由于生产酸乳所用原料和发酵剂的菌种不同，故种类很多，但其生产方法都大致相同。下面以凝固型酸乳和搅拌型酸乳为例加以介绍。

## 一、凝固型酸乳工艺流程

凝固型酸乳工艺流程如图 7-1 所示。

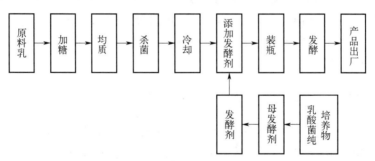

图 7-1 凝固型酸乳工艺流程

## （一）原料乳

原料乳除与巴氏杀菌乳要求一样外，还需注意以下几点：

① 乳必须新鲜。酸度在 18°T 以下，无脂乳干物质＞8.5%。

② 乳中不得含有抗生素和防腐剂。必要时做预发酵或进行抗生素检验。

③ 乳中干物质含量要高。这样可增强凝块硬度，防止乳清析出。如果干物质含量低时，可添加脱脂乳粉或明胶。脱脂乳粉添加量为 0.5%～3%，明胶为 0.1%～0.2%。

## （二）加糖

添加量一般在 8%～10%，过多会影响风味，还会抑制乳酸菌的生长繁殖。过少会使酸乳产生一种尖酸味道。总之，加糖的目的有以下几点：

① 使酸乳具有一种甜中带酸、酸中带甜的水果型风味。

② 使产品组织状态细致光滑。

③ 提高黏度，增加干物质含量，有利于稳定酸乳的凝固性。

加糖方法：用少量加热乳将糖溶解，过滤后倒入原料乳中混匀；将糖边搅拌边加入到杀菌的原料乳中。

## （三）均质

均质目的是使乳脂肪、蛋白质细微化，使酸乳组织状态细腻光滑。防止脂肪上浮形成奶皮。通常采用 1.5～2.0MPa 压力均质处理。

## （四）杀菌

杀菌是酸乳生产的一个重要环节。要求杀菌要彻底，其中的所有微生物几乎都要杀死，否则在培养过程中，这些微生物就会生长繁殖，影响产品质量。若有一些腐败菌或致病菌，将会造成更大的损失。通常采用 90℃/30min 或煮沸后保温 5min。杀菌时要不断搅拌，防止温度不均匀，产生乳垢。杀菌通常采用保温缸杀菌，也可采用高温瞬时灭菌（调节出口温度），也可以用简易方法杀菌。

## （五）冷却

杀菌后要立即进行冷却，冷却到所添加菌种的最适宜生长繁殖温度为宜，通常冷却到 40～45℃。如采用德氏乳杆菌保加利亚亚种和唾液链球菌嗜热亚种时，可冷却到 40～45℃；若采用乳酸链球菌和德氏乳杆菌保加利亚亚种时，可冷却到 35～40℃后，再添加发酵剂。

## （六）添加发酵剂

发酵剂是生产酸乳的关键，一般添加量为 2%～5%。添加量不宜过大，否则使酸乳产生陈腐味，酸乳凝固过快，组织状态粗糙并易使乳清析出；添加量过少，会使发酵时间延长或不凝固，可根据发酵剂活力大小添加。通常应用混合菌种比单一菌种效果好，这样两种菌种相互利用（共生），促进生长繁殖，如德氏乳杆菌保加利亚亚种和唾液链球菌嗜热亚种；另一方面，两种以上菌种可防止噬菌体感染。菌种配比通常为德氏乳杆菌保加利亚亚种：唾液链球菌嗜热亚种=1：1，德氏乳杆菌保加利亚亚种：乳酸链球菌=1：4 时效果较好。如要提高风味，可添加乳脂链球菌和丁二酮乳酸链球菌。一定要将发酵剂搅拌均匀，不能有凝块，否则就会造成乳酸菌分布不均匀，局部酸度过高或过低，影响质地。

### （七）灌装

酸乳瓶通常有瓷瓶、玻璃瓶和塑料杯，各有利弊。用瓷瓶或玻璃瓶时要进行彻底清洗，采用蒸汽杀菌 20min 或煮沸 5min，每次装量不超过容器的 4/5，装好后用蜡纸封口。装瓶时奶温不宜过低，否则会影响发酵速度。注意每次装瓶时间不宜过长（30min），否则会在装瓶过程中凝固影响质量。

### （八）发酵

发酵就是乳酸菌在适宜温度下大量生长繁殖的过程，这段时间主要是乳中的乳糖分解产酸的过程，叫作前发酵。发酵温度对酸乳质量影响较大，发酵温度在乳酸菌的适宜生长范围时，发酵时间通常在 3～4h，温度过高或过低，发酵速度都较慢。发酵时应注意：①发酵室温度要均匀；②瓶之间要留一定空间。

发酵室制作：①培养室；②电炉；③暖气片；④热空气。要安装风扇。待乳凝固后要立即取出，防止发酵过度。发酵结束后酸度通常在 80～100°T，pH4.2～4.5。

### （九）后发酵

后发酵主要是酸乳产香的过程，同时可使温度降低，防止产酸过度，影响风味。通常在 0～5℃冷库中存放 12～24h 即可。

### （十）成品

酸乳成品必须在 0～5℃冷库中保存，并防止冻结，通常保存时间为 7 天。冷藏有利于乳清进一步吸收。

### （十一）质量评定

（1）感官指标
① 组织状态：凝块均匀细腻，无气泡，允许有少量乳清析出。
② 滋味和气味：具有纯乳酸发酵剂制成的酸牛乳特有的滋味和气味，无酒精发酵味、霉味和其他外来的不良气味。
③ 色泽：色泽均匀一致，呈乳白色或稍带微黄色。

（2）微生物指标

大肠菌群数≤90 CFU/100mL，不得有致病菌。

（3）理化指标

脂肪（扣除砂糖计算）≥3.0%，全乳固体≥11.5%，酸度 70～110°T，砂糖≥5.0%，汞（以 Hg 计）≤0.01mg/kg。

## 二、搅拌型酸乳生产工艺流程

搅拌型酸乳生产工艺流程如图 7-2 所示。

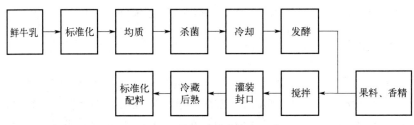

图 7-2　搅拌型酸乳生产工艺

凝固型酸乳先冷却分装，后培养发酵。搅拌型酸乳先冷却接种发酵，后分装。凝固型酸乳用于纯酸乳的生产，搅拌型酸乳还可用于果味、果料等花色品种酸乳的生产。一般凝固型纯酸乳要有良好的组织状态，要防止有裂纹出现，因此要先分装，再发酵。搅拌型酸乳带有果料，影响乳酸菌的发酵，不能保持良好的组织状态，所以采用先发酵，后搅拌加果料的方式。

# 第三节　发酵剂制备

发酵剂（starter）：指生产发酵乳制品所用的乳酸菌。乳酸菌（lactic acid bacteria，LAB）是一种能够将碳水化合物发酵成乳酸的一类无芽孢、革兰氏染色阳性细菌，具有丰富的物种多样性。乳酸菌有利于人体健康，广泛存在于人体的肠道中，具有重要的生理功能。当达到一定数量时，它能改善或调节肠道微生物菌群的平衡。

## 一、乳酸菌分类

乳酸菌作为真细菌纲目中的乳酸细菌科，从形态上其可分成球形乳酸菌和杆状乳酸菌，前者包括乳酸链球菌、明串珠菌属、片球菌，后者包括乳杆菌、双歧杆菌等；从生长温度而言，其可分成高温型乳酸菌和中温型乳酸菌；从发酵类型而言，其可分成同型发酵乳酸菌和异型发酵乳酸菌；从来源上分，其可分为动物源乳酸菌和植物源乳酸菌。按照《伯杰氏鉴定细菌学手册》中的生化分类法，乳酸菌可分为乳杆菌属、链球菌属、双歧杆菌属、明串珠菌属和片球菌属，共 5 个属。

乳杆菌属：乳杆菌细胞形态多样，$(0.5\sim1.2)\mu m\times(1.0\sim10.0)\mu m$。呈长或细长杆状、弯曲形短杆状及棒形球杆状。革兰氏阳性，不生芽孢。细胞罕见以周生鞭毛运动。在营养琼脂上的菌落凸起、全缘无色，直径 2～5mm。

链球菌属：菌体球呈卵圆形，直径不超过 2μm，呈链状排列。无芽孢，大多数无鞭毛，常有荚膜。在液体培养基中常呈沉淀生长，但也有的呈均匀混浊生长（如肺炎链球菌）；在固体培养基上形成细小表面光滑、圆形灰白色、半透明或不透明的菌落。在血平板上生长的菌落周围，可出现性质不同的溶血圈。

双歧杆菌属：是形态很不一致的杆菌，$(0.5\sim1.3)\mu m\times(1.5\sim8)\mu m$，常呈弯状、棒状和分支状。单生、成对、V 字排列，细胞平行呈栅栏状或玫瑰花结状。偶尔呈膨大的球杆状。

片球菌属：片球菌的细胞呈球形，直径 12～20μm。在适宜条件下，向两个方向分裂形成四联，虽有时也可出现成对排列，不形成链状。不运动，不产芽孢。

明串珠菌属：成对或呈短链状排列，在某些竞争性生长的环境中，细胞排列成较长的链。

## 二、发酵剂的作用

① 乳酸发酵：利用乳酸菌在缺氧环境下将牛乳中的乳糖分解成乳酸。

② 产生风味：乳酸菌发酵产生乳酸、乙酸、丙酸、乙醛和双乙酰等挥发性脂肪酸和羰基化合物，形成酸乳的独特风味。

③ 蛋白质变化：乳糖分解成乳酸，pH 降低，蛋白质变性成凝乳和肽、氨基酸等，蛋白质更易消化和吸收。

④ 脂肪分解：乳酸菌发酵使脂肪被分解成为脂肪酸，更易于吸收。

⑤ 产生细菌素：乳酸菌产生细菌素拮抗肠道病原菌。

## 三、乳酸菌的作用

### 1. 维持机体微生物群落平衡

人体消化道在正常情况下都存在大量的微生物群落。微生物群落的平衡对人体的健康十分重要，乳酸菌能够调节这种微生态平衡，维持消化道正常的生理状态。

## 2. 拮抗肠道病原菌

乳酸菌能够产生一定量的细菌素,其是具有拮抗致病菌作用的一些肽类物质,如各种乳酸杆菌素和双歧杆菌素,对葡萄球菌、梭状芽孢杆菌、沙门氏菌和志贺菌有拮抗作用。乳酸菌发酵(产生的乳酸和乙酸等)有机酸能降低肠内 pH 值和氧化还原电位(Eh)值,使肠道处于酸性环境,从而抑制致病菌的生长。乳酸菌还能产生胞外糖苷酶,其可降解肠黏膜上皮细胞潜在结合致病菌和细菌毒素的多糖。此外,乳酸菌可通过黏附菌体外的多糖、蛋白质及脂壁酸与肠黏膜细胞紧密结合,在肠黏膜表面定植占位,成为肠道生理屏障的主要组成部分,从而修复肠道菌群屏障、预防肠道相关的疾病。

## 3. 营养作用

乳酸菌产生的酸性代谢产物可以使肠道环境偏酸性,而一般消化酶的最适 pH 值为偏酸性(如淀粉酶最适 pH 值为 6.5、糖化酶为 4.4),这样就有利于碳水化合物的消化与吸收。

# 四、发酵剂的制备方法

## (一)制备发酵剂所用用具及材料

制备发酵剂所用用具主要有试管、安瓿瓶、三角瓶、灭菌锅和培养箱;主要材料有脱脂乳粉、酸乳发酵剂。

## (二)发酵剂的调制方法

### 1. 纯菌种的复活及保存

纯菌种通常从保存单位索取,一般保存在试管、安瓿瓶或铝箔袋中。由于保存时间较长,活力降低,需反复接种活化。首先制备培养基,在试管中加入 20mL 的脱脂乳(或全脂乳),注意牛乳质量,无抗生素。用干净棉花(不能用脱脂棉)塞好,放入高压灭菌锅中灭菌,灭菌条件为 115℃/15min,待指针回零后,取出冷却到 40~50℃。

① 试管菌种:在无菌操作箱中,打开菌种试管,用灭菌吸管从底部吸取 2%~3% 的菌种接入已知灭菌培养基中,然后进行培养发酵。如此反复多次,待乳酸菌充分活化后即可调制母发酵剂。(也可用接种勺接培菌种,凝固时间由长变短。)

② 安瓿瓶:在酒精中浸泡 30min 或用酒精棉球擦拭,用玻璃刀切开瓶口,在无菌条件下,加入无菌生理盐水,然后接种于灭菌后的脱脂乳培养基中。

保存:将凝固好的菌种保存在 0~5℃ 的冰箱中,以维持活性。每 2 周活化一次,但在正式使用前按上述方法反复活化。

### 2. 母发酵剂的制备

取 100～300mL 的脱脂乳，放入三角瓶中，用棉花塞紧，115℃/15min 灭菌，在无菌下接入 2%～3% 的纯菌种培养物，如此反复 2～3 次。

### 3. 生产发酵剂制备

制备方法与母发酵剂基本相同，只是量较大，一般用大三角瓶或不锈钢桶，所用原料乳与生产用原料乳相同。杀菌条件为 90℃/30min 或 100℃/5min。制备好的发酵剂要尽快使用，通常保存 1～2d，并在 0～5℃ 下保存，否则活力会下降。

## 五、发酵剂的质量要求及鉴定

### （一）质量要求

① 凝块有适当的硬度，组织状态均匀一致，表面无龟裂、无气泡及乳清分离等。

② 具有纯正的酸味，无腐败味、苦味、酵母味等异味。

③ 凝块完全破碎后，细腻光滑，略带黏性，不含块状物。

④ 在规定时间内凝固，无延长现象。

### （二）质量检查

① 感官检查：风味、组织状态等。

② 化学检查：酸度为 0.8%～1% 为宜。

③ 细菌检查：总菌数测定，大肠菌群测定。

④ 发酵剂活力测定：酸度测定，刃天青试验。

## 六、直投式酸乳发酵剂

近年来，人们对发酵乳制品有了越来越多的认识，酸乳产量正以平均每年 25% 的速度增长，这对酸乳发酵剂的品质、特性、种类提出了新的要求。目前我国酸乳发酵剂的制备大都是多次传代，在多次传代过程中极易发生菌种污染和退化，而且菌种活力不易掌握，造成产品质量不稳定，生产效率低，阻碍了酸乳产业的发展。而国外广泛采用的直投式发酵剂则可避免以上现象的发生，直投式发酵剂活菌含量高、活力强、使用方便快捷，必然要成为酸乳生产的最佳选择。

直投式酸乳发酵剂（directed vat set，DVS）是指一系列高度浓缩和标准化的冷冻干燥发酵剂菌种，可直接加入到热处理的原料乳中进行发酵，而无需对其进行活化、扩培等其它预处理工作。直投式酸乳发酵剂的活菌数一般为 $10^{10}$～$10^{12}$CFU/g。由于直投式酸乳发酵剂的活力强、类型多，酸乳厂家可以根据需要任意选择，从而丰富了酸乳产品的品种，同时省去了菌种车间，减少了工作人员、投资和空间，简化了生产工艺。直投式酸乳发酵剂无须扩大培养，可直接使用，便于管理。直投式酸乳发酵剂的生产和应用可以使发酵剂生产专业化、社会化、规范化、统一化，从而使酸乳生产标准化，提高酸乳质量，保障了消费者的利益和健康。

# 第四节　乳酸菌制剂生产

乳酸菌制剂，是指以鲜牛乳为原料经生物发酵后制备而成的粉剂、片剂、丸剂、胶囊或液体。能调节肠道微生物生态平衡，抑制大肠埃希菌、志贺菌属（又称痢疾杆菌）等肠道致病菌，防止大肠内蓄积有害物质，从而有利于延缓机体的衰老，促进胃肠蠕动与胃液分泌。主要菌种为能在肠内存活的乳酸杆菌和双歧杆菌等。

## 一、乳酸菌制剂的生理功能

① 调节肠道菌群，对肠道内有害菌和腐败菌有抗菌作用，并可促进肠道有益菌生长。口服后，粪肠球菌和枯草杆菌可在肠道内定居并迅速繁殖。粪肠球菌可分泌促肠活动素、细菌素等，对肠道内有害菌有抑制作用，对多种病原菌如鼠伤寒沙门菌和大肠埃希菌等有抗菌作用。枯草杆菌可产生溶菌酶，对变形杆菌属、大肠埃希菌、葡萄球菌属等有害毒株有抑制作用。同时可形成肠道厌氧环境促进双歧杆菌等肠道有益菌群的生长繁殖。

② 促进胃肠消化功能。枯草杆菌可分泌促进消化的消化酶，可分解糖类、脂肪、蛋白质及一般消化酶所不能分解的物质如纤维蛋白、明胶等，从而促进消化功能。

③ 促进生长发育。多维乳酸菌制剂能提供婴幼儿生长发育期所必需的多种维生素及锌、钙等矿物元素，可促进婴幼儿的生长发育。

④ 对新生儿黄疸有治疗作用。临床观察多维乳酸菌制剂可降低新生儿期和婴儿期高间接胆红素血症发病率，可能是由于其能抑制肠道有害细菌和促进有益菌群生长，产生 $\beta$-葡萄糖醛酸酶，从而使结合胆红素还原成尿胆原排出体外。

⑤ 治疗便秘。多维乳酸菌制剂活菌服用后可在肠内迅速定居、繁殖，并产生大量乳酸，调整肠内 pH，促进大肠蠕动及消化吸收，从而促进排便。

## 二、粉剂生产工艺

粉剂生产工艺流程如图 7-3 所示。

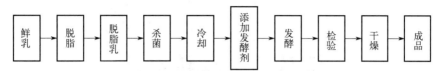

图 7-3　粉剂生产工艺

关键操作：

① 发酵至 240°T。

② 在-45℃以下干燥或冻结升华干燥。

# 第八章　乳粉生产

## 第一节　概述

### 一、乳粉的概念

用冷冻或加热的方法，除去乳中几乎全部的水分干燥后的粉末叫乳粉。生产乳粉的目的是提高保存性，减轻质量及减小体积，便于运输。

乳粉的保藏期 6～12 个月，比鲜乳保存期长，主要是因为乳粉中水分含量较低（≤5%），对微生物来讲是处于生理干燥状态，造成微生物脱水以致死亡。但乳粉中还存在着一些抵抗能力较强的芽孢杆菌，当乳粉回潮后又能生长繁殖，使乳粉变质。

### 二、乳粉分类

#### （一）普通型乳粉

##### 1. 全脂乳粉

全脂乳粉，是仅以牛乳或羊乳为原料，经浓缩、干燥制成的粉（块）状产品。用纯乳生产，基本保持了乳中的原有营养成分，蛋白质不低于 24%，脂肪不低于 26%，乳糖不低于 37%。乳粉中保留了鲜乳中绝大部分的营养成分，而且冲调容易，携带方便，是一种深受消费者喜爱的乳制品。全脂乳粉含有牛乳中的优质蛋白质、脂肪、多种维生素以及钙、磷、铁等矿物质，是适合日常饮用的营养佳品，适用于全体消费者，但最适合于中青年消费者。

### 2. 脱脂乳粉

脱脂乳粉，是仅以乳为原料，添加或不添加食品营养强化剂，经脱脂、浓缩、干燥制成的，蛋白质不低于非脂乳固体的34%，脂肪不高于2.0%的粉末状产品，适宜肥胖而又需要补充营养的人饮用。脱脂乳粉对于老年人、消化不良的婴儿以及腹泻、胆囊疾患、高脂血症、慢性胰腺炎等患者有一定益处。同时，脱脂乳粉因其脂肪含量较少，所以易保存，不易发生氧化作用，是制作饼干、糕点、冰淇淋等食品的最好原材料。

### 3. 速溶乳粉

速溶乳粉是以某种特殊工艺制得的乳粉，它具有良好的溶解性、可湿性、分散性和冲调性。此外，速溶乳粉中所含的乳糖呈水合结晶态，在保藏期间不易吸湿结块。速溶乳粉产品在水中只要稍加搅拌，不到15s即可完全均匀溶解，没有任何凝结的块状物产生。速溶乳粉可分为速溶全脂乳粉和速溶脱脂乳粉两类。

### 4. 全脂加糖乳粉

全脂加糖乳粉是将新鲜牛乳经标准化，按规定比例，添加适量的蔗糖，再加工制成的粉末状成品。全脂加糖乳粉允许添加不超过20%的蔗糖，这种乳粉亦称甜乳粉。

## （二）配方型乳粉

### 1. 婴幼儿乳粉

一般来说，婴儿是指年龄在12月龄以内的孩子，幼儿是指年龄在1～3岁的孩子，因此这种乳粉一般分阶段配制，分别适于0～6月龄、6～12月龄和1～3岁的婴幼儿食用。它根据不同阶段婴幼儿的生理特点和营养需求，对蛋白质、脂肪、碳水化合物、维生素和矿物质等五大营养素进行了全面强化和调整。

婴幼儿乳粉多是以牛乳作为基本原料再将之"母乳化"而成，也就是尽量模拟人类母乳的成分制作，根据不同生长时期婴幼儿的营养需要进行设计的，以乳粉、乳清粉、大豆、饴糖等为主要原料，加入适量的维生素和矿物质以及其他营养物质，经加工后制成的粉状食品。一般婴儿乳粉吃到一岁左右，都不会有营养缺乏的顾虑。但是婴儿乳粉内无法涵盖母乳中可以帮助消化的酶及免疫球蛋白等对抗细菌的有益成分。

市场上婴幼儿乳粉大都接近于母乳成分，只是在个别成分和数量上有所不同。母乳中的蛋白质有27%是α-乳清蛋白，而牛乳中的α-乳清蛋白仅占全部蛋白质的4%。α-乳清蛋白能提供最接近母乳的氨基酸组合，提高蛋白质的生物利用度，降低蛋白质总量，从而有效减轻肾脏负担。同时，α-乳清蛋白还含有调节睡眠的神经递质，有助于婴儿睡眠，促进大脑发育，提高宝宝的身体抵抗力，减少疾病的发生。

根据国家标准，0～6 月龄婴幼儿乳粉的蛋白质含量必须达到 12～18g/100g，6 月龄～3 岁婴幼儿乳粉的蛋白质含量必须达到 15～25g/100g。婴幼儿乳粉中最优的蛋白质比例应该接近母乳水平，即乳清蛋白：酪蛋白为 60：40，更适合婴幼儿对蛋白质的消化吸收。

### 2. 特殊配制乳粉

适于有特殊生理需求的消费者，这类配制乳粉都是根据不同消费者的生理特点，去除了或强化了乳中的某些营养物质，故具有某些特定的生理功能。如中老年乳粉是根据中老年人的生理特点和营养需求，以优质鲜牛乳为主要原料，采用先进的生产工艺和设备精制而成，是中老年人理想的营养饮品。其中，添加了帮助双歧杆菌增殖的低聚果糖；强化了多种维生素和矿物质，特别是钙元素；钙含量高、钙磷比例合理，强化的维生素 D 可调节钙磷代谢、促进钙的吸收。

### 3. 牛初乳乳粉

牛初乳乳粉采用天然牧场高免疫力健康乳牛产后 24h 内的新鲜初乳为原料，经脱脂浓缩后采用确保免疫组分活性的低温喷雾干燥技术精制而成。本品除含有丰富的蛋白质营养物质外，还富含免疫球蛋白（主要是 IgG）等免疫活性物质。调节肠胃，促进营养物质有效吸收、充分利用，增强免疫力。

### 4. 早产儿乳粉

早产儿乳粉是一种对特殊人群、特殊时期适用的乳粉（仅食用 20～30 天）。在国内产科现有的环境条件下，早产儿食用专用乳粉，或者用专用乳粉与母乳共同喂养的效果要好于单纯用母乳喂养的效果。

美国儿科专家发现，乳粉中如果含有脂肪酸，尤其是 DHA（二十二碳六烯酸）和 ARA（二十碳四烯酸），有助于早产儿的发育。美国《儿科学杂志》4 月刊发表了一项研究，比较了 361 名乳粉喂养的早产儿和 105 名母乳喂养的足月婴儿的生长情况。研究发现，凡是吃添加脂肪酸乳粉的早产儿，发育都比不吃脂肪酸的早产儿好。由于早产时间不同，研究人员采取了以母亲末次月经时间比较婴儿年龄的办法。末次月经后 118 周时，喂海藻油来源的 DHA 配方乳粉的早产婴儿，比吃普通乳粉或鱼油来源的 DHA 配方乳粉的早产婴儿的体重增长得快，甚至很快追上了足月婴儿。研究人员对婴儿的动作协调及神经功能打分时，发现吃任一种添加脂肪酸（包括 DHA 和 ARA）乳粉的婴儿都比吃普通乳粉的婴儿分数高。

### 5. 免敏乳粉

免敏乳粉主要是去除了乳粉中易引起胃肠过敏反应的物质——乳糖，为天生缺乏乳糖酶及有慢性腹泻（腹泻导致肠黏膜表层乳糖酶流失）的婴幼儿所设计的。婴幼儿在腹泻时可以直接换成此种配方乳粉，待腹泻改善后再逐渐换回正常的乳粉。

免敏配方乳粉包括：水解蛋白配方乳粉和氨基酸配方乳粉。水解蛋白配方乳粉将牛乳中的蛋白质水解成分子较小的肽类，但不影响氨基酸的含量，容易消化和吸收，用于预防和缓解对蛋白质过敏（包括对牛乳蛋白或大豆蛋白过敏）以及适于对蛋白质不易吸收的婴幼儿食用。在临床上也应用于消化道功能不成熟的早产儿和肠道手术后需要无渣饮食的婴幼儿食用。氨基酸配方乳粉可用于患有牛乳蛋白质过敏症的婴幼儿食用。

目前市场上还有深度水解蛋白配方乳粉和部分（也称适度）水解蛋白配方乳粉。部分水解蛋白配方乳粉主要用于预防蛋白质过敏，目前只被推荐给那些父母双方或至少一方有过敏史的所谓有高风险的婴幼儿。深度水解蛋白配方乳粉适用于患有速发性牛乳蛋白或大豆蛋白过敏（非全身过敏反应）、食物蛋白质诱发的小肠结肠炎综合征、特应性湿疹、胃肠道综合征和食物蛋白质诱发的直肠结肠炎等的 6 月龄以下婴幼儿食用。

### 6. 体弱全营养素乳粉

在欧美等发达地区，营养不良发生率在住院病人中高达 40%～50%。在我国，亦有相似的报告发表。体弱全营养素乳粉是针对体弱及病后康复者营养需求所设计的特殊配方乳粉，可纠正营养不良，使患者快速恢复健康。该乳粉添加葡萄糖耐量因子（GTF），不含蔗糖，适合糖尿病人食用；添加水溶性膳食纤维，便于维护肠道形态和功能，建立健康的肠道菌群平衡，帮助体重恢复理想水平，推荐每日膳食供给量（RDA）建议成人每天纤维的摄入量为 20～35g；添加免疫球蛋白（IgG），免疫球蛋白在机体免疫防护中起着重要作用。而所有营养素配比合理，可提供全面均衡的营养，满足病人的全面需求。

### 7. 免疫乳粉

免疫乳粉是一个独立的乳制品类别，它的特点是含有丰富的"免疫物质群"。免疫乳粉是由生物科技研制而成的机能性乳粉，由活性生理因子、非凡抗体及乳类营养成分所组成。医学研究指出，免疫乳粉具有增强身体免疫力和提高抵抗力的功效。因此，只要确定婴幼儿不会对此类制品过敏并经儿科医师建议，即可以选择搭配日常饮食使用。

### 8. 成长乳粉

为 6 月龄以上的较大婴幼儿所设计，营养含量较婴儿配方乳粉高，蛋白质含量亦高。因为此阶段的婴儿已经开始接受其他副食品，营养吸收范畴扩大，所以并非必须改换为成长乳粉。

### 9. 高蛋白质乳粉

适合手术以后的恢复期患者使用，因身体内组织的恢复需要较多的蛋白质来构成新的细胞及结构。某些肾脏病患者因长期蛋白质会从小便中流失，所以也需要用额外的蛋白质来补充。但此类乳粉不适用于严重肝病的患者，因其易造成病情恶化。

### 10. 高铁乳粉

铁质有助于制造血红素，改善贫血，早产儿、手术后及贫血的患者可根据需要使用。

另外还有低脂肪乳粉、高钙乳粉、酸化乳粉等，各有其非凡的成分及使用适应证。给婴幼儿喝乳粉均须经儿科医师的评估认可后，方能给婴幼儿搭配使用。

## （三）修养型乳粉

### 1. 孕妇乳粉

它是在牛乳的基础上，再进一步添加孕期所需要的营养成分，包括叶酸、铁质、钙质、DHA 等营养素。有些特别添加活性双歧杆菌，可保护肠黏膜，维持肠道健康，抑制肠道内有害菌群的繁殖，不容易便秘，吸收更好。特含必需脂肪酸，包括 $\alpha$-亚麻酸和亚油酸，并富含 DHA、钙、铁、锌和叶酸。

### 2. 黄豆乳粉

在喝配方乳粉时，会出现一些不良反应，最常见的是牛乳蛋白质过敏和乳糖不耐受。牛乳过敏是对牛乳中的蛋白质过敏，继而可能出现湿疹、呕吐、腹泻或腹痛等症状。这时，可以选择以黄豆为基质的配方乳粉。

### 3. 降糖乳粉

降糖乳粉功效突出，能降低血糖，减轻胰岛素受体抵抗，减缓并发症；GTF 的含量高，符合糖尿病患者身体的需要；适用人群广，正常人都能饮用。

### 4. 腹泻乳粉

针对小儿急性腹泻以及其他原因引起的乳糖不耐受或乳糖吸收不良，特别添加牛乳蛋白配方和大豆蛋白配方，不含乳糖。采用较低的渗透压，对腹泻婴幼儿有帮助。适用于少数先天对牛乳蛋白质或乳糖过敏的，因乳糖无法耐受而引起腹泻的婴儿。

### 5. 睡眠乳粉

睡眠乳粉是一种全天然改善睡眠质量的营养品，含丰富的蛋白质、维生素、矿物质等营养素，是一种专为失眠人群所设计的高蛋白质乳粉。有助于改善睡眠质量，提升睡眠品质。

## （四）乳粉基粉分类

### 1. 牛乳粉

牛乳乳粉是将牛乳除去水分后制成的粉末，它适宜保存。牛乳乳粉的营养价值丰富，主要表现在：

① 蛋白质：供给机体营养。

② 脂肪：供给机体营养及能量，提供牛乳浓香。

③ 糖类：牛乳中含有乳糖，乳糖对于婴幼儿发育非常重要，它能促进人体肠道内有益菌的成长，抑制肠内异常发酵，有利于肠道健康。

④ 矿物质：矿物质又称无机盐，是人体不可缺少的物质，包含钙、铁、磷、锌、铜、锰、钼等。特别是含钙丰富，且钙磷比例合理，吸收率高。

⑤ 维生素：牛乳中含有已知的所有维生素，其作用有维生素 A 促进正常生长与繁殖，维持上皮组织与视力；B 族维生素参与体内糖及能量代谢；维生素 C 抗坏血病；维生素 D 能调节各种代谢，增强骨骼组织中造骨细胞的钙化能力；维生素 E 抗氧化衰老。

牛乳乳粉的适用人群主要有如下几种：

① 睡眠不好的人：乳粉对人体有镇静安神作用。人食用乳粉后会有一种镇定感，故晚间临睡前饮用会起到安神促眠作用。

② 肠胃不好的人：乳粉有利于胃及十二指肠溃疡疾病的痊愈。

③ 防癌的人：乳粉及发酵酸乳粉能减少癌变。

④ 少年儿童：儿童喝乳粉能促进身体生长发育。每天喝 500mL 乳粉的少年儿童比不喝乳粉的体重和身高增长近 1 倍。

### 2. 羊乳粉

羊乳乳粉指的是用羊乳制作的乳粉。在欧美地区羊乳被视为乳品中的精品，称作"贵族乳"。国际学界誉为"乳中之王"。羊乳乳粉不仅营养全面，而且极易消化吸收。羊乳乳粉具有如下特点：

① 干物质、热量：羊乳干物质含量与牛乳基本相近或稍高一些。每千克羊乳的热量比牛乳高 210kJ。

② 脂肪：羊乳脂肪含量为 3.6%～4.5%，脂肪球直径 2μm 左右，牛乳脂肪球直径为 3～4μm。羊乳富含短链脂肪酸，低级挥发性脂肪酸占所有脂肪酸含量的 25% 左右，而牛乳中则不到 10%。羊乳脂肪球直径小，使其容易消化吸收。

③ 酪蛋白/乳清蛋白：羊乳比牛乳酪蛋白含量低，乳清蛋白含量高，与人乳接近。酪蛋白在胃酸的作用下可形成较大凝固物，其含量越高蛋白质消化率越低，所以羊乳蛋白质的消化率比牛乳高。

④ 矿物质：羊乳矿物质含量为 0.86%，比牛乳高 0.14%。羊乳比牛乳含量高的元素主要是钙、磷、钾、镁、氯和锰等。

⑤ 维生素：经研究证明，每 100g 羊乳所含的 10 种主要的维生素的总量为 780μg。羊乳中维生素 A、维生素 $B_1$、维生素 $B_2$、维生素 C、泛酸和烟酸的含量均可满足婴儿的需要。

⑥ 胆固醇：每 100g 羊乳胆固醇含量为 10～13mg，每 100g 人乳胆固醇含量可达 20mg。羊乳低含量胆固醇对降低人的动脉硬化和高血压的发病率有一定的意义。

⑦ 核酸：羊乳比牛乳和人乳的核酸（脱氧核糖核酸和核糖核酸）含量都高。构成核酸的基本单位是核苷酸，在羊乳的核苷酸中，三磷酸腺苷（ATP）的含量相当多。核酸是细胞的基本组成物质，它在生物的生命活动中占有极其重要的地位。

因此，绝大多数的婴儿都可以接受羊乳粉，特别是胃肠较弱、体质较差的婴儿；再有，羊乳粉中还特别含有在人乳中才有的表皮生长因子（牛乳中不含），临床证明表皮生长因子可修复上鼻、支气管、胃肠等黏膜。国外专家们多次追踪对比发现，从婴儿期喝羊乳的孩子其智力发育、牙齿发育、身体灵活性、协调性都比喝牛乳的孩子指数更高。

### 3. 驼乳粉

驼乳是骆驼产出来的乳，而驼乳粉就是由驼乳经过低温干燥技术处理后成粉的驼乳粉。

驼乳乳粉的营养价值丰富，主要表现在：

① 强身健体。驼乳是游牧民族的主食，它含有丰富的蛋白质和脂肪酸，可以为机体提供充足的能量，维持机体的正常运作。除了提供充足的能量之外，还能促进蛋白质的合成，增强人体的免疫力。

② 补钙健骨。和牛乳一样，驼乳也含有大量的钙元素，并且是结合钙，而结合钙比较容易消化吸收，多喝驼乳是可以补钙健骨的。还可以预防骨质疏松和促进生长发育，所以驼乳适合老年人和小孩食用。

③ 预防坏血病。驼乳中富含维生素 C，100g 驼乳维生素 C 含量在 3mg 左右，在乳类食物中这也是属于高维生素 C 的了。多喝驼乳可预防坏血病。

驼乳的适用人群：

① 糖尿病患者，驼乳有利于降血糖。

② 老人和儿童，提高免疫力，补钙。

③ 乳糖不耐受过敏人群，喝驼乳过敏率较低。

④ 手术后、产后、肿瘤放化疗后需恢复体能的人群。

⑤ 乙肝患者、肾病患者。

⑥ 睡眠、消化不好的人群，驼乳有助消化、安眠作用。

#### 4. 马乳粉

马乳粉指的是用鲜马乳制作的乳粉。鲜马乳含有人体所需的蛋白质、脂质、维生素、矿物质和生长因子。马乳中的免疫球蛋白可以保护人体免于感染及有效预防慢性病的发生。此外，从营养结构上，马乳是与人乳较接近的乳，营养结构比较合理。常被建议让早产儿喝马乳，马乳含有的营养素能迅速溶解在水中，呈均匀的乳胶状，容易被人体消化吸收。这对婴幼儿和消化道疾病的患者尤为适合。

马乳乳粉的营养价值丰富，主要表现在：

① 增强免疫：马乳中含有抗疲劳、抗氧化、抗衰老和增强免疫功能的物质，如乳糖、牛磺酸、支链氨基酸、乳免疫球蛋白、乳铁蛋白、溶菌酶、维生素 A、维生素 C 等。

② 增强代谢：马乳能满足人体所需但不能自身合成的必需脂肪酸，诸如亚油酸、α-亚麻酸等。这类物质是前列腺素合成的首要元素，也同时参与胆固醇在体内的转化和代谢。

③ 促成长：马乳含有被誉为"脑黄金"的牛磺酸及磷脂、多种酶类和生长因子。对大脑发育、神经传导、视觉机能完善、骨髓功能、心脏功能、免疫力提高有着重要的作用和生理功能。

④ 全面提升人体机能：马乳中乳清蛋白和酪蛋白的比例、人体必需脂肪酸占总脂肪酸的比率以及一些微量营养素如维生素 C 和牛磺酸等的含量，都优于牛羊乳。全面提升消化、呼吸、神经、循环、免疫等人体五大系统机能。

## 三、乳粉加工工艺分类

#### 1. 湿法工艺

湿法工艺是制作乳粉的一种工艺。湿法是先将所有成分溶解成液体后按配方成分以不同比例液化再干燥。浓缩之后的液态配方乳在喷雾干燥机里，通过高压喷头喷成雾，与通到干燥机里的热空气混合从而生产乳粉。乳粉湿法加工工艺流程如图 8-1 所示。

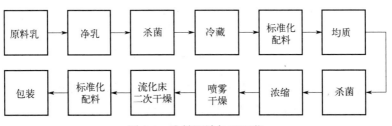

图 8-1　乳粉湿法加工工艺

湿法工艺从鲜乳到加工制成乳粉一般不超过 24h。制成的乳粉营养均衡，所有营养物质首先溶解于乳液，经喷雾干燥后一次成粉，不存在不均匀的风险。同时，因为没有二次开包混装流程，乳粉减少二次污染。综合而言，湿法工艺更能保证最终产品的新鲜度和营养价值，但高温干燥会导致鲜乳中热敏性成分遭到一定破坏。

### 2. 干法工艺

干法工艺指所有原辅料成分在干燥状态下经称量、杀菌、混合、包装得到婴幼儿配方乳粉。配方乳粉干法加工工艺流程如图 8-2 所示。

图 8-2　配方乳粉干法加工工艺

干法工艺在营养上的最大优势在于不经过二次高温处理，仅通过提高生产车间的洁净度、隧道杀菌和臭氧杀菌等控制微生物污染，可以达到国家的标准值要求，营养成分损失较小。从这个方面来讲，干法工艺优于湿法工艺。

而干法工艺作为全球化时代中当代商业模式发展的产物，目前已经在国际范围内得到广泛认可和运用。不仅摆脱了产乳季节、产乳量等不可控因素的影响，其胜出的核心优势在于更为简洁的商业流程有利于生产企业对奶源提出更为严格的要求，更便于在全球范围内筛选优质奶源。

### 3. 干湿法复合工艺

所谓干湿法复合工艺是指在鲜乳中进行大部分原辅料混合，经均质、杀菌、浓缩、喷雾干燥后，再添加部分辅料，经包装得到婴幼儿配方乳粉。配方乳粉干湿法复合工艺流程如图 8-3 所示。

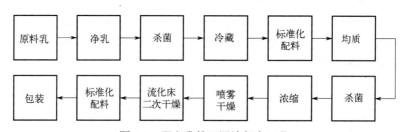

图 8-3　配方乳粉干湿法复合工艺

先将大部分营养素在新鲜牛乳中混合，然后干燥喷雾成粉。前一阶段为湿法工艺，一些热敏性的营养素在成粉后再混合，这个阶段为干法工艺。干湿复合法保留了干法和湿法各自的优点，能够均匀混装各种营养元素，同时保证了一些热敏性的营养元素的活性，被认为是最安全的工艺。但干湿复合工艺是比较复杂的，对设备等各方面都要求高，比单纯的湿法工艺和单纯的干法工艺都要复杂得多。

# 第二节　乳粉生产工艺

乳粉是将哺乳类动物鲜乳除去水分后制成的粉末，营养丰富，适宜保存，并便于携带。速溶乳粉比普通乳粉颗粒大而疏松，湿润性好，分散度高。冲调时，即使用温水也能迅速溶解。

1805 年，法国人帕芒蒂伦瓦尔德建立了一个乳粉工厂，开始正式生产乳粉。最初鲜乳除去水分的设计是使用真空蒸发罐，先将牛乳浓缩成饼状，然后再干燥制粉。有的设计则是将经过初步浓缩后的牛乳摊在加热的滚筒上，剥下烙成的薄乳膜再制粉等。但最好的乳粉制作方法是美国人帕西于 1877 年发明的喷雾法。这种方法是先将牛乳真空浓缩至原体积的 1/4，成为浓缩乳，然后以雾状喷到有热空气的干燥室里，脱水后制成粉，再快速冷却过筛，即可包装为成品了。这一方法至今仍被沿用。它的诞生推动了乳粉制造业在 20 世纪初的大发展。

## 一、工艺流程

乳粉生产基本流程如图 8-4 所示。

图 8-4　乳粉生产基本流程

## 二、工艺要点

### （一）原料乳

要进行新鲜度检验、掺假检验、理化指标检验等。

### （二）标准化

乳粉要求脂肪控制在 25%～30%，浓缩和干燥中除去的只是水分。

## （三）杀菌

杀菌的目的主要是杀死乳中有害微生物，钝化解脂酶。温度高杀菌效果好，酶钝化效果也好，但乳粉溶解度降低，因此杀菌条件应适度。杀菌条件与乳粉溶解度的关系见表 8-1。

表 8-1　杀菌与乳粉溶解度

| 条件 | 溶解度变化 |
|---|---|
| 67℃/5min～72℃/5min | 溶解度降低 0.14% |
| 72℃/5min～75℃/5min | 溶解度降低 0.85% |
| 75℃/5min～80℃/5min | 溶解度降低 0.15% |

因此乳粉生产中杀菌条件可控制在 75℃/5min～80℃/5min。

## （四）加糖

加糖方法：

① 杀菌时加入。

② 包装前加糖粉。

③ 浓缩乳中加糖浆。

④ 杀菌时加一部分，包装时加一部分。

当产品中糖含量<20%时，采用①或③；含量>20%时采用②或④，因糖具有热溶性，易粘壁。

## （五）浓缩

乳粉生产采用真空浓缩，目的是除去乳中大部分水分。不经浓缩就干燥，理论上是可行的，但耗能太大，因喷雾干燥热效率仅 30%～40%。

### 1. 真空浓缩优点

（1）降低乳液沸腾温度，提高蒸发速度

常压下，乳沸点 $T=100℃$；真空下，真空度 625mmHg❶，乳沸点 $T=56.7℃$。所以，浓缩过程中乳液受热仅 50～60℃。

（2）真空浓缩可增大温差，提高传热效率，加快蒸发速度

常压下 $T=100℃$；真空下 $T'=56.7℃$。

---

❶ 1mmHg=133.32Pa。

如果 1kgf/cm$^2$[❷]蒸汽（120℃）：常压下$\Delta t$=120℃-100℃=20℃

真空下$\Delta t$=120-56.7=63.3℃

（3）真空浓缩二次蒸汽可多次利用，节省能量

单效 1.1kg 汽蒸发 1kg 水；双效 0.46～0.49kg 汽蒸发 1kg 水；三效 0.17～0.16kg 汽蒸发 1kg 水。

### 2. 浓缩结果

全脂加糖乳粉：16～18°Bé 或 45%～50%，或相对密度 1.12～1.15。

淡乳粉：16～18°Bé 或 40%～45%，或相对密度 1.10～1.13。

### 3. 浓缩设备

① 盘管式：单效浓缩缸。耗能大，不连续，在炼乳生产中应用。单效升膜式浓缩设备属外加热式自然循环的液膜式浓缩设备。主要由加热器、分离器、雾沫捕集器、水力喷射器、循环管等部分组成。加热器为一垂直竖立的长形容器，内有许多垂直长管。对于加热管的直径和长度的选择要适当，管径不宜过大，一般在 35～80mm 之间，管长与管径之比恰当，一般为 100～150。这样才能使加热面提供成膜足够的气速。事实上，由于蒸发流量和流速是沿加热管上升而增加的，故成膜工作状况也是逐步形成的。

料液从加热器的底部进入管内，经加热蒸汽加热沸腾后迅速汽化，所产生的二次蒸汽及料液沿其内壁呈膜状高速上升，进行连续传热蒸发。这样料液从加热器的底部至管子顶端出口处逐渐被浓缩，浓缩后的料液以高速进入蒸发分离室，通过蒸发分离室的离心分离作用，二次蒸汽从分离室顶部排出。达到浓度要求的浓缩液从分离室底部排出，没有达到浓度要求的浓缩液通过循环管，再回到加热器底部，进行二次浓缩。

工作时，物料自加热器体的底部进入管内，加热蒸汽在管间传热及冷凝，将热量传给管内料液。料液被加热沸腾，便迅速汽化，所产生的二次蒸汽及料液，在管内高速上升。在常压下，管的出口处二次蒸汽速度一般为 20～50m/s，在减压真空状态下，可达 100～160m/s。料液被高速上升的二次蒸汽所带动，沿管内壁呈膜状上升，不断被加热蒸发。这样料液从加热器底部至管子顶部出口处，逐渐被浓缩，浓缩液并以较高速度沿切线方向进入蒸发分离室，在离心力作用下与二次蒸汽分离。二次蒸汽从分离室顶部排出，未达到浓度的浓缩液通过循环管，再进入加热器体底部，继续浓缩，另一部分达到浓度的浓缩液，可从分离室底部排出。二次蒸汽夹带的料液液滴从分离器顶部进入雾沫捕集器进一步分离后，二次蒸汽导入水力喷射器冷凝。

---

❷ 1kgf/cm$^2$=98066.5Pa。

② 直管式（图 8-5）

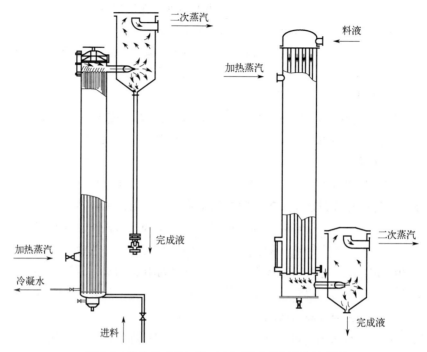

图 8-5 单效升（左）降（右）膜式真空浓缩示意图

## （六）喷雾干燥

### 1. 原理

利用机械力量通过雾化器将浓乳在喷雾干燥室内喷成极细小的雾状乳滴以增大其表面积，加快水分蒸发速度，经与同向鼓入的热空气进行充分的热交换和质交换，从而在瞬间内将水分蒸发除去，使细小的雾状乳滴干燥成乳粉颗粒。

### 2. 特点

① 干燥速度快。浓乳喷成 10～200μm 的乳滴，其单位质量表面积很大，热交换迅速，水分蒸发速度很快，受热时间短，乳粉溶解性好，通常整个干燥时间15～30s。

② 干燥过程乳粉颗粒受热温度低。采用顺流式干燥流程，雾滴在 150～200℃热空气中强烈汽化，这一过程中它从周围空气中吸收大量热，而使周围空气温度迅速下降。这段干燥过程称为恒速干燥期，乳滴表面的水分处于饱和状态，乳滴本身温度超过该状态下热空气（150～200℃）的湿球温度，这时物料温度，也就是湿球温度也不超过 50～60℃。因此，物料受热温度低，色、香、味、营养成分受影响较小。当物料进入下部时，乳滴颗粒周围的空气温度降低，干燥取决于水

分从颗粒内部向表面的迁移速度，这段干燥过程称为减速干燥期，干燥时间较长。

③ 工艺参数可以调节。控制产品质量，如要提高乳粉的溶解性，其中一个重要指标就是增大乳粉颗粒，就可通过提高浓度、增大喷嘴直径、降低喷雾压力、适当提高进风速度等实现，这样就可使产品具有良好的分散性、可湿性和冲调性。

④ 产品卫生，不易污染。因干燥过程是在密闭状态的干燥塔内进行的，并且在负压下生产，又不使粒尘飞扬，受污染机会很少。

⑤ 产品呈粉末状，只需过筛，块状粉末就能分散。

⑥ 操作控制方便，利于生产的连续化和自动化。

缺点：体积大，热利用率低。

### 3. 喷雾干燥流程

喷雾干燥流程如图 8-6 所示。

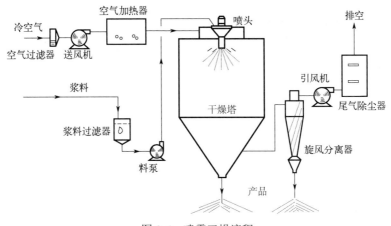

图 8-6　喷雾干燥流程

### 4. 雾化方法

① 压力喷雾：压力越高，雾化颗粒越细，干燥效率高，但颗粒细时冲调性较差。

② 离心雾化：利用离心盘的高速旋转将浓乳雾化成雾状乳滴，离心盘将浓乳水平喷出，在干燥室为圆柱状。

## （七）出粉，冷却

喷雾干燥室内的乳粉要迅速连续地移出，并及时冷却，以免长时间受热。因干燥室内温度较高，一般为 70～90℃。对全脂乳粉，因脂肪含量较高，长时间受热时，脂肪会游离出来，影响乳粉的保藏性。

出粉设备有搅龙式、鼓型阀、风送出粉、电磁振动出粉等。冷却有自然冷却和人工冷却，自然冷却是将乳粉收集在贮粉箱中自然冷却到 28℃以下包装，注意贮粉箱不能太高，并可在中间穿孔。人工冷却就是在贮粉室通入干燥的冷空气。

### （八）包装

包装可采用铁罐、玻璃瓶、塑料袋及充 $N_2$ 包装，其中充 $N_2$ 包装保存时间最长，可达几年不变质。目前国内大多用塑料袋包装，最好先用小袋包装后再装大袋，这样也避免乳粉吸潮变质。

包装时应注意：①乳粉温度不宜过高，否则蛋白质变性，影响冲调性，温度过高也会引起脂肪走油，易氧化变质；②包装室湿度的控制，由于乳粉易吸潮，包装室湿度应控制在 75%以下；③包装时应尽量排除空气，防止氧化。

## 三、乳粉颗粒的理化特性

### （一）颗粒大小与形状

乳粉颗粒通常在 $50\sim100\mu m$ 之间。压力喷雾颗粒较小，离心喷雾颗粒较大。颗粒大小与乳的浓度、压力大小、转速等因素有关。

### （二）气泡

乳粉颗粒中常有气泡，气泡并不一定在颗粒中心，气泡大小也不一致，凡气泡多者易氧化变质，气泡多少与浓度、原料等有关。

### （三）容重

一般浓度越高，容重也越大。干燥温度增高时，颗粒膨胀而中空，结果使容重变小。

### （四）脂肪状态

乳粉中脂肪状态可用 $CCl_4$ 溶剂抽提方法加以观察。凡是能直接用 $CCl_4$ 从乳粉中提出来的脂肪都是游离脂肪，游离脂肪越多乳粉越易氧化变质。喷雾干燥乳粉中游离脂肪为 3%～14%，而滚筒干燥为 91%～96%。

### （五）蛋白质状态

与乳粉的复原性有关。当蛋白质受热、遇酸等变性时，乳粉的复原性降低，主要是吸收了磷酸三钙的变性酪蛋白酸钙。

## （六）乳糖状态

乳粉中乳糖呈玻璃状，吸湿性很强。当乳粉吸湿后，乳糖结晶使乳粉颗粒表面产生很多裂纹，这时脂肪就会逐渐渗出。

## （七）色泽

乳粉呈淡黄色，喷雾干燥时若温度过高或高温存放时间过长时，颜色加深。粉过多时，不仅溶解度降低，颜色也会加深。

## （八）溶解度

溶解度指乳粉加水冲调后，能够复原为鲜乳的量占冲调乳的百分数。与原料乳质量、加工方法、乳中水分含量及保藏时间和条件有关。

# 四、乳粉缺陷及防止方法

① 脂肪分解味（酸败味）：产生一种酸性刺激味，主要是由于乳中解脂酶的作用，产生游离脂肪酸（FFA）。因此杀菌时一定钝化解脂酶。

② 氧化味（哈喇味）：空气、光线、重金属、原料乳酸度等均有影响。

③ 褐变：主要是保存过程中发生美拉德反应（maillard reaction）。

④ 吸潮：主要由于乳粉中乳糖吸水，乳粉颗粒彼此黏结而形成块状，因此要密封防止吸潮。

⑤ 细菌引起变质：主要是由于吸潮后，细菌生长繁殖。

# 五、乳粉感官评分标准

1. 乳粉感官指标按百分制评定，其中各项分数如表 8-2。

表 8-2　乳粉的评分标准

| 项目 | 全脂乳粉 | 全脂加糖乳粉 | 脱脂乳粉 |
|---|---|---|---|
| 滋味及气味 | 65 | 65 | 65 |
| 组织状态 | 25 | 20 | 30 |
| 色泽 | 5 | 10 | 5 |
| 冲调性 | 5 | 5 | — |

2. 各级产品应得的感官分数见表 8-3。

表 8-3　各级产品应得的感官分数

| 等级 | 总评分 | 滋味和气味最低得分 |
|------|--------|------------------|
| 特级 | ≥90 | 60 |
| 一级 | ≥85 | 55 |
| 二级 | ≥80 | 50 |

### 3. 乳粉感官指标评分

（1）全脂乳粉的感官评分：见表 8-4。

表 8-4　全脂乳粉的感官评分

| 项目 | 特征 | 扣分 | 得分 |
|------|------|------|------|
| 滋味和气味 65 分 | 具有消毒牛乳的纯香味，无其他异味者 | 0 | 65 |
| | 滋气味稍淡，但无异味者 | 2～5 | 63～60 |
| | 有过度消毒的滋味和气味者 | 3～7 | 62～58 |
| | 有焦粉味者 | 5～8 | 60～57 |
| | 有饲料味者 | 6～10 | 59～55 |
| | 滋气味平淡，无乳香味者 | 7～12 | 58～53 |
| | 有不清洁或不新鲜滋味和气味者 | 8～13 | 57～52 |
| | 有脂肪氧化味者 | 14～17 | 51～48 |
| | 有其他异味者 | 12～20 | 53～45 |
| 组织状态 25 分 | 干燥粉末无凝块者 | 0 | 25 |
| | 凝块易松散或有少量硬粒者 | 2～4 | 23～21 |
| | 凝块较结实者（贮藏时间较长） | 8～12 | 17～13 |
| | 有肉眼可见的杂质或异物者 | 5～15 | 20～10 |
| 色泽 5 分 | 全部一色，呈浅黄色者 | 0 | 5 |
| | 黄色特殊或带浅白色者 | 1～2 | 4～3 |
| | 有焦粉粒者 | 2～3 | 3～2 |
| 冲调性 5 分 | 润湿下沉快，冲调后完全无团块，杯底无沉淀物者 | 0 | 5 |
| | 冲调后有少量团块者 | 1～2 | 4～3 |
| | 冲调后团块较多者 | 2～3 | 3～2 |

（2）全脂加糖乳粉的评分：见表 8-5。

表 8-5　全脂加糖乳粉的评分

| 项目 | 特征 | 扣分 | 得分 |
|------|------|------|------|
| 滋味和气味 65 分 | 具有消毒牛乳的纯香味，甜味纯正，无其他异味者 | 0 | 65 |
| | 滋气味稍淡，无异味者 | 2～5 | 63～60 |
| | 有过度消毒的滋味和气味者 | 3～7 | 62～58 |
| | 有焦粉味者 | 5～8 | 60～57 |
| | 有饲料味者 | 6～10 | 59～55 |
| | 滋气味平淡无奶香味者 | 7～12 | 58～53 |
| | 有不清洁或不新鲜滋味和气味者 | 8～13 | 57～52 |
| | 有脂肪氧化味者 | 14～17 | 51～48 |
| | 有其他异味者 | 12～20 | 53～45 |

| 项目 | 特征 | 扣分 | 得分 |
|---|---|---|---|
| 组织状态20分 | 干燥粉末无凝块者 | 0 | 20 |
| | 凝块易松散或有少量硬粒者 | 2～4 | 18～16 |
| | 凝块较结实者（贮存时间较长） | 8～12 | 12～8 |
| | 有肉眼可见杂质者 | 5～15 | 15～5 |
| 冲调性10分 | 润湿下沉快，冲调后完全无团块，杯底无沉淀者 | 0 | 10 |
| | 冲调后有少量团块者 | 2～4 | 8～6 |
| | 冲调后团块较多者 | 4～6 | 6～4 |
| 色泽5分 | 全部一色，呈浅黄色者 | 0 | 5 |
| | 黄色特殊或带浅白色者 | 1～2 | 4～3 |
| | 有焦粉粒者 | 2～5 | 3～0 |

（3）脱脂乳粉感官评分：见表8-6。

表8-6　脱脂乳粉感官评分

| 项目 | 特征 | 扣分 | 得分 |
|---|---|---|---|
| 滋味和气味65分 | 具有脱脂消毒牛乳的纯香味，无其他异味者 | 0 | 65 |
| | 滋气味稍淡，无异味者 | 2～5 | 63～60 |
| | 有过度消毒者 | 3～7 | 62～58 |
| | 有焦粉味者 | 5～8 | 60～57 |
| | 有饲料味者 | 6～10 | 59～55 |
| | 有不清洁和不新鲜的滋味和气味者 | 8～13 | 57～52 |
| | 有其他异味者 | 12～20 | 53～45 |
| 组织状态30分 | 干燥粉末，无凝块者 | 0 | 30 |
| | 凝块易松散或有少量硬粒者 | 2～4 | 28～26 |
| | 凝块较结实者（贮藏时间较长） | 8～12 | 22～18 |
| | 有肉眼可见杂质或异物者 | 5～15 | 25～15 |
| 色泽5分 | 呈浅白色，色泽均匀，有光泽者 | 0 | 5 |
| | 色泽有轻度变化者 | 1～2 | 4～3 |
| | 色泽有明显变化者 | 3～5 | 2～0 |

### 4. 评定方法

将乳粉倒于盛样盘中，然后按"组织状态""色泽""滋味和气味""冲调性"之先后顺序依据标准逐项进行评定，记扣分或得分于评分表中，最后将各项得分累加得总分，再根据产品等级评分标准评定出产品之等级。具体评定方法如下：

（1）组织状态评定

用牛角勺或匙反复拨弄盛样盘中的乳粉，观察粉粒状态及有无杂质和异物，遇有肉眼难以观察之异物时可借助放大镜辨认之。

（2）色泽评定

将盛样盘置于非直射光下观察其色泽，判定时应考虑乳粉颗粒大小对色泽的影响，因同一种乳粉颗粒小者色白，颗粒大者色深。

（3）滋味和气味评定

用勺或纸片取少量乳粉放于口中仔细品尝其滋味，也可用温水调成复原乳后品尝之。乳粉之气味可直接嗅干粉或复原乳评定之。

（4）润湿下沉性与冲调性评定

① 润湿下沉性：于 200～250mL 烧杯中倒入 150～200mL 25℃水，称取 10g 乳粉撒放在水面上，观察并记录乳粉全部润湿下沉的时间（速溶乳粉<5min，普通乳粉 5min 以上）。一次评定数个样品时，可依据全部粉粒下沉时间排出优劣之顺序后加以评分。

② 冲调性：于 500mL 烧杯中倒入 250mL 40℃的温开水，称取 34g 乳粉倒入水中，立即用玻璃棒以每秒 1 圈之速度正反方向各搅动 10 或 15 次，然后观察有无团块及杯底沉淀物之数量进行评分。

（5）等级评定

每人按感官评定表统计出总得分，并评定出等级。再将每人评定结果综合平衡后，得出最终评定结果。

# 第三节　配方乳粉的生产

配方乳粉又称母乳化乳粉，为了满足婴儿的营养需要，在乳粉中加入各种营养成分，以达到接近母乳的效果。目前主要是母乳化乳粉和婴幼儿乳粉。

## 一、配方乳粉的成分

母乳按时间顺序分三种，产后 1～5 天为初乳，6～10 天为过渡乳，15 天～15 个月为成熟乳。初乳量较少，色淡黄，含脂肪少，蛋白质多，有较多微量元素，更重要的是初乳中免疫球蛋白含量最高，可帮助新生儿抵抗疾病。成熟乳中含有丰富的蛋白质、脂肪、矿物质、维生素、碳水化合物、sn-2 棕榈酸等。母乳是婴儿的最佳食品，婴儿配方乳粉以母乳成分为标准，追求对母乳的无限接近，产品质量不断提高，但没有一种能胜过母乳，母乳是孩子最健康和最适合的营养来源。

① α-乳清蛋白：是母乳中含量丰富的蛋白质类型，对婴幼儿的生长发育起着尤为重要的作用。配方乳粉中优选的 α-乳清蛋白能够提供最接近母乳的氨基酸组合，提高蛋白质生物利用率，使其更接近母乳。α-乳清蛋白在胃中会形成芝麻样细小的絮状凝乳，比起其它蛋白质，更易于与消化酶接触，也更容易被婴儿消化和吸收。在有助于生长发育的同时，能更有效降低其身体代谢负担，调节睡眠质

量，有助于大脑发育，发挥重要免疫作用，全面均衡满足婴幼儿对于蛋白质的营养需求。因此，α-乳清蛋白被称为"蛋白质之王"，是公认的人体优质蛋白质补充剂之一。乳清蛋白与酪蛋白的含量比例（6∶4）与母乳相似，易于婴儿消化吸收。

② *sn*-2 棕榈酸是母乳中大量存在的饱和脂肪酸的其中一种，约占总脂肪含量的 25%，为婴儿提供约 10% 的能量供应，提高能量的吸收与利用率，更改善了粪便的稠度和骨骼的生长及发育。

③ 钙磷比例 2∶1，同时添加维生素 D，促进钙的吸收，预防婴儿佝偻病。

④ 适量的铁可以预防婴儿缺铁性贫血。

⑤ 核苷酸：核苷酸是母乳中的重要免疫成分，一切生物体的基本组成成分，对生物的生长、发育、繁殖和遗传都起着重要作用。乳粉中的核苷酸主要是维持胃肠道正常功能，减少腹泻和便秘，提高免疫力，少生病。

⑥ 二十二碳六烯酸（DHA）、二十碳五烯酸（EPA）、亚麻酸（LNA）和花生四烯酸（AA）能帮助智力发育。

⑦ 益生元［低聚果糖（FOS）+低聚半乳糖（GOS）］：能够有效减少腹泻发生。

⑧ 叶黄素：有助于提高视觉灵敏度。通过过滤蓝光和抗氧化作用，有助于婴儿眼睛健康。叶黄素是仅存于视网膜中的类胡萝卜素，人体内无法合成。

⑨ 胆碱：又被称为"记忆因子"，能帮助中枢神经间传递信息，是大脑思维、记忆等智能活动的必需物质。胆碱可帮助宝宝增强记忆力。

⑩ 卵磷脂：构成大脑细胞膜的重要成分，是大脑保持健康活力的重要保证。

⑪ 牛磺酸：是大脑神经细胞间相互连接的介质，参与脑神经功能的调节，可以促进大脑发育，增强视力，调节神经传导，促进吸收，预防疾病，解除疲劳。

⑫ 左旋肉碱：婴儿体内肉碱生物合成能力较弱，不能满足其正常代谢需要，必须通过外源摄取。肉碱不仅在能量产生和脂肪代谢中起重要作用，且在维持婴儿生命及促进婴幼儿发育的一些生理过程，如生酮过程、氮代谢等方面有一定功能。所以，每日给婴儿补充肉碱是必须的，母乳中 L-肉碱含量较高，补充左旋肉碱后的产品更接近母乳。

⑬ OPO 结构脂：1,3-二油酸-2-棕榈酸甘油三酯，经先进工艺加工，特有的二位棕榈酸结构，消化时不易形成钙皂，从而不易引起婴儿便秘，更易于脂肪酸和钙的消化吸收。婴幼儿乳粉用 OPO 结构脂代替普通植物油。

⑭ *sn*-2 PLUS：是一种具有独特脂肪结构的结构脂技术。*sn*-2 PLUS 指当甘油三酯的 *sn*-2 位置上主要是 C16:0 脂肪酸时，使得 C16:0 在 *sn*-2 位置上的百分比例更亲和均衡，更接近母乳脂肪酸比例的技术，这种技术使脂肪成分更容易被人体消化吸收。

⑮ 维生素 A、维生素 D、铁、锌：适量的铁可以预防婴儿缺铁性贫血。如果婴儿长期摄取维生素 A 含量超高的乳粉，就会引起一些皮肤疾病，甚至出现头痛、眩晕、恶心、呕吐等不良反应。配方乳粉中并非添加元素越多就越好。

总之，与普通乳粉相比，配方乳粉去除了部分酪蛋白，增加了乳清蛋白；去除了大部分饱和脂肪酸，加入了植物油，从而增加了不饱和脂肪酸，如 DHA、AA；配方乳粉中还加入了乳糖，含糖量接近人乳；降低矿物质含量，减轻婴幼儿肾脏负担；还添加了微量元素、维生素、某些氨基酸或其他成分，使之更接近人乳。被称为婴儿配方乳粉。

## 二、配方乳粉中主要成分的调整方法

### （一）蛋白质的调整

人乳与牛乳中蛋白质的生物学价值几乎无差别，但牛乳中酪蛋白含量是人乳的 5 倍。在人胃中形成的凝块较硬，且导致婴儿消化不良，故必须加以调整。牛乳中酪蛋白：乳清蛋白为 5：1，人乳为 1：1。

调整方法：

① 加脱盐乳清粉，增加乳清蛋白。

② 用蛋白酶对乳中酪蛋白进行水解。

### （二）脂肪的调整

牛乳饱和脂肪酸多，不饱和脂肪酸少（占总脂肪酸的 2.2%）；母乳饱和脂肪酸少，不饱和脂肪酸多（占总脂肪酸的 12.8%）。所以，母乳吸收率比牛乳高 20%以上。

调整方法：

① 强化亚油酸，强化量达脂肪酸总量的 13%。

② 改善乳脂肪的结构。

③ 改善脂肪的分子排列。

以上可通过添加植物油解决，如玉米油、大豆油等。

### （三）糖类调整

牛乳乳糖含量较低（4.6%），且主要是 α 型；母乳乳糖含量高（7.1%），且主要是 β 型，β 型促进双歧杆菌生长。

调整方法：

① 添加糖类如多糖、麦芽糖、糊精。

② 添加 β-乳糖。

调整乳糖与蛋白质比例，平衡 α 型和 β 型比例，使其接近于母乳 α∶β=4∶6。

## （四）无机盐调整

牛乳无机盐含量为 0.7%，母乳无机盐含量较低为 0.2%。由于婴儿肾脏不健全，牛乳会增加肾脏负担，易患高电解质病。

调整方法：脱去乳中部分盐类，添加牛乳中缺少的成分，如 Fe 等。

## （五）维生素调整

添加叶酸、维生素 C、维生素 A、维生素 $B_1$、维生素 $B_6$、维生素 $B_{12}$、维生素 D 等。水溶性热稳定的维生素（如烟酸、维生素 $B_{12}$）在预热前加入；维生素 A、维生素 D 可溶于植物油，在均质前加入，热敏性维生素如维生素 $B_1$、维生素 C 最好混入干糖粉中，在喷雾干燥后加入。

配方配制工艺流程如图 8-7 所示。

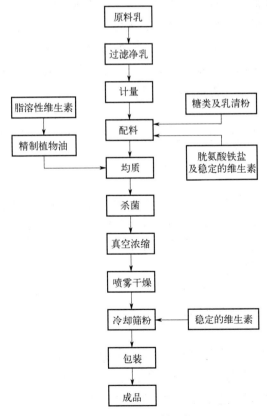

图 8-7　配方配制工艺

# 三、配方乳粉生产工艺规程

## （一）配方乳粉生产工艺

配方乳粉生产工艺流程如图8-8。

## （二）配方乳粉生产工艺操作要点

### 1. 鲜乳验收

（1）生鲜乳运输和贮存

生乳在挤乳后2h内应降温至0～4℃。采用保温奶罐车运输。运输车辆应具备完善的证明和记录。生乳到厂后应及时进行加工，如果不能及时处理，应有冷藏贮存设施，并进行温度及相关指标的监测，做好记录。

（2）生鲜乳质量要求

收购的生鲜乳质量应符合GB 19301—2010《食品安全国家标准 生乳》的各项规定。生乳收购前应进行全面质量检验，检验项目有：颜色、滋味、气味、杂质度、脂肪、蛋白质、干物质、酸度、乳糖、酒精试验、掺杂使假检验、$\beta$-内酰胺酶、磺胺类、区分牛羊乳、氯霉素、黄曲霉毒素、苯甲酸、三聚氰胺和抗生素等。其中氯霉素、黄曲霉毒素、苯甲酸、三聚氰胺和抗生素必须检验合格，若有一项不合格不得作为本乳粉生产用原料乳。

### 2. 称重计量

品控检验合格的生乳用电子秤进行称重计量，电子秤应灵敏，每年按要求进行校准。

### 3. 净乳

称重计量后的鲜乳用抽奶泵抽送到收奶车间的收奶槽，再用奶泵抽进暂存缸。所收生鲜乳先用120～160目的滤网进行初滤，再用净乳机离心净乳，净乳后鲜乳的杂质度指标检测值应小于或等于2mg/kg。

### 4. 预杀菌、冷却

所收鲜乳用热交换器进行预杀菌和冷却，要求杀菌温度为85～90℃，时间15s，物料菌落总数≤2000CFU/g。

### 5. 储存

冷却后的鲜乳储存在室外储奶罐中，储奶罐应保温良好，储存温度≤7℃；24h温升不得超过2℃，定时开动搅拌器进行搅拌。鲜乳在储奶罐里的储存时间不得超过12h，若储存时间超过12h，使用前应进行酒精试验、煮沸试验和检测鲜乳的酸度。

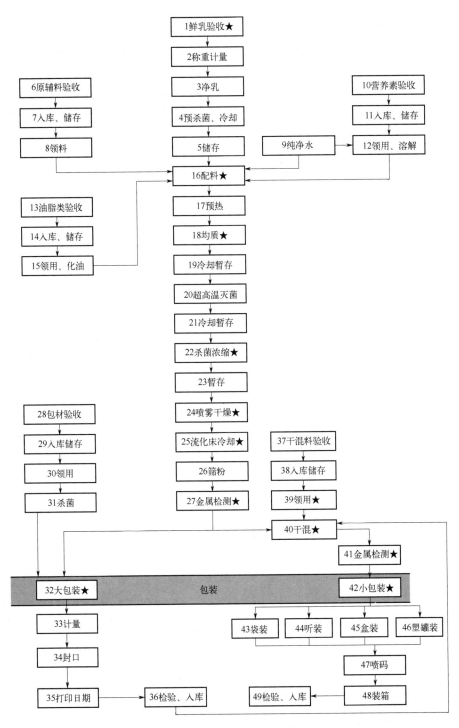

图 8-8 配方乳粉生产工艺

带★过程为生产关键控制点或关键控制工艺

#### 6. 湿法配料

依据生产部下达的生产指令单和相应产品的配方领料和投料。采用婴幼儿配方乳粉相关标准要求的原辅料，经核对有关信息后，去除外包装，除尘净化后输送到配料车间。原辅料应使用高剪切罐或真空混料罐等配料设备充分溶解。食品添加剂及食品营养强化剂应设专人负责管理，设置专区存放，并对食品添加剂及营养强化剂的名称、进货时间、批号等进行严格核对，准确称量并做好记录。复合维生素、复合微量元素等小料用不同容器分别溶解，水温 30～45℃，水温不宜过高，可以溶解即可，溶解后搅拌 5min，避免产生反应。待彻底溶解后，按照先加矿物质，5min 后再加维生素的添加顺序分别缓慢地加到储奶罐的冷料中，搅拌均匀。

（1）各种原料要求

① 各种原料应标签完整，验收合格，包装完好，在保质期内。

② 配料用水：纯净水。原水符合 GB 5749—2022《生活饮用水卫生标准》的要求。

（2）各种原料的称量

① 根据配料设备的容量确定好每个配料单元（每罐）的配料数量。

② 根据本产品的产品配方准确计算出每个配料单元所需各种原料数量并进行验算。

③ 准确称取各种原料并分开存放，大料用台秤称量，小料用电子秤称量。各种计量器具在使用前应进行校准，精确度符合计量要求。

（3）化料按以下步骤进行操作

① 从室外储奶仓里抽取规定数量的鲜乳进入配料罐并进行准确计量。

② 在高速混料罐里加入适量 45～55℃纯净水，启动搅拌器，加入准确计量后的乳糖、白砂糖、脱盐乳清粉、浓缩乳清蛋白粉、低聚果糖、低聚半乳糖、聚葡萄糖等粉状物料，液态低聚果糖等直接加入高速混料罐中，经料液混合机循环搅拌 15～20min，用过滤器过滤后打进配料罐。

③ 低反式脂肪酸复合植物油、无水奶油、大豆磷脂，先在一个化油容器里加热至充分溶解，再加进高速剪切罐的乳液中搅拌 5～10min。通过高速搅拌器的强力搅拌使各种成分混合均匀，然后打进配料罐。油温不超过 65℃。

④ 在其他原辅料溶解完毕后，再溶解矿物质，5min 后溶解维生素。

⑤ 用纯净水对配料罐里的物料进行定容，配料罐里的物料浓度应控制在17%～19%，并保持上下成分均匀一致，不得有分层现象，搅拌 10～15min 后进入下道工序。

#### 7. 预热、均质和冷却

将配料罐里的物料打进预热器进行预热，进高压均质机进行均质，进冷却器进行冷却，要求预热温度为 60～65℃，均质压力为 15～20MPa，均质后冷却温度≤50℃，可依据情况尽量下调。

**8. 超高温灭菌**

将均质后暂存在贮奶罐里的物料打进灭菌机进行灭菌处理，要求灭菌温度为105～115℃，时间 9～12s。灭菌后的物料经冷却后进入暂存缸暂存，出料温度为≤35℃。

**9. 暂存**

灭菌后的物料暂存在贮奶罐中等待后续的加工处理，物料暂存温度≤35℃，暂存时间不得超过 0.5h。若超过 0.5h，使用前应该检测物料的酸度并进行酒精试验和煮沸试验。

**10. 真空浓缩**

婴幼儿配方乳粉经超高温灭菌后的物料，进入三效降膜式真空蒸发器进行真空浓缩。蒸汽压力控制在 0.3MPa 左右，真空度与蒸发器的效数有关（一效：-0.047～0.056MPa，70～72℃；二效：-0.068～0.072MPa，62～65℃；三效：-0.086～0.09MPa，43～46℃），真空浓缩后进入暂存缸暂存。出料要求如下：

| | | |
|---|---|---|
| ① 浓乳浓度 | 47%～50% | |
| ② 浓乳温度 | 45～55℃ | |
| ③ 杀菌温度 | 92～98℃（37s） | |
| ④ 浓乳杂质度 | ≤6mg/kg | |
| ⑤ 浓乳微生物指标 | ≤500CFU/g | |

**11. 喷雾干燥**

喷雾干燥工序应严格控制蒸汽、水的使用，以减少有害微生物的繁殖。浓乳用高压泵喷雾，用立式压力喷雾干燥塔制成乳粉。乳粉制造的工艺条件如下：

| | |
|---|---|
| ① 喷眼孔径 | 2.3～2.6mm |
| ② 喷枪数量 | 3 支（1 支 2.4mm，2 支 2.3mm） |
| ③ 浓乳浓度 | 47%～50% |
| ④ 浓乳温度 | 45～55℃ |
| ⑤ 喷雾压力 | 9～15MPa |
| ⑥ 进风温度 | 160～175℃ |
| ⑦ 塔内温度 | 85～91℃ |
| ⑧ 塔内负压 | -400～-200Pa |
| ⑨ 排风温度 | 85～90℃ |
| ⑩ 乳粉水分含量 | 2.5%～4.0% |

### 12. 流化床冷却出粉

从喷塔出来的热乳粉进入流化床进行降温冷却处理，乳粉结束在流化床里的降温冷却处理过程后就离开流化床经过振动筛进入密闭输送系统，乳粉出流化床的温度为≤35℃。

### 13. 筛粉

从流化床出来的乳粉用振动式筛粉机进行筛粉，筛粉机的振动筛规格是 20目。冷却后的产品应采用粉仓等密闭暂存设备储存，不可采用人工筛粉、粉车凉粉等将半成品裸露在清洁作业区进行作业。

### 14. 金属检测

过筛后的乳粉密闭输送至总集粉仓，经第一道金属检测后密闭输送至自动大包装封装或干混前集粉仓，准备干混。

### 15. 基粉包装

基粉包装应严格控制人流、物流、气流的走向，防止污染。应采用自动包装机对产品进行包装。内外袋验收合格，经过隧道杀菌处理，内袋排气完全、封合严密、无漏气、外表无粉尘；外袋卷边整齐、无破损、无粉尘。单袋偏差±0.1kg，平均净重≥25.0kg。基粉名称、生产日期或批号标识清晰正确，码垛整齐入库。

### 16. 干混

① 备料：应对干混原辅料（DHA、ARA、乳铁蛋白、益生菌、酪蛋白磷酸肽、核苷酸等）的名称、规格、是否合格、外包装无污染等进行确认。备料区域与进料区域之间应设立独立的缓冲处理区域，配备相应的风淋和杀菌系统，做到物料外包装的除尘与杀菌。

② 进料：拆包过程中，应注意内袋对外袋碎屑及线绳的静电吸附，定期对拆包进料区域进行卫生清理，检查物料内袋有无破损，发现破损或物料结块等异常，应做退料处理。物料除去外包装后经过杀菌隧道进入清洁作业区。

③ 配料（预混）：维生素、微量元素或其他营养素等物料配方须由专人录入管理，并由品控人员进行配方的复核，确保配方录入准确。配料过程应确保物料称量与配方要求一致，称量结束后需对物料的名称、规格、日期等进行标识。预混前需根据预混配方对物料品种、质量等进行复核，确保投料准确，用大料与小料 10∶1～15∶1 比例预混合，干混 10～15min 后待用，预混结束后对已预混物料的名称、规格、日期等进行标识。整个配料（预混）生产及领用环节应建立相关记录，确保产品生产信息的可追溯。

④ 投料：投料前需确保投料区域环境及设备符合相关清场标准，并与进料人员就原料品种、数量进行沟通，对要投入原料的标识、数量与投料单进行核对，

确保投料准确。投料人员需至少提前 2h 对手部及本区域环境和设备进行消毒，避免物料污染。物料投入输送系统需经过振动筛，避免物料中可能混杂的异物进入投料系统内。过筛的物料输送到相关储粉仓或混合设备。

⑤ 混合：按照小缸每缸 200～400kg 混合，大缸每缸不超过 750kg 混合，分3 次加入预混合料（即大料与预混合料各 1/3 交替加入，先加大料），盖好混料机盖，小干混机搅拌 4～6min，大干混机搅拌 8～10min 后待用。混合过程应实现全过程自动化控制，无异常不需要人工干预。混合工艺应保证物料的混合均匀性。混合后的半成品不能裸露在清洁作业区内，应采用粉仓等密闭暂存设备储存。

### 17. 金属检测

干混后的物料经过集粉仓下面的金属检测器后，根据需要密闭输送至相应的小包装机，准备进行小包装。金属检测可以检出直径≥2mm 的金属异物。

### 18. 包装

内包材验收合格，在使用前应脱去外包装，经过隧道杀菌处理，小包装产品分听装、盒装、袋装、塑罐装 4 种类别。

（1）听装包装

听装材料用马口铁罐经自动包装机充氮包装，开启包装机自动灌装。灌装前必须确认听罐的名称与规格是否与生产计划一致，称量 5～10 个空罐，计算平均皮重。称量灌装好的质量，确认净含量是否符合标准要求，记录皮重、较称、自检数据。在罐底喷生产日期和保质期，日期的年月日数字完整，字号大小一致，无模糊不清或重影、变形的情况。同一罐产品不得有多个喷码。喷码后，加盖防尘胶盖。加盖前应确认喷码日期是否清晰、正确，确认听罐的罐身是否有划伤、变形、污渍或残留乳粉。

（2）盒装包装

盒装产品外盒为纸盒，内装 25g 条形复合袋，经六列条带包装机包装，条袋装盒，根据生产计划进行自动灌装。包装前确认产品名称与包材名称、规格的一致性，对灌装好的产品进行称量，确认净含量符合要求。记录皮重、较称、自检数据。封口整齐，无漏粉、漏气现象。

胶盒：用胶水将盒子顶端粘严，胶水不得外泄，胶合后的盒子不得裂开。整理产品装入盒中，加勺。装盒前应确认产品名称、规格与纸盒的一致性，确认产品的喷码日期清晰、准确，外袋无污渍、粉尘。

封纸盒：将纸盒按照设计要求，装插好或用胶水胶严。不得有溢出或粘上胶水、胶丝。

喷码：在纸盒底部喷生产日期和保质期。日期清晰、准确，字体、字号一致。

（3）袋装包装（或试用装）

根据生产计划进行自动灌装。包装前确认产品名称与包材名称、规格的一致性。取 10 个空袋称量，确认包材平均质量。对灌装好的产品进行称量，确认净含量符合要求。记录皮重、较称、自检数据。封口整齐，无漏粉、漏气现象。封口后的产品每个独立包装均应喷码生产日期。

（4）塑罐装

自动袋装包装。包装前确认产品名称与包材名称、规格的一致性，取 10 个空袋称量，确认包材质量。对灌装好的产品进行称量，确认净含量符合要求。记录皮重、较称、自检数据。在封口后应检查封口严密性。封口整齐，无封口斜、皱，无漏粉、漏气现象。封口后的产品喷生产日期。每个独立包装均应喷码生产日期，日期清晰、准确、不易脱落。外包装装罐。塑罐、标签纸验收合格后领用。在塑罐上贴标签，标签应粘贴端正、紧贴罐身。塑罐指定部位喷码生产日期和保质期，喷码日期应清晰、准确。整理产品，将产品装入塑罐中，盖塑罐盖子。

### 19. 装箱

完成小包装的乳粉产品用瓦楞纸箱进行装箱，在装箱前应确认纸箱的品名、规格、生产日期与产品是否一致。每箱产品装量为纸箱标签上规定的产品袋数（或听数），产品在纸箱内应摆放整齐，方向一致。箱内放置产品合格证，胶盖不带粉勺的要放置与产品数量相等的粉勺，并用自动胶带封箱机将箱底和箱口用胶带封严且两边要一致。

### 20. 清场

为了防止婴幼儿配方乳粉生产中不同批次、不同配方、不同品种之间的交叉污染或混淆，各生产工序在生产结束后、更换品种或批次前，应对现场进行清场并记录。记录内容包括：工序、品名、生产批次、清场时间、检查项目及结果等。清场负责人及复查人应在记录上签名。

### 21. 乳粉入库暂存

包装好的乳粉产品，大包装乳粉暂存在半成品库房，小包装成品暂时存放在成品仓库房里等待产品的质量检验结果。

### 22. 检验

公司检验中心按照产品质量标准要求对本产品进行抽样检验，全部指标都符合标准要求，判该批产品合格。半成品可继续进行下步生产，成品发出检验合格报告单，同时发放行通知单，该批乳粉产品准许出厂投放市场销售。

### 23. 出库

产品检验合格后，仓库保管员凭放行通知单将该批产品发出工厂投放市场销售。

# 第九章 干酪的加工

## 第一节 概述

### 一、干酪的概念

干酪是以乳、稀奶油或部分脱脂乳、酪乳或这些原料的混合物为原料，经凝乳酶（chymosin）或其它凝乳剂凝乳，并排出部分乳清而制成的新鲜或经发酵的产品。若经过一段时间发酵叫成熟干酪（ripened cheese）。不经发酵的叫新鲜干酪或生干酪（fresh cheese）。干酪也称为乳酪，英文称 cheese，也称"芝士"。干酪营养价值很高，除含有丰富的蛋白质、脂肪外，还含有多种维生素。乳酪也是中国西北的蒙古族、哈萨克族等游牧民族的传统食品，在内蒙古称为奶豆腐，在新疆俗称乳饼，完全干透的干酪又叫奶疙瘩，世界出口乳酪最多的国家是荷兰。

干酪味道独特，易消化吸收，是目前产量最高的一种乳制品。乳酪是一种发酵的乳制品，其性质与常见的酸乳有相似之处，都是通过发酵过程来制作的，也都含有可以保健的乳酸菌，近似固体食物，营养价值也因此更加丰富。每千克乳酪约由 10 千克的牛乳浓缩而成，含有丰富的蛋白质、钙、脂肪、磷和维生素等营养成分，是纯天然的食品。就工艺而言，乳酪是发酵的牛乳；就营养而言，乳酪是浓缩的牛乳。

世界上著名的乳酪有比然乳酪（brie）、博斯沃思乳酪（bosworth leaf）、卡尔菲利乳酪（caerphilly）、切达乳酪（cheddar）、赤郡乳酪（cheshire）、埃曼塔乳酪（emmental）、菲达乳酪（feta cheese）、马士卡彭乳酪（mascarpone）、马苏里拉乳酪（mozzarella）、帕尔玛乳酪（parmesan）、红列斯特乳酪（red leicester）、萨罗

普蓝纹干酪（shropshire blue）、萨默塞特乳酪（somerset brie）、斯蒂尔顿乳酪（stilton）和文斯勒德乳酪（wensleydate）。

## 二、干酪的种类

据统计，目前世界上有干酪 2000 余种。由于产地、制造方法、成分、外观等不同可分为不同品种，目前国际上还没有一个完全合理的分类方法。

按加工过程分：天然干酪、加工干酪。

按原料成分分：牛乳干酪、羊乳干酪。

按脂肪含量分：全脂干酪、半脱脂干酪、脱脂干酪。

按发酵分：成熟干酪、生干酪。

按质地（水分质量分数）分：硬质干酪（25%～36%）、半硬质干酪（36%～40%）、软质干酪（＞40%）。

## 三、干酪的营养价值

干酪营养价值很高，相当于将乳浓缩 10 倍，主要成分为脂肪（20%～35%）、蛋白质（16%～40%）、水分（32%～55%）、盐（1%～4%）。在干酪制造过程中蛋白质利用率为 75%～80%，主要是酪蛋白，也有少量杀菌过程中变性的乳清蛋白。脂肪可利用 80%～90%，乳糖和矿物质利用率较少，主要存在于乳清中。一些脂溶性维生素也随脂肪大部分利用，而 B 族维生素，由于微生物能够合成，可在干酪中增加 1 倍。

干酪的营养可归纳为三点：

① 干酪是乳的浓缩物，相当于将乳浓缩 10 倍，富含蛋白质和脂肪。

② 经发酵剂和凝乳酶的作用，蛋白质逐渐被降解成胨、胨以及氨基酸，易于消化吸收，其消化吸收率高达 96%～98%。

③ 由于发酵作用，干酪具有特殊的香味，久吃不腻，后味无穷。

# 第二节　天然干酪的加工方法

干酪种类很多，加工制造方法大致相同，下面就制造硬质干酪的工艺加以介绍。

## 一、工艺流程

天然干酪的加工流程如图 9-1。

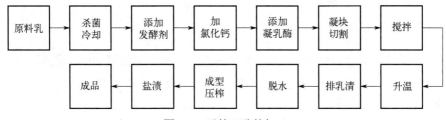

图 9-1　天然干酪的加工

## 二、工艺要点

### （一）原料乳

原料乳可用牛乳、羊乳，但要注意：

① 乳要新鲜，酸度不能超过 18°T，非脂乳固体大于 8.5%。

② 乳中不得含有抗生素和防腐剂，必要时要进行 2,3,5-氯化三苯基四氮唑（TTC）试验和噬菌体检查。

### （二）杀菌、冷却

杀菌目的是消灭原料乳中有害微生物和钝化酶类，使干酪质量稳定。

杀菌的作用：

① 消灭有害微生物，防止异常发酵。

② 使质量均匀一致。

③ 增加干酪保存性。

④ 可使一部分乳清蛋白变性，包含在干酪中，提高干酪产量。

杀菌温度不宜过高，否则蛋白质变性增高，用凝乳酶凝固时，凝块松软，且收缩作用变弱，往往形成水分过多的干酪。一般采用 63℃/30min 或 72～73℃/15s 杀菌条件。

杀菌后立即降温到发酵剂所需最适温度，通常为 30～35℃，并立即转入凝乳槽中。

### （三）添加发酵剂

添加发酵剂可产酸，创造凝乳酶适宜的凝乳条件。发酵剂菌种随干酪种类而异，一般有乳酸链球菌、乳脂链球菌、干酪乳杆菌、乳酸丁二酮链球菌、嗜酸乳杆菌、德氏乳杆菌保加利亚亚种等，通常是两者以上混合使用。

加入方法：发酵剂搅拌均匀后，添加到 30～32℃ 的乳中，发酵 10～15min，测定酸度。

### （四）添加 CaCl₂

乳经杀菌后，可溶性 Ca 降低，为促进乳的凝固，通常每 100kg 乳中加入 5～20g 的 $CaCl_2$，但应注意不能过量，否则凝块大、硬，难以切割。通常配成 20%～40%的溶液添加。

### （五）添加凝乳酶

凝乳酶是干酪生产中最关键的原料之一。主要包括：动物凝乳酶、植物凝乳酶、微生物凝乳酶。

**1. 凝乳酶活力测定**

也称效价测定，指 1mL（或 1g 干粉）凝乳酶在一定温度（35℃）下，一定时间内（通常为 40min），能凝固原料乳的体积（mL）。

具体方法：取 100mL 原料乳于烧杯中，加热到 35℃，加入 10mL 的凝乳酶食盐溶液，迅速搅拌均匀，并加入少量碳粒或纸屑为标记。

**2. 凝乳酶的添加**

一般液体酶活力在 1 万 U 以上，粉末在 10 万 U 以上。为使酶在乳中均匀分布，通常用 1%～2%的盐水配成溶液，在 28～32℃下保持 30min，以提高酶活力。添加时应注意沿干酪槽边缓缓加入并搅拌，搅拌时防止产生气泡，添加后搅拌 1～2min，时间不宜过长，否则影响凝乳。

### （六）凝块切割

加入凝乳酶后加盖静置，通常在 30～32℃下静置 40min 待其凝固。何时切割可用下列方法判断：

① 用食指或小刀斜插入凝乳中向上轻挑，使其表面出现裂缝。若裂缝表面光滑，乳清析出并澄清透明时可以切割。

② 干酪槽壁出现凝乳剥离时可以切割。

③ 从酶加入到开始凝固的时间的 2 倍。过早过晚切割均会产生不良影响。

用特制干酪刀切割，切成 0.5～1cm³ 的丁状。切割刀有纵刀和横刀两种（图 9-2），先用纵刀切两次，再用横刀切一次。切割后增大了凝块的表面积，干酪颗粒收缩，有利于排除乳清。

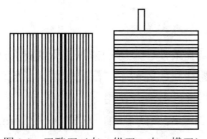

图 9-2　干酪刀（左：纵刀；右：横刀）

## （七）搅拌

切割后要缓慢搅拌 5～10min，防止颗粒之间黏结。若搅拌速度较快，由于颗粒较嫩易破碎产生小块，随乳清排出，影响出品率。

## （八）升温

作用：

① 抑制乳酸菌，调节酸度。

② 使凝块收缩，有利于乳清排除。

方法：

开始缓慢升温，每 3min 升高 1℃。这样乳酸菌生长产酸，有利于乳清排除。然后升温速度可适当加快，抑制酸的生成，否则干酪易产生酸味。在 40～50min 内升到 41～42℃，并不断搅拌。若升温太快会使干酪颗粒表面蛋白质收缩形成硬壳，不利于乳清的排出。

## （九）排乳清

排乳清是指乳清与颗粒分离的过程，当凝乳颗粒达到一定的硬度时，用手握颗粒能粘在一起，并能用手搓开时即可。

## （十）压榨成型

将凝乳颗粒放入干酪模中，用一定压力压榨成型，其目的是使干酪呈一定的形状，排出干酪中的乳清。干酪模必须具有多孔，以便乳清的排出。

## （十一）加盐

作用：

① 改善风味。

② 抑制乳酸发酵和腐败微生物生长。

加盐方法：

① 将盐撒布在干酪粒中，搅拌均匀，一般加盐 2.5%～3%。

② 将盐涂布在成型后干酪表面。

③ 用盐水浸泡。盐水浓度第一、第二天保持在 17%～18%，以后保持在 20%～23%，为防止干酪内部产气。盐水温度保持在 8℃，浸泡 3～4 天。

④ 采用上述方法的混合法。

### （十二）发酵成熟

干酪成熟的目的是要获得独特风味，使干酪组织状态变得均匀细腻，蛋白质更易消化吸收。干酪成熟是一个非常复杂的生物化学、物理化学和微生物变化过程。

**1. 成熟条件**

一般在成熟室内进行。

前期：温度 10～12℃，时间 25d 左右。

后期：温度 12～14℃，前期结束至成熟。

**2. 成熟过程中的变化**

最大变化就是质量减轻。在化学成分上，乳糖和蛋白质变化最大，在前期微生物活动旺盛，乳糖分解产生乳酸，并产生丁二酮，使风味变好。蛋白质在酶的作用下被分解，产生小分子化合物，使组织结构均匀细腻，易消化吸收。

# 第三节　再制干酪的加工

再制干酪，又称融化干酪或加工干酪，是以不同成熟度干酪为原料，经熔化、杀菌所制成的产品。从质地上可分为块型和涂布型，块型干酪质地较硬、酸度高、水分含量低，涂布型则质地较软、酸度低、水分含量高。此外在生产过程中可添加各种成分，如胡椒、辣椒、火腿、虾仁等，生产出不同风味的产品。

## 一、再制干酪的特点

① 可以将不同组织和成熟度的干酪适当配合，制成质量一致的产品。

② 由于在加工过程中进行加热杀菌，故安全卫生，保存性也较好。

③ 产品用铝箔或合成树脂严密包装，贮藏中水分不易消失。

④ 风味可任意调配。

## 二、再制干酪的加工方法

原料用不同成熟度干酪，配料有水、乳化剂、乳酸、柠檬酸、各种调味料、防腐剂、色素等。其中乳化剂常用磷酸二氢钠、柠檬酸钠、三聚磷酸钠等，可单独使用，也可混合使用。磷酸盐具有保水作用，使干酪细腻光滑，柠檬酸盐具有保持颜色和风味的作用。再制干酪加工流程如图 9-3。

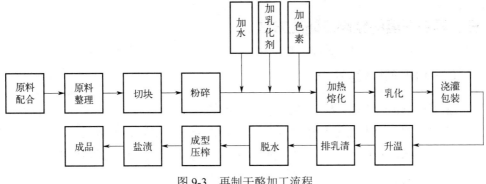

图 9-3 再制干酪加工流程

## （一）原料配合

根据最终产品种类和要求，选择原料。

## （二）原料整理

对原料干酪进行刮皮、修饰和洗涤。

## （三）切块粉碎

进行切块粉碎后投入熔化锅熔化。

## （四）加热熔化

先将水、乳化剂等辅料与干酪混合，再将混合料加热。加热可采用蒸汽夹套加热法或直接蒸汽注射法，使物料迅速达到 70～100℃，并同时搅拌，防止结焦。另外加热时应保持一定的真空度，以除去不良气味，调节水分含量。

再制干酪的 pH 控制在 5.4～5.9，也可用乳酸或柠檬酸调节。

## （五）乳化

加热过程中，要强烈搅拌，使各种物料混合均匀、乳化充分。乳化时间要充分，根据不同类型，乳化时间为 5～10min。

## （六）灌装、冷却

趁热进行灌装。块型干酪进行缓慢冷却，以形成坚实的质地。涂布型干酪进行快速冷却，以保证良好的涂布性。

## （七）冷藏

在 0～5℃下冷藏。

# 三、再制干酪的缺陷及防止方法

## （一）出现砂状结晶

主要成分：98%是磷酸三钙为主的磷酸盐。

产生原因：粉末乳化剂分布不均匀，乳化时间短，高温加热等。

防止办法：乳化剂全部溶解后再使用，乳化时间要充分，并搅拌均匀。

## （二）质地太硬

原因：原料干酪成熟度低，蛋白质分解量少，水分和 pH 太低。

防止办法：原料干酪成熟度控制在 5 个月左右，pH 5.6～6.0，水分不低于标准。

## （三）膨胀和产气

原因：微生物污染。

防止办法：原料质量、卫生符合要求，并在 100℃ 以上进行灭菌及乳化。

## （四）脂肪分离

原因：放置在乳脂肪熔点以上的温度，低温冻结后结冰，成熟过度，脂肪含量过多，pH 太低。

防止办法：在原料干酪中添加成熟度低的干酪，提高 pH、乳化温度和时间。

# 第十章 冰淇淋生产

## 第一节 冰淇淋概念及种类

冰淇淋是以饮用水、牛乳、乳粉、奶油（或植物油脂）、食糖等为主要原料，加入适量食品添加剂，经混合、灭菌、均质、老化、凝冻、硬化等工艺而制成体积膨胀的冷冻制品。

冰淇淋种类很多，按含脂率对冰淇淋进行分类：

① 高级奶油冰淇淋：其脂肪含量为 14%～16%，总固形物含量为 38%～42%。

② 奶油冰淇淋：其脂肪含量在 10%～12%，为中脂冰淇淋，总固形物含量在 34%～38%。

③ 牛乳冰淇淋：其脂肪含量在 6%～8%，为低脂冰淇淋，总固形物含量在 32%～34%。

按冰淇淋的形态分类：

① 冰淇淋砖（冰砖）：冰淇淋砖呈砖形，系将冰淇淋分装在不同大小的纸盒中硬化而成，有单色、双色和三色，一般呈三色，以草莓、香草和巧克力最为普遍。

② 杯状冰淇淋：将冰淇淋分装在不同容量的纸杯或塑杯中硬化而成。

③ 锥状冰淇淋：将冰淇淋分装在不同容量的锥形容器（如蛋筒）中硬化而成。

④ 异形冰淇淋：将冰淇淋注入异形模具中硬化而成，或通过异形模具挤压、切割成形、硬化而成，如娃娃冰淇淋。

⑤ 装饰冰淇淋：以冰淇淋为基，在其上面裱注各种奶油图案或文字，有一种装饰美感，如冰淇淋蛋糕。

按使用不同香料分类：

① 香草冰淇淋。

② 巧克力冰淇淋。

③ 咖啡冰淇淋。

④ 薄荷冰淇淋。

其中以香草冰淇淋最为普遍，巧克力冰淇淋其次。

按所加的特色原料分类：

① 果仁冰淇淋：这类冰淇淋中含有粉碎的果仁，如花生仁、核桃仁、杏仁、栗仁等，加入量为2%～6%，其品名一般按加入的果仁命名。

② 水果冰淇淋：这类冰淇淋含有水果碎块，如菠萝、草莓、苹果、樱桃等，再加入相应的香精和色素，并按所用的水果来命名。

③ 布丁冰淇淋：这类冰淇淋含有大量的什锦水果、碎核桃仁、葡萄干、蜜饯等，有的还加入酒类，具有特殊的浓郁香味。

④ 豆乳冰淇淋：这类冰淇淋中添加了营养价值较高的豆乳，是近年来新发展的品种，有各种不同花色，如核桃豆腐冰淇淋、杨梅豆腐冰淇淋等。

# 第二节　冰淇淋生产工艺

## 一、工艺流程

冰淇淋生产工艺流程如图10-1。

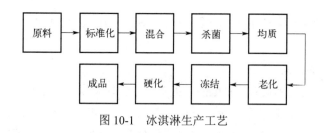

图10-1　冰淇淋生产工艺

## 二、工艺要点

### （一）原料

种类不同，所需原料也不一致，主要有脂肪、非脂乳固体（SNF）、糖、稳定剂及乳化剂等。

① 脂肪：来自乳及乳制品、蛋及蛋制品、乳化油等。

② 非脂乳固体：乳与乳制品。

作用：赋予良好风味，改善组织结构（蛋白质），提高膨胀率，减少冰晶。

③ 糖：蔗糖、麦芽糖、糖浆、葡萄糖、甜味剂等。

作用：赋予甜味，增加固形物含量，降低冰点。

④ 稳定剂：明胶、果胶、羧甲基纤维素（CMC）、海藻酸钠等。

作用：具有吸水作用，提高黏度，减少冰晶形成；提高稳定性和抗融性。

⑤ 乳化剂：单甘酯、蔗糖脂肪酸酯、卵磷脂等。

作用：乳化作用，改善起泡性及光滑性。

⑥ 其它：糊精、淀粉等。

## （二）标准化

使产品质量均匀一致，达到规定要求。根据选定的原料，计算各种原料的用量。

## （三）原料混合

混合方法：先将水、牛乳、乳粉、稀奶油、糖倒入锅中并不断搅拌均匀，若配料中有明胶，可用 10 倍水浸泡 20min，加热至 60～70℃使其溶解后加入，若有淀粉可先用少量水调匀，再加水使其呈糊状后加入。

注意：①香料在冻结前加入，防止杀菌过程中跑香；②使用果汁时，在冻结过程中加入，否则酸作用使酪蛋白凝固，组织粗糙。

## （四）混合料杀菌

目的主要是杀死乳中有害微生物,杀菌通常采用 63～65℃/30min、75℃/15min 或 80～83℃/30s，杀菌后立即进行均质。

## （五）均质

通常在 60～63℃下，以 15～20MPa 均质。

作用：①均质后黏度增加，在冻结搅拌中易混入气体，提高膨胀率；②可使产品组织滑润；③可防止脂肪分离；④提高产品稳定性、抗融性。

## （六）老化

杀菌后的原料立即冷却至 0～4℃，并在此温度下保持一段时间，这一操作称为老化。

目的：提高混合料黏度，提高产品的膨胀率。

原理：①冷却后，原料脂肪、蛋白质、明胶等黏度增加；②冷却后，液体脂肪转变为固体脂肪；③蛋白质、明胶等表面吸附一层水分（水合作用）；④均质后，脂肪球的表面积增大，在乳化剂作用下，形成稳定的乳浊液，随着分散相体积增大，乳浊液黏度也增加，在冻结过程中易形成坚韧的泡沫。

当然上述这些现象需要一定时间，通常为4～24h。

### （七）冻结

冻结是将混合料在强烈搅拌下进行冷冻，这样可使空气易于呈极小的气泡均匀地分布在混合料中，使冰淇淋中的水分形成微小的冰晶体，从而使产品口感细腻，不易感觉到粗糙的冰屑。实际上冻结过程中混合料是不完全冻结的。

作用：① 冻结使混合料温度下降，逐渐变厚为半固体状态，即凝冻状态；
② 强烈的机械搅拌，使物料中水分冻结成细小冰屑，防止出现大冰屑；
③ 强烈搅拌，可使空气以极小气泡混入，提高其膨胀率。

$$膨胀率 = \frac{1L混合料质量 - 1L冰淇淋质量}{1L冰淇淋质量} \times 100\%$$

通常冰淇淋的膨胀率为80%～100%。

凝冻机：带有搅拌器，周围能以盐水进行冻结，由于搅拌作用，凝冻机壁上的物料先冻结，随着刮刀的刮下，形成细小的冰体进入原料中。通常凝冻过程中，物料温度-5～-2℃，搅拌转速150～200r/min。

### （八）硬化

从凝冻机出来的冰淇淋温度为-5～-2℃，呈流动状，组织柔软，称软质冰淇淋。经迅速冷冻后变硬。速冻温度通常为-25～-20℃。若不经速冻直接冻结就会使冻结时间太长，使冰晶体由小变大，组织结构粗糙。软质冰淇淋结构如图10-2。

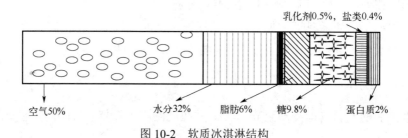

图10-2　软质冰淇淋结构

## （九）成品贮藏

硬化后冰淇淋，要在-25～-20℃冷库中贮存，贮存过程中防止库温升高。若升高后再冻结，就会使冰淇淋中一部分冰晶融化，附着在未融化的冰晶上，形成大的冰晶，影响质量。

# 第十一章　奶油的生产

## 第一节　稀奶油的生产

### 一、定义

以乳为原料，分离出含脂肪的部分，添加或不添加其它原料、食品添加剂和营养强化剂，经加工制成的脂肪含量为 10.0%～80.0% 的产品。

### 二、稀奶油的生产工艺

稀奶油的生产工艺流程如图 11-1。

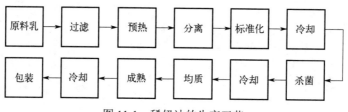

图 11-1　稀奶油的生产工艺

### 三、稀奶油的加工要点

1. 原料乳收集、过滤、预热

与其他乳加工基本相同。

**2. 分离**

分离采用分离机，分离机启动后，当分离钵达到规定转速后方可将经预热的牛乳送入分离机。

**3. 标准化**

根据我国食品卫生标准规定，灭菌乳的含脂率为≥3.1%，不符合者进行标准化处理。

**4. 冷却和贮存**

稀奶油不能立即进行加工时，必须立即冷却，即边分离边冷却。也可采用二段法：先冷却至10℃左右，然后再冷却至所需温度。

**5. 杀菌**

使用保持式杀菌法，升温速度控制每分钟升2.5～3℃。杀菌温度及时间有72℃，15min；77℃，5min；82～85℃，30s；116℃，3～5s。

**6. 冷却、均质**

杀菌后，冷却至5℃。再均质一次，均质可以提高黏度，保持口感良好，改善稀奶油的热稳定性，避免奶油加入咖啡中出现絮状沉淀。均质温度45～60℃（根据稀奶油质量而定），均质压力为8000～18000kPa。

**7. 物理成熟**

均质后的稀奶油应迅速冷却至2～5℃，然后在此温度下保持12～24h进行物理成熟，使脂肪由液态变为固态（脂肪结晶）。

**8. 稀奶油的冷却及包装**

物理成熟后，冷却至2～5℃后进行包装，在5℃下存放24h后再出厂。包装规格有15mL、50mL、125mL、250mL、500mL、1000mL等。发达国家，使用软包装的较多。

# 第二节　酸性奶油的加工

## 一、酸性奶油定义

酸性奶油是以乳经离心分离后所得的稀奶油为主要原料，经杀菌、冷却、成熟、乳酸菌发酵、搅拌、压炼而制成的乳制品。酸性奶油按发酵方法不同，分为天然发酵奶油和人工发酵奶油两类。天然发酵奶油以乳中原有的微生物为发酵剂，让其自然发酵而成。人工发酵奶油，是将稀奶油杀菌后，再添加纯培养的发酵剂，使其发酵而制成。

甜性奶油的原料质量要求与工艺设备基本与生产酸性奶油一样，唯一不同之处是在老化前不需添加发酵剂，直接进行搅拌、压炼、洗涤等工序。甜性奶油保持稀奶油原有的乳品风味，但是没有酸性奶油特殊的发酵风味，保质期也较短。

应用于奶油生产的乳酸菌有以下几种：乳链球菌、乳脂链球菌、嗜柠檬酸链球菌、副嗜柠檬酸链球菌、乳酸丁二酮链球菌等。乳酸丁二酮链球菌、嗜柠檬酸链球菌和副嗜柠檬酸链球菌能使乳液中的柠檬酸分解为羟丁酮，后经氧化作用而生成丁二酮，具有芳香味；而乳链球菌、乳脂链球菌能将乳糖转化为乳酸。

## 二、加工工艺及其要点

### 1. 原料乳的验收及质量要求

制造奶油用的原料乳必须来自于健康奶牛，在滋味、气味、组织状态、脂肪含量及密度等各方面都是正常的乳。含抗生素或消毒剂的原料乳不能用于生产酸性奶油。乳质量略差而不适合制造乳粉、炼乳时，可用作制造奶油的原料，但这并不意味着制造奶油可用质量不良的原料。如初乳由于含乳清蛋白较多，末乳脂肪球过小，均不宜用于奶油制作。

### 2. 原料乳的预处理

用于生产奶油的原料要过滤、净乳，而后冷藏并标准化。原料乳送达后，应立即冷却到 2～4℃ 进行贮藏。

### 3. 稀奶油的分离

将离心机开动，当机器稳定时（转速一般为 4000～9000r/min），将预热到 35～40℃（分离时乳温为 32～35℃）的牛乳输入离心机进行稀奶油的分离。控制流量，使稀奶油和脱脂乳的比例为 1∶10～1∶11 较合适，稀奶油的含脂率应为35%～45%。

### 4. 稀奶油的中和

稀奶油的酸度直接影响到奶油的质量和保藏性。生产中一般用熟石灰或碳酸钠作为中和剂，添加时熟石灰必须首先调成 20% 的乳剂，经计算后再加入。用碳酸钠中和时，边搅拌边加入 10% 的碳酸钠溶液。生产酸性奶油时，中和后的滴定酸度以 20～22°T 为宜。

### 5. 稀奶油的杀菌

杀菌一般采用 85～90℃ 巴氏杀菌。如稀奶油含有金属气味时，应将温度降低到 75℃，杀菌 10min，以减轻金属味在稀奶油中的显著程度。如有其他特异气味时，应将温度提高到 93～95℃，以减轻其缺陷。稀奶油杀菌后应迅速冷却至发酵温度。

6. **发酵**

经杀菌、冷却的稀奶油温度调到 18～20℃，然后添加相当于稀奶油 3%～5% 的发酵剂。搅拌均匀后，18～20℃下发酵。发酵过程中每隔 1h 搅拌 5min。对加盐的原料控制发酵的酸度达 24～26°T，不加盐的原料控制发酵酸度达 30～33°T，即可停止发酵，转入物理成熟。

7. **稀奶油的物理成熟**

经过发酵的稀奶油必须进行冷却，在低温下经过一段时间的物理成熟。一般采用 8～10℃、8～12h 的成熟条件。

8. **添加色素**

为了使奶油的颜色一致，当颜色太淡时，即需添加色素。色素添加通常是在杀菌后搅拌前直接加入到搅拌器中。

9. **稀奶油的搅拌**

搅拌最初温度夏季为 8～10℃，冬季为 11～14℃。搅拌机转速为 40r/min 左右，时间为 30～60min。在此条件下，要求搅拌形成的奶油粒直径以 0.5～1.0 cm 为宜，酪乳含脂率为 0.5%左右。

10. **稀奶油的洗涤**

稀奶油搅拌形成奶油粒后，即可放出酪乳，并进行洗涤。水洗用的水温在 3～10℃范围，水洗次数为 2～3 次，每次的水量以与酪乳等量为原则。

11. **奶油的压炼**

奶油压炼方法有搅拌机内压炼和机外专用压炼机压炼两种，无论采取哪种方式，都要求压炼完后含水量在 16%以下，水滴必须达到极微小的分散状态，奶油切面上不允许有流出的水滴。

12. **奶油的包装**

包装过程中应注意保持卫生，切勿用手接触奶油，要使用消毒的专用工具。包装时切勿留有空隙，以防生成霉斑或发生氧化变质。

13. **奶油的防腐**

为了提高奶油的保藏性，可在压炼完之后、包装之前添加一些允许的、无害的抗氧化剂。一般使用的添加剂种类和添加量为：0.02%的维生素 C，0.03%的维生素 E，0.01%的柠檬酸，0.01%的没食子酸丙酯。添加微量无害的防霉剂可防止奶油生霉变质。防霉剂的种类和添加量为：0.02%～0.05%的脱氢乙酸，0.05%的山梨酸，0.001%～0.01%的甲萘醌（维生素 $K_3$）。

14. **奶油的贮藏**

奶油包装好后，要尽快送入冷库中贮存，当贮存期只为 2～3 周时，可以放在 0℃的冷库中；当贮存期为 6 个月以上时，应存放在-15℃的冷库中；当贮存期超过1年时，应放入-25~-20℃的低温冷库中。

## 三、奶油的连续化生产

奶油的连续化生产一般为连续式机制奶油。影响因素如下：

**1. 搅拌速度对奶油水分含量的影响**

当搅拌速度缓慢达到某一点时，稀奶油将发生相的变化（从水包油变为油包水），奶油粒开始形成，但是在这个速度下奶油的水分偏高。随着搅拌速度逐渐升高，奶油粒在搅拌缸中逐渐变大，酪乳排出，水分含量降低。当搅拌速度继续升高到某一点时，奶油粒将聚集在一起变大，在这个过程中酪乳被包在奶油团粒中，水分含量开始上升。随着搅拌速度的持续增加，一部分酪乳被很好地乳化分散在奶油团粒中。在这个搅拌速度条件下，奶油团粒中的水分含量在这时达到最小值，这时的搅拌速度称为奶油搅打最佳点。搅拌速度在最佳点范围内轻微的变化对奶油团粒中水分的影响非常小，而且产品也会非常稳定。

**2. 搅拌速度对奶油温度的影响**

当搅拌器的速度高于奶油搅打最佳点的时候，额外的能量将会使奶油的温度上升。

**3. 搅拌速度对奶油硬度的影响**

随着奶油温度的上升，其硬度开始下降，所以在温度达到最低点的时候，硬度为最大，奶油结构最坚实。因此当搅拌速度超过最佳点（即奶油团粒水分含量最低，温度最低的点）的时候，奶油的水分将增加，温度将上升，形成的奶油也将更软。

**4. 搅拌速度对酪乳中脂肪含量的影响**

搅拌速度对酪乳中脂肪含量的影响与搅拌速度对水分的影响过程相同，当搅拌速度高于最佳点的时候，酪乳中脂肪含量将上升。通常来说，当水分含量达到最佳条件时，酪乳中的脂肪含量也是最小的。

**5. 压炼速度对奶油水分含量的影响**

随着一级压炼速度的上升，酪乳从奶油中排出的时间下降，奶油中的水分含量将上升。

**6. 压炼速度对奶油温度的影响**

在奶油压炼过程中会产生一定的能量，这也就决定了无论压炼速度快慢都会引起奶油温度的上升，也就是说奶油温度的上升与压炼速度的快慢基本上没有相关性。但是如果压炼段有制冷装置，压炼速度越快，奶油接触制冷的表面积就越小，奶油温度的下降也就越小。另外，如果压炼段没有制冷，压炼速度越快，奶油与热表面接触的时间就越短，奶油温度的上升也就越小。

## 四、重制奶油

重制奶油一般指的是用质量较次的奶油或稀奶油进一步加工制成的水分含量低、不含蛋白质的奶油。

### 1. 制作方法

① 煮沸法（用于小型生产）

稀奶油搅拌分出奶油粒后，将其放入锅内，或将稀奶油直接放入锅内，用慢火长时间煮沸，使其水分蒸发。随着水分的减少和温度的升高，蛋白质逐渐析出，油越来越澄清，煮到油面上的泡沫减少时，即可停止煮沸（注意不要煮过时，时间长了，油色也会变深）。

静置降温，使蛋白质沉淀后，将上层澄清油装入木桶或马口铁桶，即成黄油。用这种方法生产的奶油具有特有的奶油香味。

② 熔融法（用于较大规模的工业化生产）

将奶油放在带夹层缸内加热熔融后加温至沸点。对于变质有异味的奶油，经一段时间的沸腾，在水分蒸发的同时，异味也被除去，然后停止加温。之后静置冷却，使水分、蛋白质分层降在下部，或用离心机将奶油与水、蛋白质分开，将奶油装入包装容器。

### 2. 产品特点

具有特有的奶油香味，含水分不超过 2%，在常温下保存期比甜性奶油的保存期长得多，可直接食用，也可用于烹调或食品加工。

# 第三节　无水奶油的生产

## 一、无水奶油定义

无水奶油也叫无水乳脂（anhydrous milk fat，AMF），以乳和（或）奶油或稀奶油（经发酵或不发酵）为原料，添加或不添加食品添加剂和营养强化剂，经加工制成的脂肪含量不小于 99.8%的产品。

## 二、无水奶油的生产

巴氏杀菌的或没有经过巴氏杀菌的含脂肪 35%～40%的稀奶油由平衡槽进入

AMF 加工线，然后通过板式热交换器调整温度或巴氏杀菌后再被排到离心机进行预浓缩提纯，使脂肪含量达到约 75%（在预浓缩和到板式热交换器时的温度保持在约 60℃），"轻"相被收集到缓冲罐，待进一步加工。同时"重"相即酪乳部分可以通过分离机重新脱脂，脱出的脂肪再与稀奶油混合，脱脂乳再回到板式热交换器进行热回收后到一个贮存罐。经在罐中间贮存后，浓缩稀奶油输送到均质机进行相转换，然后被输送到最终浓缩器。因为均质机工作能力比最终浓缩器高，所以多出来的浓缩物要回流到缓冲罐。均质过程中部分机械能转化成热能，为避免干扰生产线的温度平衡，这部分过剩的热要在冷却器中去除。最后，含脂肪99.8%的乳脂肪在板式热交换器中再被加热到 95～98℃，排到真空干燥器，使水分含量不超过 0.1%，然后将干燥后的奶油冷却到 35～40℃，这也是常用的包装温度。用于处理稀奶油的 AMF 加工线上的关键设备是用于脂肪浓缩的分离机和用于相转换的均质机。

## 三、无水奶油的精制

对无水奶油（AMF）精制有各种不同的目的和用途，精制方法举例如下：

### 1. 水洗涤

其方法是在最终浓缩后的油中加入 20%～30%的水，所加水的温度应该和油的温度相同，保持一段时间后，水和水溶性物质（主要是蛋白质）一起又被分离出来。

### 2. 中和

通过中和可以减少油中游离脂肪酸（FFA）的含量。高含量的游离脂肪酸会引起奶油及其制品产生臭味。将浓度为 8%～10%的碱（NaOH）加到奶油中，其加入量和油中游离脂肪酸的含量要相当，大约保持 10s 后再加入水，加水比例和洗涤相同，最后皂化的游离脂肪酸和水相一起被分离出来。油应和碱液充分混合，但混合必须柔和，以避免脂肪的再乳化，这一点是很重要的。

### 3. 分级

分级是将油分离成为高熔点和低熔点脂肪的过程，这些分馏物有不同的特点，可用于不同产品的生产。有几种脂肪分级的方法，但常用的方法是不使用添加剂，其过程如下：将无水乳脂即通常经洗涤所得到的尽可能高的"纯脂肪"熔化，再慢慢冷却到适当温度，在此温度下，高熔点的分馏物结晶析出，同时低熔点的分馏物仍保持液态，经特殊过滤就可以获得一部分晶粒，然后再将滤液冷却到更低温度，其他分馏物结晶析出，经过滤又得到一级晶粒，可以一次次分级得到不同熔点的制品。

### 4. 分离胆固醇

分离胆固醇是将胆固醇从无水乳脂中除去的过程。分离胆固醇经常用的方法是用变性淀粉或 $\beta$-环状糊精（$\beta$-CD）和无水乳脂混合，$\beta$-环状糊精分子包裹胆固醇，形成沉淀，此沉淀物可以通过离心分离的方法除去。

### 5. 包装

无水乳脂可以装入大小不同的容器，比如对家庭或饭店来说，1～19.5kg 的包装盒比较方便，而对工业生产来说，用最少能装 185kg 的桶比较合适。通常先在容器中注入惰性气体——氮气，因为氮气比空气重，装入容器后下沉到底部，又因为 AMF 比氮气重，当往容器中注 AMF 时，AMF 渐渐沉到氮气下面，氮气被排到上层，形成一个"严密的气盖"保护 AMF，防止 AMF 吸入空气，产生氧化作用。

# 第四节　奶油的缺陷及其预防

## 一、影响奶油性质的因素

### 1. 脂肪性质与乳牛品种、泌乳期季节的关系

有些乳牛的乳脂肪中，油酸含量高，因此制成的奶油比较软。在泌乳初期，挥发性脂肪酸多，而油酸比较少，随着泌乳时间的延长，这种性质变得相反。受季节的影响，春夏季青饲料多，因此油酸的含量高，奶油也比较软，熔点也比较低。

由于这种关系，夏季的奶油很容易变软。为了得到较硬的奶油，在稀奶油成熟、搅拌、水洗及压炼过程中，应尽可能降低温度。

### 2. 奶油的色泽

奶油的颜色从白色到淡黄色，深浅各有不同。颜色是由胡萝卜素多少而决定的。通常冬季的奶油为淡黄色或白色。为使奶油的颜色全年一致，秋冬之间往往加入色素以增加其颜色。

### 3. 奶油的芳香味

奶油有一种特殊的芳香味，这种芳香味主要由丁二酮、甘油及游离脂肪酸等综合而成。其中丁二酮主要来自发酵时细菌的作用。

### 4. 奶油的物理结构

奶油的物理结构为水在油中的分散系（固体系）。即在脂肪中分别有游离脂肪球（脂肪球膜未破坏的一部分脂肪球）与细微水滴，水滴中溶有乳中除脂肪以外的

其他物质及食盐，因此也称为乳浆小滴。此外，还含有气泡。

# 二、奶油常见的缺陷及其产生原因

### 1. 风味缺陷

（1）鱼腥味　是卵磷脂水解，生成三甲胺造成的。

（2）脂肪氧化与酸败味　是空气中的氧与不饱和脂肪酸反应造成的。酸败味是脂肪在解脂酶的作用下生成低分子游离脂肪酸造成的。

（3）其他风味缺陷

干酪味：霉菌、细菌污染，蛋白质分解。

肥皂味：中和过度或中和操作过快。

金属味：接触铜、铁设备而产生。

苦味：使用末乳或奶油被酵母污染。

### 2. 组织状态缺陷

（1）软膏状或黏胶状　压炼过度、洗涤水温度过高或稀奶油酸度过低和成熟不足等。

（2）奶油软组织松散　压炼不足、搅拌温度低等造成液态油过少。

（3）沙状奶油　加盐奶油中，盐粒粗大，未能溶解所致；或是中和时蛋白质凝固，混合于奶油中造成的。

### 3. 色泽缺陷

① 条纹状　在干法加盐的奶油中，盐加得不匀、压炼不足等。

② 色暗而无光泽　压炼过度或稀奶油不新鲜。

③ 色淡　冬季生产的奶油，胡萝卜素含量低。

# 第十二章　其他乳制品生产

## 第一节　干酪素

### 一、干酪素的概念和化学特征

概念：干酪素，是酪蛋白的别称，又称酪朊、乳酪素、奶酪素。干酪素是乳液遇酸后所生成的一种蛋白质聚合体，是乳酪的主要成分。干酪素在牛乳中约含3%，约占牛乳蛋白质的80%。纯干酪素为白色、无味、无臭的粒状固体，相对密度约1.26，不溶于水和有机溶剂。

化学特征：是等电点为pH4.6的两性蛋白质，在牛乳中以磷酸二钙、磷酸三钙或两者的复合物形式存在，构造极为复杂，直到现在没有完全确定的分子式，分子量大约为57000～375000。

### 二、分类

1. **按照用途分类**

干酪素按照用途可分为工业干酪素和食用干酪素。

2. **按照生产原料分类**

干酪素按照生产原料可以分为鲜乳干酪素和曲拉干酪素。

3. **干酪素按照生产方法分类**

干酪素按照生产方法分类可分为酸干酪素和酶干酪素，其中酸干酪素又可分为加酸法与乳酸发酵法两种。加酸法又因为所用酸不同而分为乳酸干酪素、盐酸干酪素、硫酸干酪素等，我国生产的干酪素是以盐酸干酪素为主。

### 4. 干酪素按照纯度分类

根据纯度，干酪素分为粗干酪素和精制干酪素，鲜乳加酸（调 pH4.5）或加凝乳酶可使酪蛋白沉淀，此沉淀为粗干酪素，粗干酪素经过加工后为精制干酪素。

## 三、干酪素的生产技术

以下为几种典型的干酪素生产加工工艺。

### 1. 凝乳酶干酪素

凝乳酶干酪素是以曲拉或脱脂乳为原料，添加凝乳酶使乳中的酪蛋白凝聚，经脱水干燥而成的干酪素产品。凝乳酶干酪素生产加工工艺流程如图 12-1。

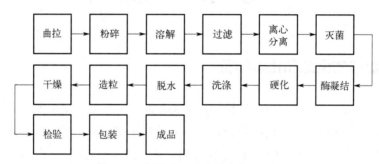

图 12-1　凝乳酶干酪素生产加工工艺

### 2. 酸沉淀干酪素

酸法制干酪素是利用酸类凝乳剂使酪蛋白沉淀，生产干酪素的方法。酸沉淀干酪素加工工艺流程如图 12-2。

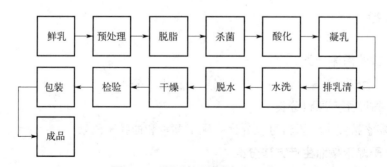

图 12-2　酸沉淀干酪素加工工艺

### 3. 乳酸发酵制干酪素

乳酸发酵制干酪素主要是利用乳酸菌产生的乳酸使酪蛋白沉淀，生产干酪素的方法。乳酸发酵制干酪素工艺流程如图 12-3。

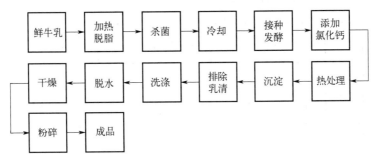

图 12-3　乳酸发酵制干酪素工艺

## 四、干酪素在食品中的应用

干酪素及其制品具有较高的营养价值，能够促进人体对钙、铁等矿物质的吸收。酪蛋白中含有人体必需的 8 种氨基酸，能够为人的生长发育提供必需的氨基酸。酪蛋白是一种全价蛋白质，是多功能的食品添加剂，广泛应用于各类食品、保健食品营养蛋白质添加剂、增稠剂、食品稳定剂、乳化剂中。在香肠中使用 0.2%～0.5%，可以使脂肪分布均匀，增强肉的黏结性；冰淇淋中添加 0.2%～0.3%，可以使得产品中气泡稳定，防止收缩；与谷物制品配合，能制成高蛋白质谷物制品、老年食品、婴儿食品等。除了营养功能外，其在动物消化道中经蛋白酶分解产生的潜在生物学活性已受到了广泛重视。将干酪素进一步制成其相应的钠盐，可作为一种安全无害的增稠剂和乳化剂在食品中应用。

# 第二节　乳糖

## 一、概述

乳糖是人类和哺乳动物乳汁中特有的碳水化合物，是由葡萄糖和半乳糖组成的双糖，分子式为 $C_{12}H_{22}O_{11}$。在婴幼儿生长发育过程中，乳糖不仅可以提供能量，还参与大脑的发育进程。乳糖一般是从牛乳的乳清中经浓缩、结晶、精制、重结晶、干燥后提取得到的，再经过不同的最终处理工艺，可得到粒径、可压性、流动性不同的产品，从而满足多种需求。

## 二、乳糖生产工艺

乳糖的生产工艺流程如图 12-4。

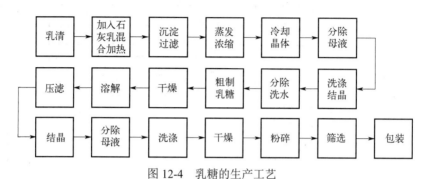

图 12-4　乳糖的生产工艺

工艺要点：

### 1. 原料要求

以副产品干酪乳清为原料，干物质 6.5%、乳糖 4.8%、脂肪 0.4%、灰分 0.05%，酸度 1°T。也可采用酸法干酪素乳清或凝乳酸乳清。

### 2. 乳清脱脂

将乳清加热至 35℃左右，经奶油分离机分离，使干酪乳清含脂肪为 0.4%。

### 3. 乳清蛋白的分离

干酪乳清的滴定酸度为 14～20°T，直接加热至 90～92℃，然后加入经发酵处理的酸乳清（150～200°T），使乳清酸度提高 30～35°T，再重新加热至 90℃，乳清蛋白即可凝固、静止，使乳清和蛋白质分离，也可用压滤机使其分离。

### 4. 乳清浓缩

采用单效或多效浓缩罐，对乳清进行浓缩以除去大部分水分。为防止乳糖焦化，浓缩温度不超过 70℃，终了时，浓缩糖液浓度不应低于 40°Bé，浓缩度为 90%～92%，干物质达 60%～70%，乳糖含量为 54%～55%。

### 5. 乳糖结晶

浓缩糖液冷却后进行乳糖结晶，可采用平锅式自然结晶法和带夹层水冷却的结晶机中强制结晶法。平锅式自然结晶法，结晶的最初阶段要进行搅拌，待温度下降到 30℃以后，可停止搅拌，结晶时间不少于 30h。强制结晶法可分为快速结晶和缓慢结晶两种，都在带夹层的可通入冷水冷却并装有搅拌器的结晶机中完成。已结晶好的糖液，具有良好的、明显的结晶结构，结晶体应为 1～2mm，呈黏稠状。

### 6. 脱除母液与乳糖的洗涤

结晶后的乳糖，利用离心脱水机使乳糖晶体与糖蜜分离，再加入结晶糖量30%的水洗涤乳糖，以除去残存的母液和大部分盐类。经洗涤脱水后的乳糖称为湿糖，其含水量15%以下。为避免洗涤水温度过高而溶解乳糖，洗涤水的温度应低于10℃。

### 7. 乳糖的干燥

可在半沸腾床式干燥机或气流干燥机中进行，干燥机内带有搅拌装置，干燥温度小于80℃，干燥后乳糖呈乳黄色的分散状态，水分小于1%～1.5%。也可用微酸来干燥乳糖。

### 8. 母液的回收

母液中的乳糖含量约为牛乳乳糖总量的 1/3，内含有蛋白质和盐类。将母液用直接蒸汽加热至沸腾，静置，使蛋白质、盐类等不纯物沉淀，吸上层清净母液，在 70℃下进行浓缩，除去大部分水分，使糖度达到 42～43°Bé，然后进行结晶、洗涤、干燥，制成粗制乳糖。粗制乳糖的成品率为牛乳总量的 3%～4%。粗制乳糖呈淡黄色结晶粉末状，含乳白蛋白、灰分等不纯物。用活性炭吸附法精制。

### 9. 粗制乳糖的溶解

在溶糖锅中，于机械搅拌下加入 2%活性炭，使乳糖溶解并与活性炭充分混合，用直接蒸汽加热至沸点，糖度为 30～31°Bé。再用少许石灰乳调节糖液的 pH 值至 4.6，由于活性炭的作用，吸附了糖液中的色素。

### 10. 压滤

上述混合液通过板框压滤机，滤出活性炭以及被吸附的杂质和蛋白质，得到纯净的糖液，颜色为淡黄色或白色，然后输入结晶缸内。

# 第三节　乳清粉

## 一、乳清粉的种类及质量标准

### （一）根据乳清来源的不同

可以分为甜乳清粉和酸乳清粉。生产硬质干酪、半硬质干酪、软干酪和凝乳酶干酪素获得的副产品乳清称为甜乳清，其 pH 值为 5.9～6.6，由此干燥制得的就是甜乳清粉。盐酸法沉淀制造干酪素而制得的乳清，其 pH 值为 4.3～4.6，为酸乳清，由此干燥制得的就是酸乳清粉。

### （二）根据脱盐与否

分为含盐乳清粉和脱盐乳清粉。乳清脱盐多用离子交换树脂法和离子交换膜的电渗析法。盐分和灰分是评价乳清粉品质的重要指标。乳清粉灰分越低，品质越好。高灰分是高盐分的表现。另外，高灰分还有可能是为改进产品的流动性添加的流动剂所致的。高盐分可能导致肠道渗透压失调，引起腹泻。由于脱盐工艺的复杂和成本因素的影响，近半数进口乳清粉的灰分指标大于 9%，一方面限制了乳清粉的添加量，另一方面可引起动物痢疾隐患。

### （三）根据蛋白质分离程度

可分为高、中、低蛋白质乳清粉。低蛋白质乳清粉（渗析乳清粉）指从未添加任何防腐剂的新鲜乳清中，提取部分蛋白质后的高乳糖产品，再经巴氏杀菌并干燥后，得到蛋白质含量为 2.0%～4.0%的乳清粉。用途：用于饲料配方中，提供高含量的乳糖，作为幼小动物的能量来源，亦能促进乳酸的合成，并提供多种氨基酸及微量元素，改善饲料质地及口感。

高蛋白乳清粉指未添加任何防腐剂的新鲜乳清，经巴氏杀菌并干燥后，得到蛋白质含量为 11.0%～14.5%的乳清粉。用途：在乳品、冷冻食品、焙烤食品、休闲食品、糖果和其他食品中用作经济的乳固形物来源。在高温蒸煮和焙烤中强化色泽的形成。作为高温乳粉的替代品，对优质面包膨松起重要作用。

## 二、乳清粉的生产工艺

① 乳清在 6℃贮存罐中贮存。
② 在真空条件下通过蒸发进行预浓缩。
③ 真空条件下进行最后浓缩之前，乳清进行 78℃加热巴氏杀菌 15s。
④ 乳清浓缩物通过闪冷进行冷却。
⑤ 进入贮存罐贮存，开始搅动进行晶体化阶段。
⑥ 这一阶段乳清送入喷雾塔进行雾化干燥。
⑦ 获得的乳清粉进入流化床进行最后干燥。
⑧ 冷却至 20～30℃，通过 1mm 的圆筒筛。
⑨ 输送到料仓。
⑩ 过 3mm 筛分和磁选（6500Gs❶）。
⑪ 包装成 25kg/袋，码垛前过金属检测器。

---

❶ $1Gs=10^{-4}T$。

## 三、乳清粉的应用

用于乳猪饲料的乳清粉一般是含有 65%～75%乳糖和大约 12%粗蛋白的高蛋白乳清粉，也有用含 75%～80%乳糖和约 3%的粗蛋白的低蛋白乳清粉或者中蛋白乳清粉的。

乳清粉能提供大量的乳糖，在仔猪消化道内发酵可产生大量的乳酸，降低 pH 值，帮助乳的消化，抑制致病细菌的生长，这对仔猪健康有重要意义。乳清粉中含有的高质量乳清蛋白在小猪体内有高消化率、良好的氨基酸型态、无抗营养因子的优点，亦含有白蛋白及球蛋白（血清蛋白），对肠道同样具有正面的影响，特别是免疫球蛋白，对肠道具有保护效果，能对抗大肠埃希菌。乳清粉中亦含有乳过氧化酵素及乳铁蛋白，具有杀菌及抑菌的功用。

以往，我国对仔猪日粮中乳清粉的用量一直很少，可能与人们对乳清粉的认识不足和使用乳清粉的成本较高有关。近几年，随着养猪事业的蓬勃发展，国内外对仔猪日粮的研究取得巨大的成果，肯定了乳清粉在仔猪日粮中的重要角色。因此，我国养猪业对乳清粉的需求量日趋增大。

在美国，乳清制品的生产商，必须遵守在政府监督下制定的质量控制标准，在先进的生产技术和严格的卫生控制条件下，生产出高质量的乳清制品。根据加工方法和程度不同，乳清产品可归纳为：

① 甜性乳清粉产品：分低、中、高蛋白乳清粉。
② 改性乳清粉产品：低乳糖乳清粉、脱盐乳清粉。
③ 乳清浓缩蛋白（WPC）和乳清分离蛋白（WPI）。

# 下　篇

# 第十三章 羊乳联合低聚糖对大肠菌群结构影响及机理分析

## 第一节 肠道微生物与健康

肠道中的许多微生物群落与宿主相互形成了密切而有益的关系，从而在肠道内构成了一个开放的微生物生态系统。生活在肠道中的微生物不仅参与宿主的营养和消化活动，还参与其免疫过程。宿主和肠道微生物菌群之间的良好平衡对于缓解某些生理疾病至关重要，包括代谢综合征、肥胖、炎症疾病和心血管疾病。此外，肠道微生物菌群的存在和组成也与宿主的睡眠质量有关。同时，肠道的紊乱会干扰微生物群落的多样性和组成。因此，平衡肠道微生物菌群对宿主健康至关重要。

### 一、膳食中添加低聚糖的作用

研究人员对制订新的饮食计划来调节肠道微生物菌群越来越感兴趣。其中一种计划是开发富含低聚糖的配方乳。膳食中添加低聚糖可以维持或改善肠道菌群的平衡，从而有利于宿主的健康。具体来说，它们可以改变肠道菌群的结构，增强某些有益菌种的扩增，从而增加其比例，同时抑制有害菌种的扩增。寡糖还可以提高微生物的生物利用率，增加矿物质的吸收，并通过增加饱腹感来降低肥胖的风险。此外，低聚糖的其他有益特性还包括抗氧化、免疫调节、抗过敏、抗炎症、神经保护和抗癌作用。

## 二、山羊乳营养特性

山羊乳比牛乳含有更多的矿物质和维生素。此外，因为羊乳中酪蛋白的含量较低，所以不会引起一些身体过敏反应。羊乳具有较高的缓冲能力，易于消化。山羊乳中游离寡糖的功能比牛乳中的更接近于母乳。近年来，羊乳及其产品受到人们的青睐，而羊乳的营养潜力也在深入研究中。

## 三、短链脂肪酸（SCFA）的生理功效

短链脂肪酸在维持肠道环境的稳定中发挥着重要作用。它们是含有不超过 6 个碳原子的挥发性物质。短链脂肪酸是由结肠微生物通过发酵复合寡糖产生的。乙酸、丙酸和丁酸是主要的短链脂肪酸，它们在结肠吸收率高达 95%。研究表明，可发酵低聚糖在小肠内不能被人体内的酶消化，但在大肠内可被广泛发酵成短链脂肪酸。短链脂肪酸不仅可以作为宿主细胞和肠道菌群的能量来源，还可以通过增加肠道屏障功能，减少全身炎症，改善脂糖代谢。此外，它们还能增加矿物质的吸收，防止溃疡性结肠炎和结、直肠癌等大肠疾病的发生。

## 四、羊乳和低聚糖联合作用

由于大肠的各种病理变化，其健康越来越受到人们的关注。为了改善大肠健康，一种策略是调整大肠菌群和短链脂肪酸的组成，以改善其内环境，防止疾病的发生。鉴于羊乳和低聚糖的功能，将它们整合在一起可能是改善大肠环境的理想途径。有一项研究探索含益生元的山羊乳乳粉和牛乳乳粉对新断奶大鼠肠道微生物数量和发酵产物的影响，研究涉及肠道微生物的种类。大肠内微生物群落复杂，可与短链脂肪酸相互作用。具体来说，短链脂肪酸的种类和含量与肠道微生物的结构和宿主肠道中的代谢通路有关。短链脂肪酸还能促进或抑制某些微生物的增殖。到目前为止，关于小鼠大肠微生物群落与短链脂肪酸相关性的研究还很少。通过摄入富含低聚糖的羊乳改变肠道环境的作用机制目前还不清楚。

研究山羊乳和低聚糖（包括水苏糖和低聚果糖以及益生元的混合物）的联合作用对小鼠大肠微生物群落结构和短链脂肪酸（SCFA）水平的影响，并分析 SCFA 和微生物群落之间的关系，可为探索山羊乳与低聚糖联合改善肠道环境的作用机制提供理论依据，也可以为开发以羊乳为基础的配方乳和功能食品提供理论基础。采用 16S rRNA 基因测序和气相色谱-质谱/质谱（GC-MS/MS）分别分析微生物群落结构和 SCFA。众所周知，使用不同种类的动物模型可能会产生不一致的结果。

因此，研究选择的小鼠模型应具有完整的背景信息、良好的重现性、可靠性、特异性、适用性和可控性，而且经济实惠。

# 第二节　羊乳联合低聚糖对小鼠大肠菌群结构的影响研究

## 一、羊乳和益生素

以陕西省渭南市莎能奶山羊乳为试验奶源，其蛋白质含量为3.6%，脂肪含量为5.8%，乳糖含量为4.6%，矿物质含量为0.86%。羊乳于2018年9月至10月采集，用装有冰袋的无菌玻璃容器运送至实验室。所使用的低聚果糖（FOS）是由中国深圳五谷磨坊食品集团有限公司生产。水苏糖（STS）和益生元混合物购自河北中理堂科技有限公司。所购益生元（FGS）由低聚果糖、低聚半乳糖和水苏糖按1∶1∶1的比例混合而成。将低聚果糖、水苏糖和益生元分别添加到羊乳中，质量浓度均为50g/L，配制不同的试验乳。

## 二、小鼠饲喂

6周龄BALB/c雄性小鼠（体重：20g±2g），购自西安交通大学健康科学中心（中国陕西）。这些小鼠由母鼠哺乳4周直到断奶，然后用基本动物饲料喂养2周。培养环境的温度为22～25℃，湿度为40%～45%，循环光照12h/黑暗12h。在实验开始前，让小鼠自由摄入在95℃下巴氏杀菌15min的羊乳。适应一周后，将小鼠随机分为4组：对照组、STS处理组、FOS处理组、FGS处理组。不同组的小鼠用125mL的瓶子喂养上述巴氏杀菌羊乳，或添加不同种类低聚糖的巴氏杀菌羊乳，喂养4周。整个动物实验严格按照中国《陕西师范大学动物护理指南》进行，许可证号2018SNNU046。

## 三、微生物DNA提取和PCR扩增

每组小鼠大肠内容物被用于进行菌群组成分析（每组小鼠的数量 $n = 6$）。为避免外界污染，所有实验都在彻底清洁的工作台上进行。所有的仪器、玻璃器皿和试管在实验前都经过高压灭菌。从每只小鼠中提取200mg的大肠内容物样本，在无菌 1.5mL 微离心管中收集。使用 E.Z.N.A. DNA 提取试剂盒（Omega Bio-tek，Norcross，GA，USA），根据试剂盒说明书的指导从大肠内容物中提取和纯化基因组 DNA。分别使用 ND-1000 纳米滴定分光光度计（Thermo Fisher Scientific，Waltham，MA，USA）和 0.8% 琼脂糖凝胶电泳测定 DNA 浓度和质量。利用常用的基因引物 338F 和 806R（正向引物 338F：5'-ACTCCTACGGGAGGCAGCA-3'，反向引物 806R：5'-GGA CTACHVGGGTWTCTAAT-3'）对目标细菌 DNA 对应的 16S rRNA 基因 V3～V4 高突变区进行扩增和测序。独特的 8 碱基接头被整合到引物中用于样本测序。PCR 扩增体系采用 20μL 反应混合液，其中 5× FastPfu 缓冲液 4μL，2.5mmol/L dNTPs 2μL，每个引物（5μmol/L）0.8μL，FastPfu 聚合酶 0.4μL，模板 DNA 10ng。PCR 热循环在下列条件下进行：在 98℃进行初始变性 2min，接着在 98℃变性 15s，在 55℃退火 30s，在 72℃延伸 30s，变性、退火、延伸过程循环 25 次，最终在 72℃延伸 5min。

## 四、16S rRNA 基因 Illumina-MiSeq 测序分析

每个样品经 2% 琼脂糖凝胶电泳提取 PCR 扩增产物。分别使用 AxyPrep DNA 凝胶提取试剂盒（Axygen Biosciences，Union City，CA，USA）和 QuantiFluor™-ST（Promega，USA），根据试剂盒的使用说明对这些扩增产物进行纯化和定量。扩增文库是由以等物质的量混合纯化的扩增子组成的。最后，在 Illumina MiSeq 测序平台上根据成对末端模式（2×300bp）对扩增子进行测序。原始数据以 fastq 文件的形式显示，并将接头序列与相应样本进行匹配。将原始的 16S rRNA 数据分解复用，然后使用微生物生态学定量分析软件包（QIIME1.8.0）过滤不匹配的序列。序列过滤满足以下三个标准：①基于 50bp 滑动窗口删除质量分数低于 20 的低质量读取序列，②删除不明确和不匹配的读取序列，③剔除小于 10bp 的重叠序列。为了去除噪声和嵌合体，数据通过 USEARCH 质量过滤管道进一步处理。随后，这些序列被 UPARSE（version 7.1 http://drive5.com/uparse/）以 97% 的相似性聚集成操作分类单元（OTU）。最后的 OTU 表被重采样到每个样本 30886 个序列的深度，以标准化样本间的读取次数。利用核糖体数据库项目 RDP 和 SILVA（SSU115）数据库的分类器对 16S rRNA 序列进行分类（http://rdp.cme.msu.edu/），置信度阈值为 70%。

## 五、生物信息学分析

使用 R 软件（version 3.2.0）对肠道微生物群落进行数据可视化和统计分析，除非另有说明。Sobs 指数和香农（Shannon）指数绘制的稀疏曲线显示了序列数

据和高采样深度。Shannon 和 Chao 指数用于 α 多样性分析，以确定微生物多样性和肠道菌群的丰富度。每个索引都参考了 MOTHUR（version v.1.30.1）。利用 abund-jaccard 距离测量进行 β 多样性分析，研究微生物群落结构的变化。采用非加权组平均法（UPGMA）算法对数据集进行聚类，生成层次聚类树。主坐标分析（PCoA）图是用 abund-jaccard 距离测量来描述不同处理组之间的距离。使用 R 软件创建一个维恩图，以显示多组中唯一和共有的 OTU。用 R 语言中的 vegan 包绘制了热图，展示了群落的物种组成和丰度信息。群落组成图由 QIIME 在门、科、属、种四个层次生成，能直观地表达两个方面的信息：①每个样品中所含的优势微生物，②样品中每个微生物的相对丰度。为了确定四组之间的微生物种群是否存在统计上的显著差异，使用 R 软件包进行了 Kruskall-Wallis 分析。$P<0.05$ 具有统计学意义。Tax4Fun 软件包（version 0.3.1，http://tax4fun. gobics.de/）将基于 SILVA 数据库的 16S rRNA 分类谱系转化为 KEGG 数据库中的原核生物分类谱系进行功能预测。

## 六、短链脂肪酸的检测

根据 GC-MS/MS 检测平台，对三个处理组和对照组小鼠大肠内容物中的靶向 SCFA（乙酸、丙酸、丁酸、异丁酸、异戊酸、戊酸、异己酸、己酸）进行定量分析（图 13-1）。采用 Spearman 相关分析研究了显著变化的脂肪酸与显著不同的丰度 OTU 之间的关系。相关性要求相关系数大于 0.8，差异显著性在 0.05 水平（表 13-1）。

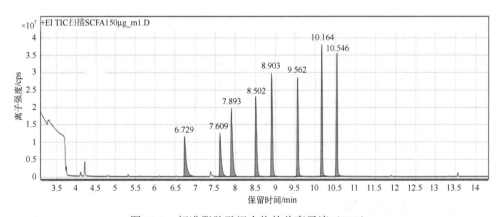

图 13-1　标准脂肪酸混合物的总离子流（TIC）

数据处理采用 Agilent Mass Hunter 软件。横坐标轴 $X$ 是脂肪酸的保留时间（RT），纵坐标轴 $Y$ 是离子强度（每秒计数，CPS）。RT 分别代表乙酸、丙酸、异丁酸、丁酸、异戊酸、戊酸、异己酸和己酸的保留时间

表 13-1　SCFA 的线性回归方程

| 名称 | RT/min | 方程式 | 相关系数 |
| --- | --- | --- | --- |
| 乙酸（Acetic acid） | 6.729 | $Y=71889.935991*x-370552.315781$ | $R^2=0.99558749$ |
| 丙酸（Propionic acid） | 7.609 | $Y=47736.498434*x-222847.011093$ | $R^2=0.9979140$ |
| 异丁酸（Isobutyric acid） | 7.893 | $Y=86279.653912*x-84430.744150$ | $R^2=0.99856513$ |
| 丁酸（Butyrate） | 8.502 | $Y=103738.840405*x-42930.880246$ | $R^2=0.99680379$ |
| 异戊酸（Isovaleric acid） | 8.903 | $Y=112295.422268*x+425450.185171$ | $R^2=0.98943950$ |
| 戊酸（Valeric acid） | 9.562 | $Y=107242.066801*x+467529.864724$ | $R^2=0.98438605$ |
| 异己酸（Isohexanoic acid） | 10.164 | $Y=56014.966009*x+75347.053081$ | $R^2=0.99383932$ |
| 己酸（Caproic acid） | 10.546 | $Y=85308.706603*x+306619.785387$ | $R^2=0.98694623$ |

注：用 8 种脂肪酸标准混合物的 8 个连续浓度（分别为 200、160、120、80、40、10、5 和 1μg/mL）建立了峰面积与浓度的线性关系，将每种标准混合溶液分三次注入 GC-MS 系统，通过绘制峰面积与浓度的关系曲线，建立每种标准化合物的标准曲线或线性回归方程，以下 SCFA 分析同。以相关系数作为峰面积与浓度线性关系的可信度。

# 第三节　羊乳联合低聚糖对大肠菌群结构的影响结果与分析

## 一、羊乳联合低聚糖对大肠菌群测序深度和分类多样性的影响

通过对 24 份肠道样本的 16S rRNA 基因含量进行测序，共获得 1294191 条序列。所选序列的长度分布主要在 401～440bp 之间，平均长度为 414bp。在这些数据中，有 604 个 OTU 来自于 97% 的非重复序列。根据提取的序列数量采用随机抽样的方法绘制 Sobs 和 Shannon 指数稀释曲线（图 13-2 A 和 B）。Shannon 指数稀释曲线分析结果表明，样本数量为处理核心微生物群落提供了足够的、有代表性的数据集。

小鼠大肠菌群的 α 多样性和 β 多样性分析结果如图 13-3 所示。

利用 α 多样性分析确定了群落多样性和丰富度在不同类群间的差异。结果表明，不同类群大肠菌群的多样性和丰富度存在显著差异。可见，与对照组相比，FOS 处理组的 Shannon 指数（图 13-3A）显著降低（$P<0.01$），而其他处理组与对照组之间无显著差异。STS 和 FGS 处理组的 Shannon 指数显著高于 FOS 处理组，说明 STS 和 FGS 处理组的肠道菌群更多样化（$P<0.001$）。对照组的群落丰富度指数 Chao 显著高于其他 3 个处理组（$P<0.01$ 或 $P<0.001$）（图 13-3B）。处理组的糖

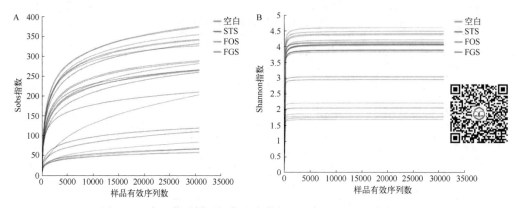

图 13-2　大肠菌群样品操作分类单位（OTU）的稀释曲线

Sobs 指数（A）和 Shannon 指数（B）曲线显示了有效的测序深度

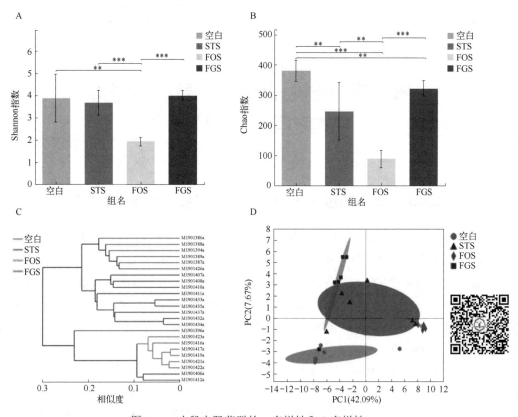

图 13-3　小鼠大肠菌群的 α 多样性和 β 多样性

图 A、B 分别为基于分类操作单元（OTU）生成的 Shannon 指数多样性图和 Chao 指数丰富度图（**$P<0.01$，***$P<0.001$）；图 C 为基于 OTU 分类表生成的 abund-jaccard 距离的层次聚类分析，纵坐标为物种名称，不同颜色的线条代表不同处理组的样本；图 D 为基于 abund-jaccard 距离算法的主坐标分析图（PCoA）。不同的颜色形状表示不同的分组。空白、STS、FOS、FGS 分别代表对照、水苏糖、低聚果糖和益生元（由低聚果糖、低聚半乳糖和水苏糖按 1：1：1 的比例混合而成）

摄入量可能下调小鼠大肠菌群的丰度。此外，与其他处理组相比，FOS 处理组肠道菌群中细菌 OTU 的丰度降低。

通过 β 多样性分析来量化不同糖对大肠菌群的影响。使用 QIIME 1.9.1 软件（http://qiime.org/install/index.html）计算距离，并进一步进行层次聚类分析。基于 UPGMA 算法构建树形结构图，使不同处理组间大肠菌群的异同可视化。采用 abund-jaccard 距离算法对所有样本进行层次聚类分析。结果显示，STS 和 FGS 处理组与对照组聚在一起，而第二个聚类主要由 FOS 处理组样本组成（图 13-3C）。用 PCoA 比较各组肠道菌群之间的距离。在 PCoA 图上，所有样品的大肠菌群被分为四组。STS 和 FOS 治疗组与对照组虽然分为三个独立的组，但两者之间的距离较短。由此可见，STS 和 FOS 处理组与对照组肠道菌群相似，而 FGS 处理组肠道菌群不同。此外，PCoA 结果显示，PC1 和 PC2 分别占总方差的 42.09% 和 7.67%（图 13-3D）。

## 二、大肠中特有和共有的微生物类群

为了统计多组样本中常见或独特物种的数量，选择 97% 相似度 OTU 绘制物种维恩（Venn）图（图 13-4）。

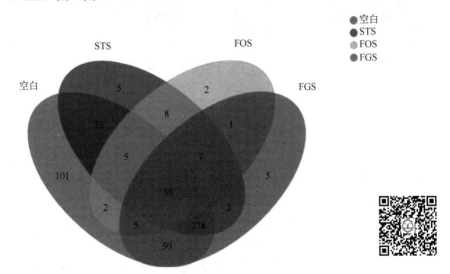

图 13-4　多组样本中特有或者共有 OTU 数量维恩图

不同的颜色代表不同的组（或样本），重叠部分的数量表示多个组（或样本）共有的物种数量

通过物种组成的相似性和重叠性观察，24 个细菌样品中共有 98 个常见的 OTU。STS 处理组、FOS 处理组、FGS 处理组和对照组分别有 5 个、2 个、5 个和 101 个独特的 OTU。对照组的 OTU 总数最高，与 Chao 指数的结果一致，说明

对照组的群落丰富度最高。维恩图表明，微生物丰富度的差异可能是由于添加了不同种类的低聚糖。

## 三、大肠中微生物群落组成

群落物种组成和物种丰富度信息用热图表示，如图 13-5。

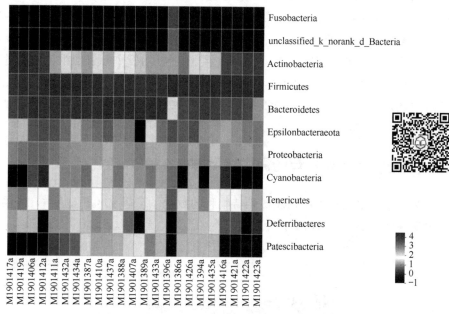

图 13-5　群落热图

横坐标为样本名称（或类名），纵坐标为物种名称，下图同。样品中各物种丰富度的变化用不同的色块梯度表示。图的右侧颜色渐变值表示相关程度高低

在门水平上，通过对 24 个样本丰度的相似性聚类发现，厚壁菌门（Firmicutes）和拟杆菌门（Bacteroidetes）的相似性和丰度高于其他细菌，而梭杆菌门（Fusobacteria）的相似性和丰度最低（图 13-5）。

为了进一步研究微生物对糖的反应，我们在门、科、属和种水平绘制了群落直方图，分析了大肠菌群的组成变化，如图 13-6 所示。

在门水平上，对照组、STS 和 FGS 处理组中厚壁菌门（Firmicutes）和拟杆菌门（Bacteroidetes）最为普遍，而在放线菌门（Actinobacteria）占优势的 FOS 处理组中，拟杆菌门（Bacteroidetes）减少（图 13-7A）。在科水平上，确定了 73 个科，图 13-6B 显示了 27 个丰度最高的科。所有样本均以毛螺菌科（Lachnospir-aceae）占优势。可见，FOS 处理组 Prevotellaceae 和 Muribaculaceae 的比例降低，双歧杆菌科（Bifidobacteriaceae）增加（图 13-7B）。在属水平上，FOS 处理组双歧杆菌

属（*Bifidobacterium*）、布劳特氏菌属（*Blautia*）和厌氧菌属（*Anaero-stipes*）的比例增加，毛螺菌属（Lachnospiraceae_NK4A136-group）下降（图 13-7C）。在物种水平上，可以清楚地观察到未分类双歧杆菌和未分类布鲁氏菌的富集（图 13-7D）。

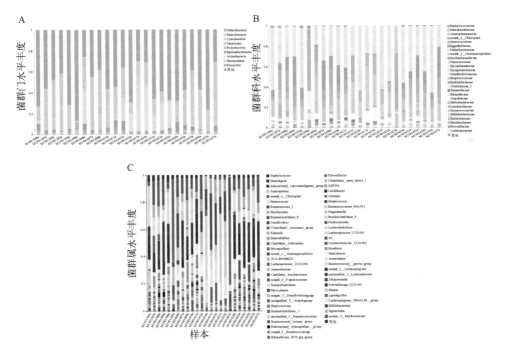

图 13-6　大肠菌群在不同分类水平（level）上的组成群落直方（barplot）图

A、B、C 和 D 分别代表门（phylum）、科（family）、属（genus）和种（species）的分类水平。丰度不到 1% 的门、科、属或种被合并到其他门、科、属或种

　　采用 Kruskal-Wallis 检验法，对前 15 个微生物群落在门、科、属、种水平上的丰度差异进行了检验，以观察微生物群落组成的显著变化，结果如图 13-7 所示。

　　在门水平上，四组之间有 6 个门存在显著差异（图 13-7A）。在 FOS 处理组中，拟杆菌门（Bacteroidetes）、蓝细菌门（Cyanobacteria）、髌骨细菌门（Patescibacteria）和脱铁杆菌门（Deferribacteres）显著下降（$P<0.05$ 或 $P<0.01$）。与对照组相比，FOS 和 STS 处理组放线菌明显增多（$P<0.05$），其他门的相对丰度没有显著差异。在科水平上，四组之间有 11 个科的丰度存在显著差异（图 13-7B）。在 FOS 处理组中，双歧杆菌科（Bifidobacteriaceae）、阿托波菌科（Atopobiaceae）、伯克霍尔德氏菌科（Burkholderiaceae）和链球菌科（Streptococcaceae）的含量

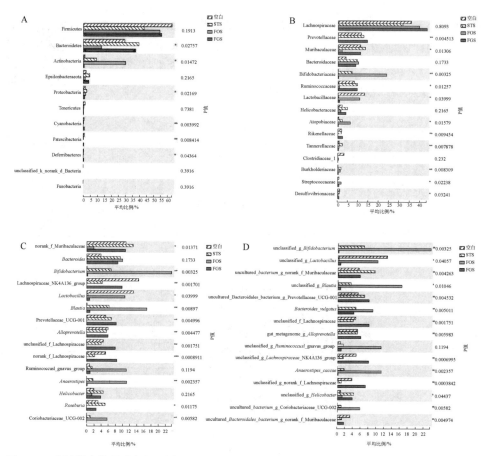

图 13-7　大肠微生物类群在门（图 A）和科（图 B）以及属（图 C）和种（图 D）水平上的差异

Kruskal-Wallis 检验分别测定了门（图 A）和科（图 B）以及属（图 C）和种（图 D）水平上微生物类群的丰富度差异。星号表示与对照组相比有统计学意义的差异（*$P<0.05$，**$P<0.01$，***$P<0.001$），下图同

显著增加，而普雷沃氏菌科（Prevotellaceae）、瘤胃菌科（Ruminococcaceae）、理研菌科（Rikenellaceae）和脱硫弧菌科（Desulfovibrionaceae）的含量显著降低（$P<0.05$ 或 $P<0.01$）。STS 和 FGS 处理组中乳酸杆菌科丰度显著降低（$P<0.05$）。在属水平上，四个类群中有 12 个属存在显著差异（图 13-7C）。在 FOS 处理组中，发现双歧杆菌属（Bifidobacterium）、乳酸杆菌属（Lactobacillus）、布劳特氏菌属（Blautia）、厌氧菌属（Anaerostipes）和红蝽菌属（Coriobacteriaceae_UCG-002）的丰度显著增加，而未分类绿背金鸠菌属（norank_f_Muribaculaceae）、毛螺菌属（Lachnospiraceae_NK4A136_group）、普雷沃氏菌属（Prevotellaceae_UCG-001）、拟普雷沃菌属（Alloprevotella）、未分类毛螺旋菌属（unclassified_f_Lachnospiraceae）和罗斯氏菌属（Roseburia）的丰度显著降低（$P<0.05$，$P<0.01$ 或 $P<0.001$）。在物种水平上，四个类群共有 14 个物种存在显著的丰度差异。结果表明，FOS

处理组中未培养和分类的绿背金鸠属（uncultured_bacterium_g_norank_f_Muribaculaceae）、未培养拟杆菌目普雷沃氏菌属（uncultured_Bacteroidales_bacterium_g_Prevotellaceae_UCG-001）和肠道宏基因组拟普雷沃菌属（gut_metagenome_g_*Alloprevotella*）的丰度显著降低（$P<0.05$ 或 $P<0.01$）（图 13-7D）。

## 四、大肠中菌群的调控功能

为了探索小鼠大肠菌群的潜在功能，根据 KEGG 数据库中原核生物的分类谱系，基于 16S rRNA 基因序列进行功能预测，结果如图 13-8 所示。

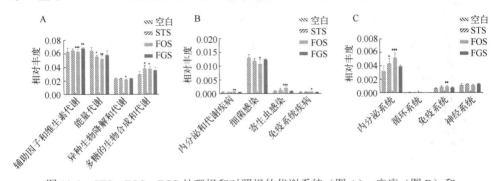

图 13-8　STS、FOS、FGS 处理组和对照组的代谢系统（图 A）、疾病（图 B）和内调控系统（图 C）相关基因的相对丰度

纵坐标为相对丰度（relative abundance），横坐标为各系统名称，条形图显示平均值±标准差。数据分析采用单因素方差分析和图基事后检验法分析

FOS 处理组辅助因子和维生素代谢（metabolism of cofactors and vitamins）、能量代谢（energy metabolism）、异种生物降解和代谢（xenobiotic biodegradation and metabolism）相关基因下降，多糖的生物合成和代谢（glycan biosynthesis and metabolism）相关基因上升（$P<0.05$ 或 $P<0.01$，图 13-8A）。与此同时，STS 处理组参与能量代谢的基因丰度显著降低，参与糖基生物合成和代谢的基因丰度增加。此外，FGS 处理组参与辅助因子和维生素代谢的基因丰度显著增加。疾病预测结果显示，摄入 FOS 可显著降低小鼠细菌感染（infectious disease: bacterial）风险，但使小鼠被寄生虫感染（infectious disease: parasitic）风险升高（$P<0.05$ 或 $P<0.001$，图 13-8B），对内分泌和代谢疾病（endocrine and metabolic disease）及免疫系统疾病（immune disease）有显著影响（$P<0.05$ 或 $P<0.01$）。在系统功能预测方面，评价了内分泌系统（endocrine system）、循环系统（circulatory system）、免疫系统（immune system）和神经系统（nervous system）相关的基因。预测结果显示，FOS 处理组内分泌和免疫系统相关基因丰度显著高于对照组。摄入 STS 也显著增加了内分泌系统相关基因的丰度（$P<0.05$，$P<0.01$ 或 $P<0.001$，图 13-8C）。

## 五、大肠中微生物群落与短链脂肪酸（SCFA）Spearman 相关性分析

短链脂肪酸与微生物区系关系热图如图 13-9 所示，直线相关网络如图 13-10 所示，相关性如图 13-11 所示，表 13-2 表示小鼠大肠的短链脂肪酸浓度。

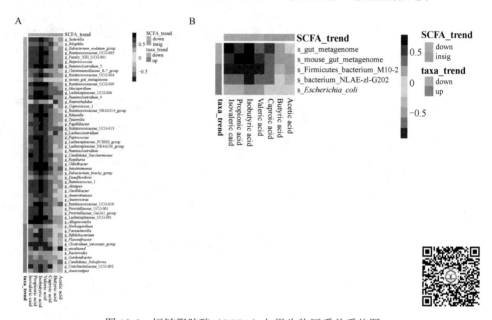

图 13-9　短链脂肪酸（SCFA）与微生物区系关系热图

图 A 和 B 分别代表对照组和 FOS 处理组。图右侧各颜色渐变值表示相关度。down 表示降低，up 表示上升，insig 表示无显著变化。

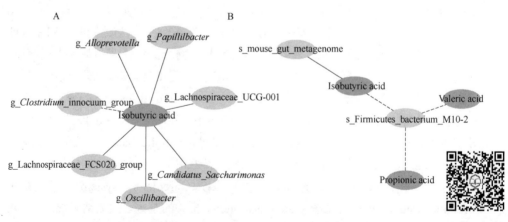

图 13-10　微生物区系与短链脂肪酸的直线相关网络

图 A 和 B 分别代表 SCFA 在属和种水平上与微生物群的关系。红线表示正相关，绿线表示负相关

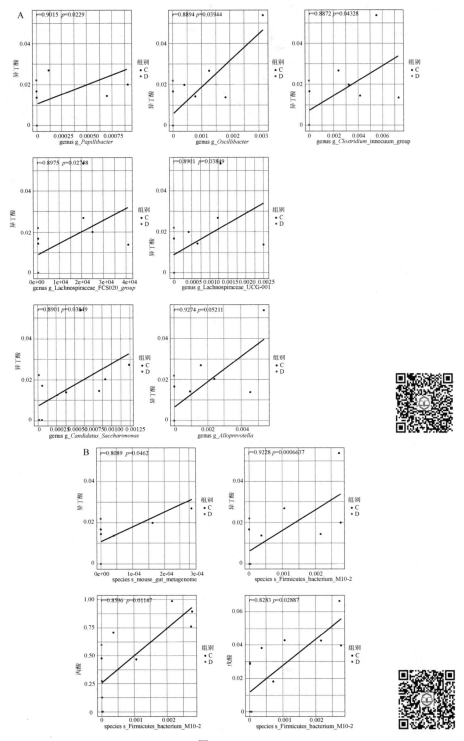

图 13-11

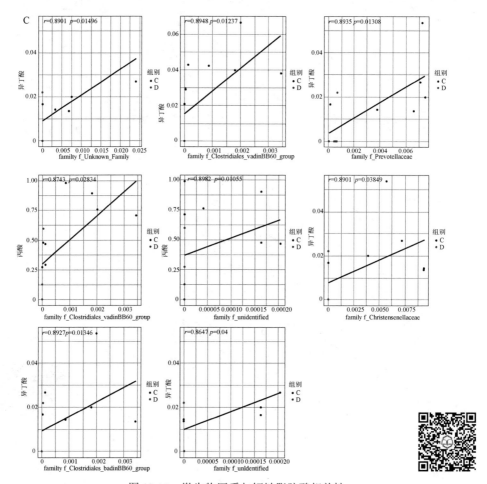

图 13-11　微生物区系与短链脂肪酸相关性

图 A、图 B 和图 C 分别代表 SCFA 在科、属和种水平上与微生物区系的关系；C 和 D 分别代表对照组和 FOS 处理组

表 13-2　小鼠大肠 SCFA 浓度　　　　　　单位：μg/mL

| 名称 | 对照 | STS | FOS | FGS |
|---|---|---|---|---|
| 醋酸（Acetic acid） | 3.02±0.73 | 2.23±0.56 | 1.82±1.23* | 3.17±0.34 |
| 丙酸（Propionic acid） | 0.72±0.21 | 0.59±0.28 | 0.17±0.24* | 0.76±0.34 |
| 异丁酸（Isobutyric acid） | 0.043±0.012 | 0.026±0.022 | 0.0049±0.012 | 0.019±0.010 |
| 丁酸（Butyrate） | 1.37±0.37 | 0.78±0.40 | 0.87±1.04 | 1.30±0.48 |
| 异戊酸（Isovaleric acid） | 0.024±0.015 | 0.0200±0.017 | 0.0037±0.0090* | 0.0092±0.0055 |
| 戊酸（Valeric acid） | 0.085±0.016* | 0.045±0.036 | 0.015±0.0036 | 0.051±0.020 |
| 己酸（Caproic acid） | 0.0034±0.00031 | 0.0032±0.00097 | 0.0026±0.00078* | 0.0038±0.00097** |

注：数据为平均值±标准差。分别采用单因素方差分析和图基事后检验法分析，**和*表示与对照组相比，在 0.05 和 0.01 水平上有显著性差异。每组小鼠的个数为 $n=6$。

在 FOS 处理组，在物种水平上厚壁菌 M10-2 与丙酸（propionic acid）、戊酸（valeric acid）和异丁酸（isobutyric acid）呈负相关，但与小鼠肠道元基因组呈正相关（图 13-9 A 和 B）。在属水平上异丁酸与帕匹杆菌属（g_Papillibacter）、拟普雷沃菌属（g_Alloprevotella）、毛螺菌科 FCS020 属（g_Lachnospiraceae_FCS020_group）、糖单胞菌属（Candidatus-Saccharimonas）、杆菌克属（g_Oscillibacter）和毛螺菌科 UCG-001 属（g_Lachnospiraceae UCG-001）呈正相关（P<0.05 或 P<0.01），与梭状芽孢杆菌呈负相关（P<0.05）（图 13-10A 和 B）。

## 六、讨论

研究结果表明，α 多样性指数在不同处理组之间存在明显差异。FOS 处理组 Shannon 指数显著降低（P<0.01），与 FOS 调节盲肠微生物的研究结果一致。由此可见，低聚果糖的摄入降低了肠道菌群的多样性。FOS 是一种可发酵的益生元，可作为大肠微生物群落的底物，刺激 α 和 β 多样性指数的变化。由此可见，富含 FOS 的羊乳显著降低了大肠菌群的多样性和丰富度。

在 β 多样性指数分析方面，通过 PCoA 分析，FOS 与对照组之间、FGS 与对照组之间存在显著差异，而 STS 与对照组之间的分离效果较低。分级聚类树显示，FOS 与 FGS 处理组的 OTU 在系统发育组成上聚成一组；这与之前关于摄入 FOS 或 FGS 对肠道菌群整体组成影响的研究结果一致。由于 FOS 是 FGS 的组成部分，这些结果表明，FOS 处理对大肠菌群结构有显著的调节作用。

对不同分类水平的肠道菌群组成的研究结果表明，用于丰富羊乳的三种不同低聚糖在门或科水平上造成了大肠菌群组成的显著差异。在门水平上，摄入 FOS 导致放线菌定植增加，这与先前研究的结果一致。有趣的是，最近的一项研究发现，FOS 治疗组的厚壁菌/拟杆菌（F/B）比率升高，表明 FOS 治疗可促进大肠中 SCFA 的产生，并降低宿主感染的风险。此外，F/B 比率也与体重指数呈显著正相关。此外，目前的研究结果表明，与科水平上的其他组相比，摄入 FOS 显著增加了乳酸杆菌科和双歧杆菌科的丰度（P<0.01 或 P<0.05），这与之前一些研究的结果相似。乳杆菌科中的乳杆菌属，被认为有利于改善肠道环境。由于双歧杆菌科属于放线菌门，如上文对 FOS 治疗组所述，前者的增加对应于后者的增加。双歧杆菌科通过干预某些疾病对其进行预防和治疗，从而有益于健康，如肠屏障功能障碍、便秘、脂肪性肝炎和病原体相关疾病。双歧杆菌科被广泛用作人类功能性食品制备中的可溶性益生菌。这是因为 FOS 是益生菌，是促进肠道有益微生物生长的首选碳源。综上所述，富含 FOS 的羊乳可以增加有益细菌的数量，恢复正常的微生物群，减少大肠各种疾病的发生。

微生物群与 SCFA 之间的相关分析表明，异丁酸、丙酸和戊酸是小鼠大肠中的三种主要 SCFA，与 Gunaranjan 等（2018）的研究结果一致。本研究进一步证明，在属水平异丁酸与帕匹杆菌属、拟普雷沃菌属、毛螺菌科 FCS020 属、糖单胞菌属、杆菌克属和毛螺菌科 UCG-001 属呈正相关，与无害梭菌属（Clostridium innocuum）呈负相关；在种水平丙酸、戊酸和异丁酸与厚壁菌 M10-2 呈负相关，与小鼠肠道亚基因组呈正相关。这些结果揭示了微生物群与 SCFA 之间的相互作用机制。此外，醋酸盐是肠道中一种重要的 SCFA，也是发酵的副产品，但在我们的微生物群和 SCFA 之间的相关性分析中没有显示。值得注意的是，FOS 治疗组双歧杆菌数量显著增加，可产生大量的醋酸盐。醋酸盐对宿主具有抗炎和抗凋亡作用，甚至在保护结肠免受病原体感染和抗癌方面发挥重要作用。由此可见，与添加 STS 和 FGS 的羊乳相比，添加 FOS 的羊乳能有效改善肠道环境，有利于宿主健康。小鼠生命周期短、成本低，因此以小鼠为模型对低聚糖对肠道菌群的影响进行了评价，但小鼠、大鼠和人类的肠道菌群存在一定的差异。由此可见，富含低聚糖的羊乳对人体大肠环境的影响有待进一步研究验证。

## 七、结论

关于 α 多样性，与纯羊乳或富含 STS 或 FGS 的羊乳相比，向羊乳中添加 FOS 可显著降低大肠微生物群落的多样性和丰富度。在 β 多样性方面，FOS 处理组与其它处理组相比，微生物群落结构发生了明显的变化，其中双歧杆菌和乳酸杆菌等著名有益细菌的丰度显著增加。通过功能预测发现羊乳中 FOS 可调节多种代谢，降低肠道细菌感染的风险，改善内分泌和免疫系统。丙酸、异丁酸和戊酸三种 SCFA 与某些有益微生物群呈正相关。综上所述，在羊乳中添加 FOS 在优化大肠菌群结构和改善大肠环境方面具有巨大的潜力。研究结果对开发以羊乳为原料的低聚糖复合功能食品，揭示其各自的作用机制具有重要意义。

# 第十四章 复合乳酸菌发酵羊乳对大肠菌群影响及机理分析

## 第一节 发酵乳与肠道健康

### 一、益生菌生理功效

肠道是一个复杂而呈动态的生态系统，有大量的微生物群落密集分布，其中数以十亿计的微生物群落覆盖在胃肠道的黏膜层上，直接参与人体内的各种代谢活动，与人类健康密切相关。包括：产生短链脂肪酸、预防肥胖、保护肠上皮细胞、促进肠血管生成、减轻炎症性疾病、维持和恢复肠上皮细胞的功能、保持黏膜免疫稳态、产生具有免疫调节活性的分子、增强人体内的免疫力和矿质元素的生物利用度、降低某些癌症的风险。上述肠道微生物群落的健康益处主要归因于益生菌。益生菌被称为"活的微生物"，当给予足够的数量时，有益于宿主健康。益生菌和益生菌衍生的功能因子也对维持肠道内稳态的细胞反应和信号通路产生影响。

### 二、发酵乳生理作用

酸牛乳通常用于提供益生菌，它可以缓解乳糖不耐受症和慢传输型便秘（STC）。值得注意的是，与牛乳相比，羊乳具有更高的营养价值和独特的保健功能，因此越来越受到重视。具体而言，羊乳中蛋白质、氨基酸、脂肪、低聚糖和矿物质的含量均高于牛乳。此外，羊乳本身可以调节人体免疫系统，改变肠道微生物群落，提高记忆力。到目前为止，关于发酵羊乳的研究还很少。

目前，关于不同乳酸菌联合发酵羊乳对肠道内环境的改善以及其中微生物群落与短链脂肪酸（SCFAs）之间的关联性研究较少。为阐明发酵羊乳对大肠内环境改善的保健功能机理，采用 16S rRNA 基因高通量测序和气相色谱-质谱（GC-MS）技术分析大鼠肠道菌群和 SCFAs 水平，研究不同乳酸菌联合发酵羊乳对小鼠大肠微生物结构和短链脂肪酸水平的影响，进一步分析其中微生物群落与SCFAs 之间的相关性。

# 第二节　复合乳酸菌发酵羊乳对大肠菌群和短链脂肪酸水平的调控

## 一、发酵羊乳（FGM）制备

羊乳采集后放入装有冰袋的无菌玻璃容器中快速带回实验室，2～4℃冷藏备用。乳酸菌（唾液链球菌嗜热亚种、德氏乳杆菌保加利亚亚种和双歧杆菌乳酸亚种）购自江苏常州益菌加生物科技有限公司。95℃下加热羊乳 15min，冷却至42℃。加入体积分数为5%的粉末发酵菌株，42℃发酵4h，2℃过夜，共制备两种发酵羊乳。SL 发酵羊乳乳酸菌组合：唾液链球菌嗜热亚种（$10^8$CFU/g）和德氏乳杆菌保加利亚亚种（$10^8$CFU/g）。SLB 发酵羊乳乳酸菌组合：唾液链球菌嗜热亚种（$10^8$CFU/g），德氏乳杆菌保加利亚亚种（$10^7$CFU/g）和双歧杆菌乳酸亚种（$10^9$CFU/g）。

采用平板计数法测定发酵羊乳中唾液链球菌嗜热亚种、德氏乳杆菌保加利亚亚种和双歧杆菌乳酸亚种的活菌数。用 10g 发酵羊乳和无菌蛋白胨水（质量浓度为 1.5g/L）制备连续稀释液（连续稀释 10 倍），然后将 1mL 合适的稀释液置于培养基上进行细菌计数。唾液链球菌嗜热亚种计数使用添加了质量浓度为 50g/L 无菌乳糖的 M17 琼脂培养基，微需氧条件下 45℃培养 48h 后计数。德氏乳杆菌保加利亚亚种计数采用 MRS 琼脂培养基（pH 5.2），45℃厌氧培养 72h 后计数。双歧杆菌乳酸亚种计数使用添加了质量浓度为 0.5g/L L-半胱氨酸-HCl 的莫匹罗星锂盐改良（Li-Mupirocin）MRS 培养基，在厌氧条件下 45℃培养 72h 后计数。

## 二、实验动物

6 周龄雄性 BALB/c 小鼠（体重：20g±2g）购自西安交通大学医学院，在标准动物设施中进行喂养，12h 的光/暗循环，控制温度为(23±2)℃，湿度为45%±5%，小鼠自由饮食和进水。适应性喂养 1 周后，将小鼠分为 3 组，每组 6 只。对照组饲喂鲜羊乳，SL 组饲喂 SL 发酵羊乳，SLB 组饲喂 SLB 发酵羊乳。每只小鼠每天喂 5mL 鲜羊乳或 SL 发酵羊乳或 SLB 发酵羊乳，持续 4 周。动物实验遵循《陕西师范大学动物护理指南》（许可证号：2018SNNU046）。

## 三、大肠内容物微生物 DNA 提取和 PCR 扩增

大肠内容物中微生物基因组 DNA 提取使用 E.Z.N.A.® Soil DNA 提取试剂盒（Omega Bio-tek，Norcross，GA，U.S.）。DNA 浓度测定采用 NanoDrop ND-1000 分光光度计（Thermo Fisher Scientific，Waltham，MA，USA）。DNA 质量检测采用 0.8%琼脂糖凝胶电泳。PCR 扩增 16S rRNA 基因 V3～V4 可变区正反向引物分别为：

338F（5′-ACTCCTACGGGAGGCAGCA-3′）；

806R（5′-GGACTACHVGGGTWTCTAAT-3′）。

20μL PCR 反应体系：FastPfu 缓冲液（5×）4μL，dNTPs（2.5mmol/L）2μL，正向引物 0.8μL，反向引物 0.8μL，FastPfu 聚合酶 0.4μL，DNA 模板 10ng。PCR 反应条件：预变性 98℃，2min，变性处理 98℃，15s，55℃退火 30s，72℃延伸 30s，共计 25 个循环；最后 72℃延伸 5min。

## 四、大肠内容物 16S rRNA 基因 Illumina-MiSeq 序列分析

回收 2%琼脂糖凝胶中扩增的基因产物，并采用 AxyPrep DNA 凝胶提取试剂盒进行纯化（Axygen Biosciences，Union City，CA，U.S.）。纯化的扩增产物等物质的量混合在 Illumina MiSeq 平台上以对端方式（2×300bp）进行测序。对测序所得到的数据使用微生物生态学定量分析软件包（QIIME，Version 1.8）进行分解复用和质量过滤。QIIME 分析软件预处理包括去除正向和反向引物序列中两个以上不匹配的读取数据，并从读取数据中截断引物序列。出现以下情况，应过滤掉额外的读取数据：①检测到不匹配或不明确的碱基；②重叠序列长度短于 10bp；③平均质量分数在 50 bp 的滑动窗口上低于 20。USEARCH 对读取数据进一步质量过滤，以去除噪声和嵌合体。在置信度阈值 70%水平上，对每个 OTU 选择一个有代表性的序列，使用核糖体数据库（RDP）和 SILVA（SSU115）数据库进行分类和标准化，以生成一个相对丰度表。本研究以最终获得的平均长度为

424bp 的共计 768802 条高质量序列和被 UPARSE 以 97%的相似性聚集成的 608 个操作分类单元（OTUs）为样本进行分析。

## 五、生物信息学分析

使用 R 软件（version 3.2.0）对肠道菌群的数据进行可视化和整体统计分析，除非另有说明。采用 Chao 1 和 Shannon（OTU）指数绘制稀疏曲线以反映序列采样深度。Miseq 序列数据的 α 多样性分析采用 MOTHUR（version v.1.30.1）软件进行。α 多样性包括丰富度指数 Chao 1（观测 OTU）和多样性指数 PD-Whole-tree。采用 Student's $t$-检验评价组间 α 多样性指数差异性大小。

β 多样性采用 QIIME Bray-Curtis 距离进行评价，β 多样性进行可视化分析用非度量多维标度（NMDS）分析和算术平均数的非加权组平均法（UPGMA）聚类树分析。用 QIIME 进行特有或共有 OTU 维恩图分析及微生物群落结构条形图分析。采用 Kruskal-Wallis 检验和 FDR 校正分析组间微生物群落相对丰度差异大小。

## 六、处理组间的多元统计分析

采用 Mothur 1.30.1 软件进行分子方差分析（AMOVA）。使用 Vegan 和 R 语言包进行 ANOSIM 分析。采用线性判别分析（LefSe）评价 LDA 评分条形图得分，LDA 评分阈值设置为 3。线性判别分析效应值在 0.05 水平上有统计学意义。

## 七、大肠内容物 SCFA 与微生物 16S rRNA 基因的联合分析

采用 R 语言中的 Vegan 包绘制热图来分析短链脂肪酸与微生物群落之间的相关性。OTU 与 SCFA 相关性通过 Spearman 相关系数计算。SL 处理组、SLB 处理组和对照组小鼠大肠内容物中 SCFAs（乙酸、丙酸、丁酸、异丁酸、异戊酸、戊酸、异己酸和己酸）通过 GC-MS/MS 进行定量分析。回归方程相关系数应大于 0.6。

## 八、统计分析

两组间的差异采用双尾 Student's $t$-检验。多重比较采用 Kruskal-Wallis 检验或

单因素方差分析进行。单因素方差分析前，进行正态性和同方差性评估。$P<0.05$ 为差异性有统计学意义。

# 第三节　复合乳酸菌发酵羊乳对大肠菌群和
# 短链脂肪酸水平的调控结果与分析

## 一、大肠菌群测序深度和微生物多样性

大肠菌群测序深度如图 14-1 所示。

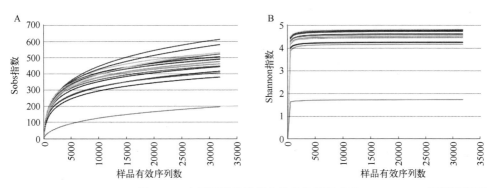

图 14-1　大肠菌群分类操作单元的稀释曲线

Sobs（A）和 Shannon 指数（B）曲线显示了有效的测序深度

大肠微生物群落的丰富度和多样性分析如图 14-2 所示。

对 18 份处理组小鼠大肠样本进行 16S rRNA 基因测序，获得 1763915 个序列。所选序列的长度分布主要在 400～440bp 之间。总的来说，1092 个 OTU 来自于 97% 的非重复序列。Sobs 指数（图 14-1A）和 Shannon 指数（图 14-1B）的稀释曲线都表明，抽样工作足以反映微生物群落的丰富度。

通过 Chao 1 和 PD-Whole-tree 指数评估的 α 多样性用于反映样品中微生物群落的丰富度和多样性（图 14-2A 和 B）。观察到 SL 组的大肠菌群丰富度显著高于 SLB 组和对照组（*$P<0.05$ 和**$P<0.01$）（图 14-2A），且 SL 组的多样性最丰富（*$P<0.05$）（图 14-2B）。通过 β 多样性分析，评价了不同群落结构的差异。所有组在 OTU 层次上用层次聚类树进一步聚类。同时，通过 NMDS 分析发现，不同处理的样品有明显的聚类分离趋势（图 14-2C）。

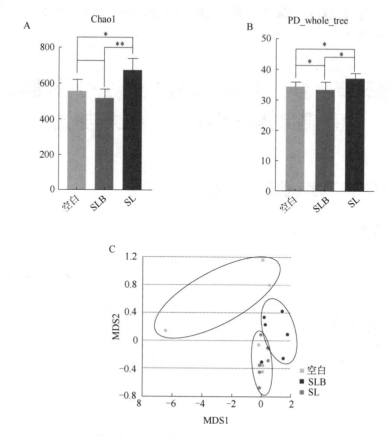

图 14-2　大肠微生物群落 α 和 β 多样性

　　利用丰富度指数 Chao 1（图 A）和多样性指数 PD-Whole-tree（图 B）在 OTU 水平计算的 α 多样性表示了三组之间的微生物差异（Student's $t$-检验，*$P<0.05$ 和 **$P<0.01$）。图 C 为利用非度量多维标度（NMDS），将多维空间中的研究对象（样本或变量）简化为低维空间进行定位和分类，同时保留对象之间的原始关系，来表示样本的空间位置。空白代表对照组；SL 发酵羊乳乳酸菌组合为唾液链球菌嗜热亚种和德氏乳杆菌保加利亚亚种；SLB 发酵羊乳乳酸菌组合为唾液链球菌嗜热亚种，德氏乳杆菌保加利亚亚种和双歧杆菌乳酸亚种

## 二、大肠特有和共有的微生物类群

　　为了研究不同处理方式下小鼠肠道微生物的分布，建立了一个维恩图来描述三组小鼠肠道内共有的和独特的微生物 OTU（图 14-3）。

　　在 18 个样本中，共发现 615 个共有 OTU。在 SL、SLB 和对照组中，分别有 150 个、35 个和 91 个 OTU 是各组所特有的。SL 组与 SLB 组共有 OTU 有 85 个，SL 组与对照组共有 OTU 有 76 个，对照组与 SLB 组共有 OTU 有 40 个。

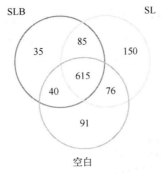

图 14-3　大肠微生物群中特有和共有 OTU 数量维恩（Venn）图

数值是 OTU 的数量。圆圈分别代表 SL、SLB 和对照组（空白）

## 三、大肠菌群组成

大肠菌群在门、属水平上的组成及差异分别如图 14-4、图 14-5 所示。

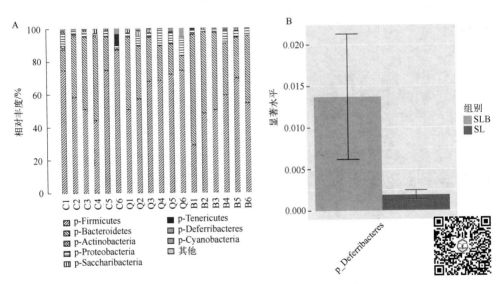

图 14-4　大肠菌群组成及其在门水平上的差异

　　图 A 为小鼠大肠优势菌群在门水平上的组成。相对丰度不到 1% 的门被合并到其它门中。C1～C6 为对照组，Q1～Q6 代表用 SLB 发酵的羊乳，B1～B6 代表用 SL 发酵的羊乳。图 B 为用 Wilcoxon 检验进行单因素方差分析，比较两组微生物类群在门水平上的差异。相对丰度不到 1% 的门被合并到其他门中。A 图中纵坐标为相对丰度。B 图纵坐标表示显著水平。

　　在不同的分类水平上对大肠微生物群落组成的分析揭示了比例上的一些差异。从图 14-5A 可以看出，在所有样品中都清楚地发现了 8 个门，其中最常见的门是厚壁菌门（Firmicutes），其次是拟杆菌门（Bacteroidetes）、变形杆菌门（Proteobacteria）

和糖杆菌门（Saccharibacteria），相对丰度依次递减（图 14-4A）。此外，观察到 SLB 组的脱铁杆菌门（Deferribacteres）比例显著高于 SL 组（$P<0.05$）（图 14-4B），表明摄入双歧杆菌乳酸亚种（*B. lactis*）发酵的羊乳可以增加大肠菌群中脱铁杆菌门的比例。

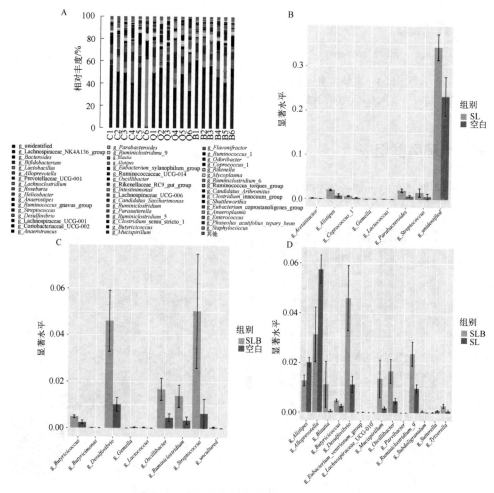

图 14-5　大肠菌群在属水平上的组成及差异

图 A 表示小鼠大肠中属水平优势微生物群落的组成，小于 1%丰度的属合并到其他属中。C1～C6 为对照组，Q1～Q6 代表用 SLB 发酵的羊乳，B1～B6 代表用 SL 发酵的羊乳。图 B、图 C、图 D 表示通过单因素方差分析和 Wilcoxon 检验分别确定两组微生物类群在属水平上的差异

在属水平上，发现所有样品中约有 49 个属（图 14-5A）。两组微生物类群的差异表明，与对照组相比，SL 发酵的羊乳摄入增加了产醋菌属（*Acetatifactor*）、另枝菌属（*Alistipes*）、粪球菌属（*Coprococcus*）、青春双歧杆菌属（*Parabacteroides*）、

链球菌属（*Streptococcus*）（图 14-5B），SLB 发酵的羊乳摄入增加了丁酸球菌属（*Butyricicoccus*）、脱硫弧菌属（*Desulfovibrio*）、震颤杆菌属（*Oscillibacter*）、瘤胃梭菌属（*Ruminiclostridium*）、链球菌属（*Streptococcus*）和某些未知菌的比例（图 14-5C）。此外，还发现处理组之间的微生物群落组成存在明显差异。SLB 发酵的羊乳摄入使布劳特氏菌属（*Blautia*）、丁酸球菌属（*Butyricicoccus*）、脱硫弧菌属（*Desulfovibrio*）、舍氏小螺菌属（*Mucispirillum*）、震颤杆菌属（*Oscillibacter*）、瘤胃梭菌属（*Ruminiclostridium*）、小球菌属（*Subdoligranulum*）和埃兹拉蒂菌属（*Tyzzerella*）的比例均高于 SL 组，而另枝菌属（*Alistipes*）、拟普雷沃菌属（*Alloprevotella*）和萨特氏菌属（*Sutterella*）的丰度均低于 SL 组（图 14-5D）。

## 四、处理组间大肠菌群的多元统计分析

处理组间大肠菌群的 Anosim 分析如图 14-6 所示。

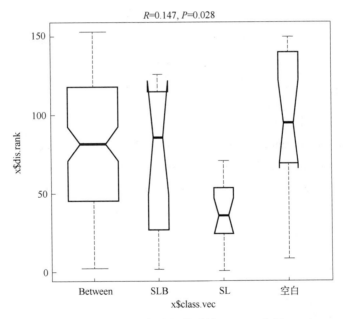

图 14-6　处理组间大肠菌群的 Anosim 分析

使用 Vegan 和 R 软件包进行 Anosim 分析

两组之间的 $R$ 值都远远大于零，表明组间的差异大于组内的差异（图 14-6），并且对 SL 和 SLB 组的 Anosim 分析得出 $P$ 值小于 0.05，表明 SL 和 SLB 组之间具有统计上的显著差异（表 14-1）。

表 14-1　方差分析的 *R* 值和 *P* 值

| 组 | *R* 值 | *P* 值 |
|---|---|---|
| 对照和 SLB | 0.1259 | 0.138 |
| SL 和 SLB | 0.2944 | 0.024 |
| 对照和 SL | 0.03889 | 0.25 |

注：*R* 值介于−1 到 1 之间，表明组间的显著差异大于组内的差异，大于零的 *R* 值表示组间差异具有统计学意义，反之亦然。*P*<0.05 有统计学意义。

基于线性判别分析（LDA）的评分条形图如图 14-7 所示。

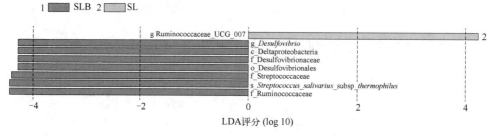

图 14-7　基于线性判别分析（LDA）评分的条形图

LDA 效应大小（LEfSe）分析显示，在 LDA 评分设置为 3 分的情况下，各组间物种差异显著。该条形图显示，在 LDA 评分为 3 的情况下，SLB 组和 SL 组的物种差异显著。不同序号的条形图代表不同的处理（1，SLB；2，SL），条形图的长度代表显著不同物种的效应大小

LDA 评分结果表明，在 SLB 组中，脱硫弧菌属（g_*Desulfovibrio*）、变形菌纲（c_Deltaproteobacteria）、脱硫弧菌科（f_Desulfovibrionaceae）、脱硫弧菌目（o_Desulfovibrionales）、链球菌科（f_Streptococcaceae）、唾液链球菌嗜热亚种（s_*Streptococcus_Salivarius*_subsp_*thermophilus*）、瘤胃菌科（f_Ruminococcaceae）是显著不同的物种，与 SL 组中瘤胃球菌科 UCG-007 属（g_*Ruminoccaceae_UCG_007*）的结果相同（图 14-7）。

基于 LDA 效应尺寸分析的分类图如图 14-8 所示，优势种间的互作图如图 14-9 所示。

基于 LDA 效应尺寸分析的分类图进一步表明，不同的分类水平（从门到属）在 SLB 组中具有显著不同的物种，比如，变形菌纲（c_Deltaproteobacteria）、脱硫弧菌科（f_Desulfovibrionaceae）、脱硫弧菌目（o_Desulfovibrionales）、链球菌科（f_Streptococcaceae）、瘤胃菌科（f_Ruminococcaceae）分别处于纲、目和科水平（图 14-8）。优势种间的互作图分析表明，厚壁菌门（Firmicutes）与其亚种和几乎所有其他显著不同的种之间存在正相关。拟杆菌门（Bacteroidetes）与厚壁菌门之间仅存在正相关，变形杆菌门（Proteobacteria）与厚壁菌门和拟杆菌门之间存在正相关，放线菌门（Actinobacteria）与几乎所有其他优势物种呈负相关（图 14-9）。

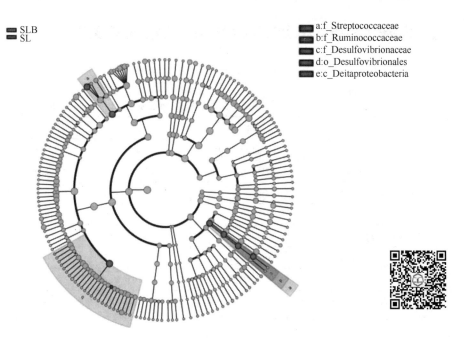

图 14-8　基于线性判别分析（LDA）效应尺寸分析的分类图（Cladogram）

由内向外辐射的圆圈代表了从门到属（或种）的分类层次。不同分类级别的每个小圆代表该级别的一个子分类，小圆的直径与相对丰度成正比。无显著差异的物种呈均匀黄色，生物标志物显著差异的物种以类群颜色为准。红色节点代表在红色组中起重要作用的微生物组，类似于绿色节点。以英文字母命名的物种如右侧的图例所示

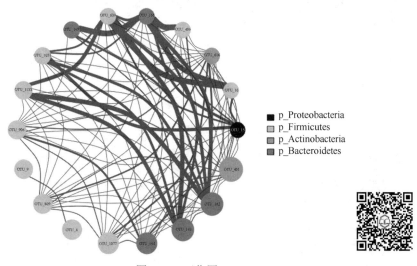

图 14-9　互作图

互作图以 OTU 为基础，在门水平上显示了优势种之间的相关性。节点代表 OTU。节点的面积代表物种或 OTU 的丰度，红线表示物种之间正相关，与蓝线正好相反。线的厚度与相关性成正比。采用 R 软件包和 cytoscape 软件 3.7.1 进行 Spearman 相关性分析，建立互作图，相关系数大于 0.6，统计学显著性在 0.05 水平

## 五、大肠微生物群与短链脂肪酸（SCFA）的相关性

大肠短链脂肪酸的浓度如表 14-2 所示。

表 14-2　大肠短链脂肪酸浓度　　　　　　单位：μg/mL

| 名称 | 对照 | SL | SLB |
|---|---|---|---|
| 乙酸（Acetatic acid） | 3.0211±0.73001 | 3.2173±1.52728 | 2.5484±0.47977 |
| 丙酸（Propionic acid） | 0.7158±0.21323 | 0.7295±0.16849 | 0.5499±0.14552 |
| 异丁酸（Isobutyric acid） | 0.043±0.01243 | 0.0325±0.02632 | 0.0370±0.02008 |
| 丁酸（Butyric acid） | 1.3658±0.37043 | 0.7491±0.37571* | 0.7931±0.23710* |
| 异戊酸（Isovaleric acid） | 0.0243±0.01526 | 0.0217±0.01365 | 0.0235±0.01136 |
| 戊酸（Valeric acid） | 0.0852±0.01602 | 0.0595±0.04803 | 0.0516±0.02935 |
| 己酸（Caproic acid） | 0.0034±0.00031 | 0.035±0.00033 | 0.0033±0.00085 |

注：数据为平均值±标准差。*表示在 0.05 水平上，与对照组相比，采用单因素方差分析和图基事后检验法分析，差异具有统计学意义。每组小鼠的个数为 $n=6$。

大肠微生物群落和短链脂肪酸在属和种水平上的关系热图如图 14-10 所示。

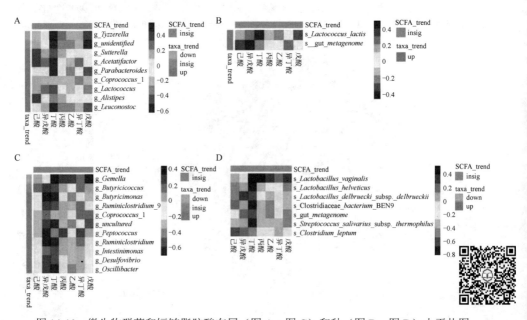

图 14-10　微生物群落和短链脂肪酸在属（图 A、图 C）和种（图 B、图 D）水平热图

图 A 和图 B：SL 组；图 C 和图 D：SLB 组。横坐标是样本名称，纵坐标是物种名称。样品中各物种丰富度的变化用不同的色块梯度表示。图的右侧是颜色渐变表示的值。绿色和红色分别代表负相关和正相关

　　SL 组中丁酸在属水平上与埃兹拉蒂菌属（*Tyzzerella*）呈正相关，与产醋菌属（*Acetatifactor*）、青春双歧杆菌属（*Parabacteroides*）和明串珠菌属（*Leuconostoc*）呈负相关（图 14-10A）；在 SL 组中，异戊酸与肠道元基因组呈正相关，丁酸在种水平上与乳酸乳球菌（*Lactococcus_lactis*）呈负相关（图 14-10B）。同时，SLB 组中，异戊酸与瘤胃梭菌属（*Butyricimonas*）、消化球菌属（*Peptococcus*）、瘤胃梭菌属（*Ruminiclostridium*）呈显著正相关，丁酸和戊酸与孪生球菌属（*Gemella*）呈显著正相关，而丁酸与丁酸弧菌（*Butyricimonas*）、瘤胃梭菌属（*Ruminiclostridium*）、震颤杆菌属（*Oscillibacter*）呈显著负相关（图 14-10C）；丁酸和丙酸呈显著正相关，与阴道乳杆菌（*Lactobacillus-vaginalis*）呈负相关，而丁酸与瑞士乳酸杆菌（*Lactobacillus_helveticus*）、梭状菌（*Clostridiaceae_bacterium_BEN9*）、唾液链球菌嗜热亚种（*Strptococcus-Salivarius-subsp._thermophilus*）呈负相关（图 14-10D）。与对照组相比，SL 和 SLB 组的丁酸水平均显著降低（$P<0.05$），但其他 SCFA 水平无显著变化（$P>0.05$）（表 14-2）。使用 MetPA 数据库（http://www.metaboanalyst.ca）分析了显著不同的 SCFA 对代谢途径的影响。结果表明，丁酸是丁酸代谢中的初始 SCFA，共涉及 15 种代谢物（图 14-11）。

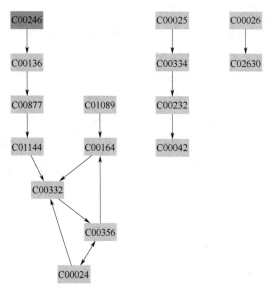

图 14-11　丁酸代谢（C00246 表示丁酸）

## 六、讨论

　　研究发现，发酵羊乳的摄入可改变小鼠大肠内微生物 α 和 β 多样性。在 α 多样性方面，发现 SLB 组的 PD_whole_tree 指数下降（$P<0.05$），表明小鼠大肠中的

微生物多样性下降，与之前使用 *B. lactis* 进行的体外研究结果一致。同时，SLB（*S. thermophilus*，*L. bulgaricus*，and *B. lactis*）组的 Chao1 和 PD_whole_tree 指数显著增加（$P<0.01$，$P<0.05$），表明小鼠大肠微生物群落的丰富度和多样性均显著增加。有趣的是，Rettedal 等（2019）研究表明，在 Sprague-Dawley 大鼠盲肠中，未发酵和发酵羊乳之间的微生物群落 α 多样性没有显著差异。同时，Usui 等（2018）报告显示，长期摄入 LB81 酸乳［包括德氏乳杆菌保加利亚亚种（*Lactobacillus delbrueckii* subsp. *bulgaricus* 2038）和唾液链球菌嗜热亚种（*Streptococcus thermophilus* 1131）］后，ICR 小鼠粪便中微生物群的 α 多样性没有明显变化。这些结果与目前的研究结果不一致，这可能是由于具有羊乳、乳酸菌菌株、取样部位、选定模型动物物种的差异。

β 多样性分析结果表明，摄入 SL 或 SLB 发酵的羊乳可显著改变小鼠大肠微生物结构。NMSD 图和层次聚类树均表明，两个处理组和对照组被划分为三个不同的聚类。结果与之前的研究结果一致，研究表明益生菌的发酵乳对小鼠肠道微生物结构有显著影响。研究表明，在门水平上 SL 组拟杆菌门（Bacteroidetes）比例增加，而厚壁菌门（Firmicutes）减少，表明厚壁菌门/拟杆菌门（F/B）比例下降，与之前的研究结果一致。值得注意的是，拟杆菌门仅与厚壁菌门呈正相关，并与增强肠内支链氨基酸分解代谢和涉及 SCFA 合成的蛋白质表达相关。SCFA 尤其与减轻肠道炎症、改善能量代谢、减轻体重有关。同时，目前的研究表明，SLB 组中变形杆菌门（Proteobacteria）的丰度显著增加，这是胃肠道中为数不多的兼性厌氧菌之一。变形杆菌门会对肠道微生物群落失调和各种疾病（代谢紊乱和肠道炎症）的发生作出反应，它可以使肠道环境有利于专性厌氧菌的初始繁殖。此外，还发现，SLB 处理诱导了脱铁杆菌门（Deferribacteres）的增加，脱铁杆菌的铁还原能力限制了大肠中的一些有害细菌的生长（如沙门氏菌）。因此，可以推断，摄入复合细菌或 SLB 发酵的羊乳对大肠有潜在的益处。

在属水平上，两个处理组链球菌属（*Streptococcus*）的比例都增加了，这与先前研究的结果一致。链球菌属在乳糖不耐受症患者的乳糖降解方面起着重要作用。乳酸能在大肠微生物群落中形成并强化内源性细菌群落。乳酸是一种强大的抗菌因子，可抑制病原体的生长，同时促进肠道微生物群落的生长，这些微生物消耗乳酸并随后产生次生短链脂肪酸（例如丙酸和丁酸）。此外，目前的研究表明，SLB 处理显著增加了脱硫弧菌属（*Desulfovibrio*）、震颤杆菌属（*Oscillibacter*）和瘤胃梭菌属（*Ruminiclostridium*）的丰度。震颤杆菌属与人类体重（BW）和体重指数（BMI）呈负相关，但与炎症标志物（IL-6）呈正相关。瘤胃梭菌属是一种专性厌氧菌，参与纤维素分解，并可能在肠-脑轴信息交流系统发挥作用。综上所述，摄入含 SLB 的发酵羊乳，可能更有利于抑制病原菌的生长和改善肥胖，对改善大肠健康也更为有效。

　　SCFA 不仅可以作为宿主细胞和肠道菌群的能量来源，还可以通过增加肠道屏障功能来减少全身炎症，改善脂质和葡萄糖代谢。此外，它们可以增加矿物质的吸收，并防止大肠疾病的发展，如溃疡性结肠炎和结直肠癌。值得注意的是，除丁酸外，处理组和对照组之间几乎所有 SCFA 的水平均无显著差异，丁酸是胃肠道中的主要 SCFA 之一，在结肠中吸收率高达 95%，与上述微生物群落和短链脂肪酸之间的热图结果一致。我们之前的研究表明，富含低聚果糖的羊乳可以增加乳酸杆菌科（Lactobacillaceae）和双歧杆菌科（Bifidobacteriaceae）的丰度。值得注意的是，双歧杆菌能产生醋酸，对宿主具有抗炎和抗凋亡作用，甚至在保护结肠免受病原体感染和抗癌方面发挥重要作用。因此，将 SL 或 SLB 发酵的羊乳与低聚果糖复合使用，可以更有效地改善肠道环境，有益于宿主健康。

# 七、结论

　　益生菌对人体肠道健康起着重要作用。研究复合乳酸菌发酵羊乳对小鼠大肠菌群结构的影响结果表明，SL 组的大肠菌群丰富度最高，SLB 组的多样性最为丰富，SL、SLB 和对照组根据系统发育组成或非度量多维标度（NMDS）可分为 3 个独立的类群。摄入复合乳酸菌发酵的羊乳可改变大肠菌群结构，SLB 处理组有利于抑制病原菌生长，预防肥胖，对改善大肠健康有重要的作用。

# 第十五章 羊乳联合低聚糖对小肠微生物群落影响及机理分析

## 第一节 低聚糖与肠道健康

### 一、小肠的生理作用

人和动物的胃肠道内定植有高度多样化的微生物群落，它们已被证明与宿主的健康密切相关。目前，大多数的研究均面向大肠或粪便中微生物的组成、短链脂肪酸（SCFA）的水平、宿主的代谢以及免疫应答所开展。然而，关于小肠内环境调控的研究却十分少见。众所周知，小肠中定植有复杂的微生物群落，这使小肠成为人类和动物体内营养物质吸收和能量获取的重要场所。值得注意的是，小肠中的微生物经常会受到诸如低 pH、抗菌肽、消化液数量和组成的波动等不利因素的影响。因此，可以推测出小肠微生物在应对环境压力和饮食改变时具有一套灵活且有效的应对措施，而这种措施可能会对宿主的代谢活动和免疫稳态产生潜在影响。此外，小肠微生物还可以通过控制肠内生物信号的分泌系统来调节脂肪的消化与吸收，例如，小肠中的微生物被证明可以在一定程度上影响脂肪酸在肠细胞中的转运。同时，所有可利用的营养素的吸收，特别是对简单碳水化合物的快速吸收和转化，已经被证明对维持和塑造小肠微生物群落的结构十分重要。

## 二、低聚糖的生理作用

低聚糖是一类由 3 至 10 个糖分子所组成的相对简单的碳水化合物。它们可以通过选择性地模拟某些微生物的生长来改变肠道中代谢物的比例，进而对宿主的健康产生有益的影响。此外，低聚糖还可以利用不同微生物间发酵特性的差异，选择性促进如双歧杆菌等有益菌的增殖，并减少梭状芽孢杆菌等有害菌的数量。目前，低聚糖已被应用于食品的生产中，比如，用以调节肠道内环境的配方乳等。

## 三、羊乳的保健作用

大量研究表明，羊乳不仅易于被人体消化吸收，而且对人的胃部具有良好的保护作用，其营养结构也被证明与人类母乳的营养结构最为接近。目前肠道消化系统疾病十分常见，因此通过改善小肠中的菌群结构来保护胃肠道健康不失为一种行之有效的应对方法。但是，目前关于羊乳和低聚糖组合对小肠内环境影响的研究并不多见。

本研究旨在探究羊乳与低聚糖的组合物对小鼠小肠微生物区系结构、短链脂肪酸的含量以及 TNFα 等免疫因子表达水平的影响。同时，利用 KEGG 数据库对小鼠的代谢和疾病进行功能预测分析。本研究揭示了羊乳与低聚糖组合物对小肠环境改善的作用机制，这对设计高效的羊乳与低聚糖的组合以及开发功能性或配方食品具有重要意义。

# 第二节　羊乳联合低聚糖对小鼠小肠肠道微生物群落影响

## 一、羊乳和益生素

采集山羊乳，并用带有冰袋的无菌玻璃容器运送至实验室。低聚果糖（FOS，纯度>95%）购自中国广东省深圳市五谷磨坊控股有限公司。水苏糖（STS，纯度>80%）和益生素混合物（FGS）[FOS（30.8%）、低聚半乳糖（GOS）（34.6%）、STS（25.5%）]均购自中国河北廊坊中宝堂科技有限公司。将 FOS、STS 和 FGS 分别添加到羊乳中，制备质量浓度为 50g/L 的试验乳。

## 二、小鼠饲喂

6 周龄 BALB/c 雄性小鼠（体重：20g±2g）购自西安交通大学健康科学中心（中国陕西）。饲养条件：温度 22～25℃，湿度 40%～45%，12h 明/暗循环。在试验开始前，所有小鼠被允许自由摄入巴氏杀菌羊乳（95℃，15min）。经过一周的适应后，所有小鼠被随机分为四组（每组 $n=6$）：对照组（空白）、STS 组、FOS 组和 FGS 组。小鼠分别饲喂上述的巴氏杀菌羊乳、添加不同种类低聚糖的羊乳（试验乳）四周。整个实验过程中涉及实验动物的操作均严格按照中国《陕西师范大学动物护理指南》进行（许可编号：2018SNNU046）。

## 三、小肠样本收集和 DNA 提取

在麻醉状态下通过颈椎脱位法处死小鼠，提取小肠样本并立即在液氮中冷冻，然后在-80℃下储存直至使用。使用 E.Z.N.A.® soil DNA kit（Omega Bio-tek，Norcross，GA，USA）从小肠内容物中提取微生物的宏基因组 DNA。DNA 浓度和质量分别用 ND-1000 纳米滴定分光光度计（Thermo Fisher Scientific，Waltham，MA，USA）和 0.8%琼脂糖凝胶电泳测定。

## 四、PCR 和 16S rRNA 基因测序

使用通用引物 338F 和 806R（正向引物 338F：5′-ACTCCTAGGGGGCAGCA-3′，反向引物 806R：5′-GGACTACHVGGGTWTCTAAT-3′）对微生物 16S rRNA 基因 V3～V4 可变区进行扩增。引物中均添加了用于制作 Illumina 文库的 DNA 接头和对每个样本的测序结果进行分类的八碱基条形码。每个 20μL 反应体系包含 4μL 5 × FastPfu 缓冲液，2μL 2.5mmol/L dNTPs，正向和反向引物各 0.8μL，0.4μL FastPfu 聚合酶和 10 ng 模板 DNA。PCR 反应条件如下：98℃处理 2min，然后在 98℃变性 15s，在 55℃退火 30s，在 72℃延伸 30s，循环 25 次，最后一个循环结束后，升温至 72℃并保持 5min。PCR 扩增产物使用 2%琼脂糖凝胶和 AxyPrep DNA Gel Extraction Kit（Axygen Biosciences，Union City，CA，U.S.）进行提取和纯化并通过 QuantiFluor™-ST（Promega，U.S.）进行定量。使用 Illumina MiSeq 平台对经纯化的扩增子以等物质的量混合，并进行末端配对测序。

## 五、序列处理与分析

按照 Langille 等人的方法对序列进行处理和分析，但有所优化。按照 Quantitative Insights Into Microbial Ecology（QIIME）pipeline 1.8.0.中的流程对 16S rRNA 基因序列进行读取。在 50bp 的滑动窗口下，读序列的质量分数需超过 20。条形码中不允许出现任何不确定的碱基（N）和不匹配现象。在两个引物之间，最多允许存在两个碱基的错配现象。重叠区的最大错配率需低于 0.2。使用 USEARCH（version 7.1）去除嵌合体。通过 UPARSE（version 7.1）将过滤后的读序列以 97% 的相似阈值聚集到操作分类单元（OTU）中。使用核糖体数据库（Ribosomal Database Project，RDP）分类器（version 2.2）对每个 OTU 中丰度最高的代表性序列按 70%的置信阈值进行分类，分类结果由细菌 Silva 数据库进行处理并生成相对丰度表。

所有 QIIME 数据均通过 R 语言进行可视化和统计分析，除非另有说明。使用 Sobs 和 Shannon 指数绘制稀释曲线，用以比较微生物群落的测序深度。使用 ace and InvSimpson 指数在 OTU 水平上评估微生物群落的 α 多样性。使用 MOTHUR（version v.1.30.1）计算所有用于稀释曲线的绘制和 α 多样性分析的指数。利用加权系数和 Bray-Curtis 距离指数分别进行主坐标分析（PCoA）和层次聚类。使用 R 语言绘制 Venn 图和群落组成图以展示不同组间共享和独特的 OTU。使用 PICRUSt 软件，利用标记基因数据和内参基因组数据库对元基因组的功能组成进行预测。

# 六、RNA 提取和实时荧光定量 PCR

使用 TRIzol 试剂（Invitrogen）提取小鼠肠道微生物的 RNA，并使用逆转录试剂盒将 RNA 反转录成互补 DNA（StarScript Ⅱ First-stand cDNA Synt-hesis Mix，GenStar）。实时荧光定量 PCR 的条件如下：95℃，10min；95℃，15s，目标特定退火温度下 30s（Gzmb 为 50℃，TNFα 为 54℃，Ahr 和 Prf 为 58℃），最后从 65℃延伸至 95℃，循环 40 次，并通过 β-actin（Actb）对所有实时荧光定量 PCR 数据进行标准化。采用 ΔΔCt 算法计算基因的相对表达量。目标引物序列如表 15-1 所示。

表 15-1　目标引物序列

| 目标基因 | 正向引物 | 反向引物 |
|---|---|---|
| TNFα | 5'-ACCCTCACACTCAGATCATC-3' | 5'-GAGTAGACAAGGTACAACCC-3' |
| Prf | 5'-CCACTCCAAGGTAGCCAAT-3' | 5'-GGAGATGAGCCTGTGGTAAG-3' |
| Gzmb | 5'-CTGCTAAAGCTGAAGAGTAAGG-3' | 5'-ACCTCTTGTAGCGTGTTTGAG-3' |
| Ahr | 5'-GAGCACAAATCAGAGACTGG-3' | 5'-TGGAGGAAGCATAGAAGACC-3' |
| Actb | 5'-AAGATGACCCAGATCATGTTTGAGACC-3' | |

## 七、短链脂肪酸（SCFA）的测定

### （一）SCFA 的提取

在 500μL 甲醇中加入 100mg 肠道内容物，30Hz 球磨研磨 1min，然后超声处理 30min，最后在 $600{\times}g$ 下离心 10min，离心结束后重复上述操作。将两次离心液混合并在 4℃下加入 50mg 无水 $Na_2SO_4$ 放置过夜。放置过夜的样品在 $600{\times}g$ 下离心 20min，对上清液进行气相色谱-质谱（GC-MS）检测。

### （二）GC-MS 条件

7890B-5977A 气相色谱-质谱检测器（Agilent Technologies Inc. CA，USA）；HPFFAP 毛细管柱（30m×0.25mm×0.25μm，Agilent J & W Scientific，Folsom，CA，USA）。载气：氦气（纯度≥99.999%），流速 1.0mL/min，压强 43Pa。气相色谱条件为：前进样口温度为 260℃，进样量 1μL，分流比 10∶1，溶剂延迟时间 2.2min。柱温箱升温程序为：起始柱温 60℃，保持 2min，以 10℃/min 的速率升到 200℃，最后在 250℃保持 5min。

质谱条件：电子能量 70eV，四级杆 150℃，电离源 250℃，离子源温度 280℃，质量扫描范围 30 至 600m/z。全扫描模式扫描速度为 3.41scan/s，扫描范围为 30 到 600m/z。

### （三）SCFA 测定标准曲线的建立

使用 quantitative software Masshunter（B.07.01，Agilent Technologies Inc. CA，USA）软件分析 8 个连续浓度梯度的脂肪酸标准混合物（乙酸、丙酸、丁酸、异丁酸、异戊酸、戊酸、异己酸和己酸）在检测器上的峰面积与浓度之比来确定每种脂肪酸的标准曲线。将每个浓度的标准混合物溶液一式三份注入 GC-MS 系统，使用 Masshunter 分析 8 个连续浓度的标准混合物峰面积与浓度的关系并建立每种短链脂肪酸的线性回归方程（表 13-1）。以相关系数作为峰面积与浓度之间线性关系的可信度的度量。

## 八、统计分析

所有数据均表示为平均值±标准差。采用双尾 $t$ 检验计算两组间的 α 多样性指数。采用 Kruskal-Wallis 检验和错误发现率（FDR）校正法分析组间微生物群落相对丰度的差异。采用 Turkey 事后检验和单因素方差分析（one-way ANOVA）法评估功能特征和免疫因子表达的差异。$P<0.05$ 被认为是具有显著性的。

# 第三节　羊乳联合低聚糖对小肠微生物群落影响及机理结果与分析

## 一、小肠中微生物多样性分类操作单元（OTU）分析

小肠微生物群落 OTU 的稀释曲线如图 15-1 所示。

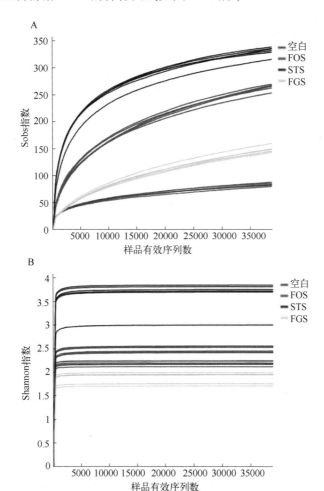

图 15-1　小肠微生物群落 OTU 的稀释曲线

使用由 Sobs 指数（图 A）和 Shannon 指数（图 B）计算的曲线来展示测序深度。空白为对照组，FOS 为低聚果糖，STS 为水苏糖，FGS 为 FOS（30.8%）、低聚半乳糖（GOS）（34.6%）和 STS（25.5%）混合物，下图同

通过 16S rRNA 基因高通量测序，从 24 个小肠样本中共获得 1227104 条高质量序列，序列平均长度为 423bp。根据 Sobs 指数所绘制的稀释曲线（图 15-1A），OTU 的数量随取样量的增加而增加，并在约 35000 个读序列时达到稳定，这与 Shannon 指数所展示的结果相似（图 15-1B），这表明取样量足以对小鼠小肠微生物群落进行表征。为了标准化测序深度，根据每个样本中序列的最小数量，随机抽取 38627 个读序列。最终，这些序列以 97% 的相似度被聚类成 638 个 OTU。

小鼠小肠微生物群落的 α 多样性和 β 多样性分析结果如图 15-2 所示。

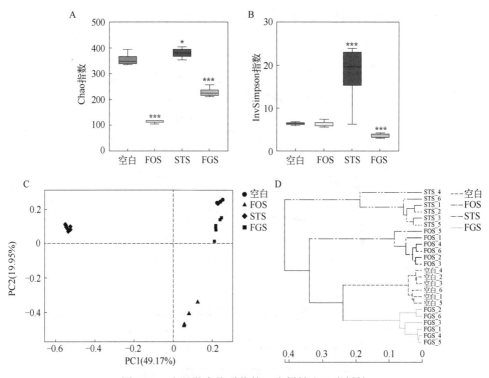

图 15-2　小肠微生物群落的 α 多样性和 β 多样性

由 Chao 指数（图 A）和 InvSimpson 指数（图 B）在 OTU 水平上表征不同样品中微生物的差异（Student's $t$-test，*$P<0.05$ 和***$P<0.001$）。基于 Bray-Curtis 距离的主坐标分析（PCoA）显示了四组微生物群落结构之间的差异。不同形状的斑点代表不同分组的样本（图 C）。在 OTU 水平上根据 Bray-Curtis 距离进行层次聚类分析，不同样式的点或线表示不同分组的样本（图 D）

通过 Chao 指数和 InvSimpson 指数评估 α 多样性，以反映小肠样品中微生物群落的丰富度和多样性（图 15-2A 和 B）。Chao 指数表明，FOS 组的小肠样品中微生物的丰富度最低，而 STS 组的微生物丰富度最高（图 15-2A）。InvSimpson 指数表明，FGS 组的小鼠小肠中微生物群落的多样性最低，STS 组中微生物群落多样性最高，而 FOS 组和对照之间没有显著性差异（图 15-2B）。

使用 β 多样性评估样本组间微生物群落的差异。主坐标分析表明，样品趋向于按照不同的处理组进行聚类，并能够在图上展现出清晰的簇（PC1 49.17%和PC2 19.95%）（图 15-2C）。值得注意的是，从 PCoA 中可以发现，STS 组的样本与其他处理组的样本之间距离最远，表明 STS 处理对小肠中微生物群落结构的影响较之其它益生元的处理更为明显。层次聚类分析也进一步证明了这一观点，STS 组的所有样本被聚类为一个独立的类群，并与其他组明显分离（图 15-2D）。

为了研究不同组间 OTU 的分布情况，基于各处理组间独特和共享的 OTU 数量绘制维恩图，如图 15-3 所示。

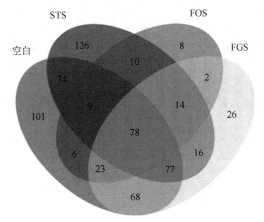

图 15-3　多组样本中特有或者共有的 OTU 数量的维恩图

图中的数字代表 OTU 的数值。不同颜色的椭圆形代表不同的分组

在所有的样本中总共检测到了 78 个共有的 OTU，意味着这些微生物是小鼠小肠微生物中的核心物种。此外，在 FOS、STS 和 FGS 组中依次发现了 8、126 和 26 个 OTU。值得注意的是，对照组中存在 101 个独有的 OTU，这意味着这些物种容易受到益生元的影响。

## 二、小肠微生物区系组成概况

不同分类学水平上小肠微生物群落的组成特征如图 15-4 所示。

在门水平上，厚壁菌门（Firmicutes）是 FOS 和 FGS 组的小鼠小肠微生物群落中占主导地位的微生物，而拟杆菌门（Bacteroidetes）是 STS 组中主要的微生物（图 15-4A）。FOS 处理可以降低拟杆菌门（Bacteroidetes）和软壁菌门（Tenericutes）的比例，同时增加脱铁杆菌门（Deferribacteres）和放线菌门（Actinobacteria）的比例（图 15-4B）（Kruskal-Wallis 试验，$P<0.001$）。此外，STS

处理被发现可以显著增加肠道中蓝细菌门（Cyanobacteria）的比例（图 15-4B，*P*<0.001）；而梭杆菌门（Fusobacteria）仅在 FGS 和对照组中发现，同时，FGS组中未检测到糖杆菌门（Saccharibacteria）（图 15-4B）。

在属水平上，FOS 处理可以显著增加小鼠小肠中乳酸杆菌属（*Lactobacillus*）、大肠埃希菌志贺菌属（*Escherichia-Shigella*）、链球菌属（*Streptococcus*）和双歧杆

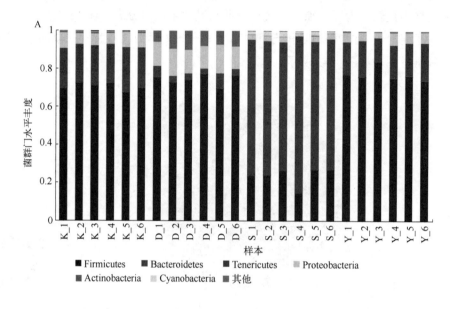

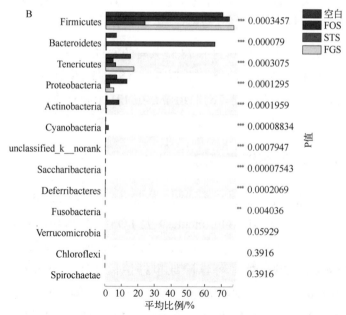

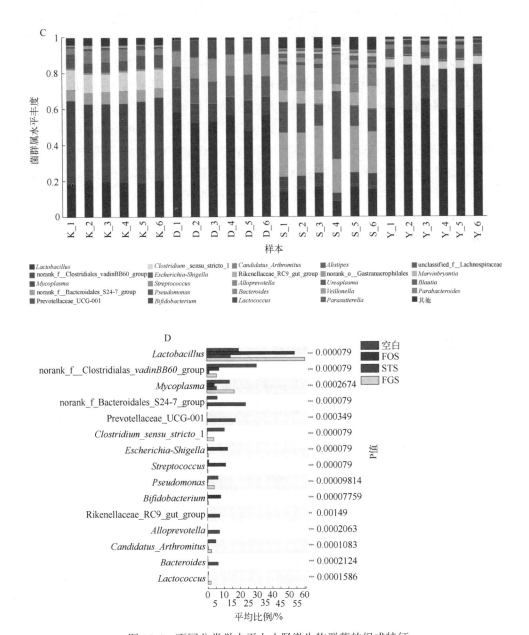

图 15-4　不同分类学水平上小肠微生物群落的组成特征

门（图 A）和属（图 C）水平下优势微生物的相对丰度。相对丰度不到 1%的门或属将被合并到其他门或属中。通过 Kruskal-Wallis 试验，确定了门（Phylum）（图 B）和属（Genus）水平（图 D）下不同分组间小肠微生物群落的差异。大写字母 K、D、S、Y 分别代表对照（空白）、STS、FOS 和 FGS 组；数字 1～6 代表各组的重复数量。**P<0.01 和***P<0.001 被认为至少有一组存在显著性差异

菌属（*Bifidobacterium*）的比例（*P*<0.001），但是两个核心属（norank_ f_Clostridiales_ vadinBB60_group 和 *Mycoplasma*）的比例均有所下降（图 15-4C 和 D）。STS 组的小鼠小肠内未分类拟杆菌属（norank_f_Bacteroidales_S24-7_group）、普雷沃氏菌属（Prevotellaceae_UCG-001）、理研菌属（Rikenellaceae_RC9_ gut_group）、拟普雷沃菌属（*Alloprevotella*）和拟杆菌属（*Bacteroides*）的比例均显著增加（图 15-4D，*P*<0.01 和 *P*<0.001）。同时，STS 处理可以使乳酸杆菌属（*Lactobacillus*）、未分类梭菌目 vadinBB60 属（norank_f_Clostridiales_vadinBB60_group）和支原体（*Mycoplasma*）.这三种小肠中常见的微生物的比例发生下降（图 15-4C 和 D）。FGS 处理能够显著增加乳酸杆菌属（*Lactobacillus*）和乳球菌属（*Lactococcus*）的比例（*P*<0.001），并引起未分类梭菌目 vadinBB60 属（norank_f_ Clostridiales_vadinBB60_group）的下降（图 15-4D）。此外，与 FOS 和 FGS 处理组相比，STS 组的小鼠小肠中支原体（*Mycoplasma*）、狭窄梭菌属 1 菌株（*Clostridium*_sensu_ stricto_1）、假单胞菌属（*Pseudomonas*）和分段丝状细菌（*Candidatus_Arthromitus*）的比例与对照组最为相近（图 15-4D）。

## 三、小肠微生物群落的功能分析

基于 KEGG 数据库利用 PICRUSt 生成功能谱，用以探究小肠微生物群落的潜在功能。小肠微生物群落功能分析结果如图 15-5 所示。

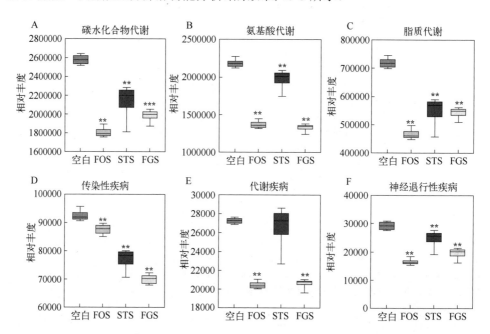

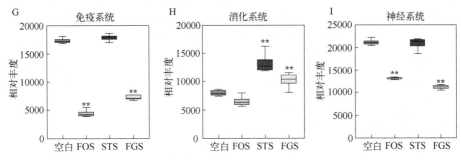

图 15-5　小肠微生物群落功能分析

使用 PICRUSt 基于 KEGG 数据库对参与碳水化合物代谢（图 A）、氨基酸代谢（图 B）、脂质代谢（图 C）、传染性疾病（图 D）、代谢疾病（图 E）、神经退行性疾病（图 F）、免疫系统（图 G）、消化系统（图 H）和神经系统（图 I）功能的基因的丰度进行确定。使用单因素方差分析和图基事后检验法分析组间差异，星号表示各组与对照之间在统计学上的显著性差异，**$P$<0.01

功能预测结果表明，参与碳水化合物代谢、氨基酸代谢和脂质代谢的基因的表达量在三个处理组中均显著下调（$P$<0.01）（图 15-5A、B 和 C）。与对照相比，三个处理组的小鼠患传染性疾病、代谢疾病和神经退行性疾病的风险均相对较低（图 15-5D、E 和 F）。在基因方面，FOS 和 FGS 组的小鼠肠道中与免疫系统和神经系统相关的基因丰度显著低于对照组（$P$<0.01），而 STS 和 FGS 组中与消化系统相关的基因丰度却与之相反（$P$<0.01）（图 15-5G、H 和 I）。

## 四、免疫因子在小肠中的表达

羊乳联合低聚糖可以调节 TNFα、Ahr、Prf 和 Gzmb 这四种免疫因子的表达水平（图 15-6）。

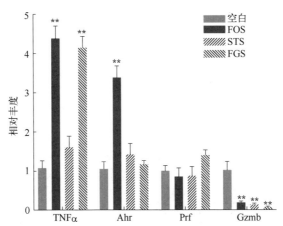

图 15-6　免疫因子 TNFα、Ahr、Prf 和 Gzmb 在小鼠小肠中的表达水平

误差棒表示平均值±标准差。使用单因素方差分析和图基事后检验法分析组间差异，星号表示在统计学上各组与对照之间的显著性差异，**$P$<0.01

结果表明，三个实验组中 Gzmb 因子的表达量均显著下调。FOS 和 FGS 组中 TNFα 的表达水平显著高于空白组（$P<0.01$）。Ahr 的表达量在 FOS 组中显著增加（$P<0.01$），但在对照、STS 和 FGS 组中无明显改变（$P>0.05$）。与对照组相比，各组中 Prf 的表达量均无明显改变。

## 五、小肠中 SCFA 的水平

小肠中短链脂肪酸（SCFA）的水平如图 15-7 所示。乙酸盐作用下对代谢途径的影响权重如图 15-8 所示，此外，丙酸盐与丁酸盐代谢过程如图 15-9、图 15-10 所示。

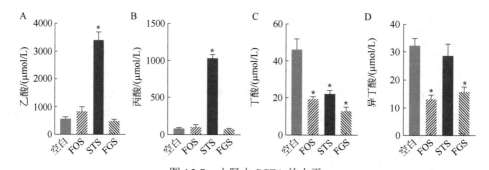

图 15-7　小肠中 SCFA 的水平

图 A、图 B、图 C 和图 D 分别为不同处理小肠中的乙酸、丙酸、丁酸和异丁酸的水平变化

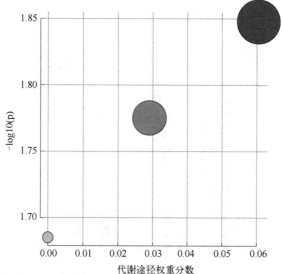

图 15-8　乙酸盐作用下各代谢途径（pathway）的权重分数（impact）

红色、橙色和黄色的点依次代表丙酮酸、糖酵解/糖异生、乙醛酸盐和二羧酸的代谢

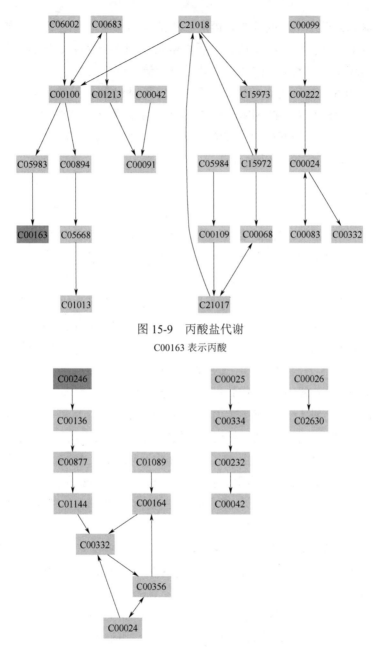

图 15-9　丙酸盐代谢

C00163 表示丙酸

图 15-10　丁酸盐代谢

C00246 表示丁酸

　　结果表明，STS 处理组小肠中乙酸和丙酸的浓度均显著增加（$P<0.05$）（图 15-7A），而三个处理组中丁酸和异丁酸的浓度均显著低于空白组（$P<0.05$）（图 15-7C 和 D）。SCFA 分析结果显示，在 FOS、STS、FGS 和空白组的小鼠小

肠中可检测到微摩尔水平的乙酸、丙酸、丁酸和异丁酸，而这低于其在盲肠和结肠中的浓度（毫摩尔水平）。本研究中所观察到的 SCFA 含量较低可能是它们被小肠和肠道内环境中的微生物的生命活动吸收所致。

使用 MetPA 数据库对这些显著不同的 SCFA 对代谢途径的影响权重进行了分析。结果表明，乙酸与丙酮酸和糖酵解/糖异生代谢有关，权重分别为 0.061 和 0.029（图 15-8），而其与乙醛酸盐和二羧酸代谢无关。此外，丙酸和丁酸与丙酸盐和丁酸盐的代谢无关（图 15-9 和图 15-10）。

## 六、讨论

本研究表明，摄入富含低聚糖的羊乳可以改变小鼠小肠中微生物群落的丰富度和多样性。此外，不同低聚糖对小鼠小肠中微生物群落的调节效果也不相同。饲喂 STS 的小鼠小肠中微生物群落的丰富度和多样性均显著增加（图 15-2A 和 B），这与先前的研究结果相似，即摄入含有 STS（≥55%）的大豆低聚糖可以增加断奶后仔猪回肠和结肠中微生物的多样性。然而，FOS 组小鼠小肠中微生物的 α 多样性结果却与前者完全相反（图 15-2A 和 B），这表明小肠中定植有一定数量的更倾向于以 STS 为底物的特定微生物。STS 是一种 α-半乳寡糖，是由蔗糖的葡萄糖基一侧以 α-1,6 糖苷键结合了两个 α-半乳糖构成的自然界天然存在的一种四糖。一般认为，α-糖苷键的连接能力比 β-糖苷键弱。因此，可以得出结论，STS 更容易被小肠中的微生物水解。然而，低聚糖尤其是 STS 对于小肠微生物群落的调节作用机制却并不明朗。从图 15-2A 和 B 中可以看出，FGS 组小肠的 Chao 和 InvSimpson 指数均远低于对照组。而在 PCoA 聚类中，FGS 组的簇比 FOS 和 STS 组更接近对照组（图 15-2C）。结果表明，富含 FGS 的羊乳能够显著降低小肠中微生物群落的 α 多样性，并维持 β 多样性的相对稳定。这些发现与最近的一项研究相似，该研究表明，与未摄入低聚糖的小鼠相比，补充低聚糖混合物和膳食纤维（聚葡萄糖和麸皮中的不溶性纤维）的小鼠肠道内具有相似的微生物群落。

图 15-4B 表明 STS 组中拟杆菌属（Bacteroides）显著增加（$P<0.001$），而它的增加主要由未分类拟杆菌科 S24-7 属（norank_f_Bacteroidales_S24-7_group）、普雷沃氏菌科 UCG-001 属（Prevotellaceae_UCG-001）、理研菌科 RC9 属（Rikenellaceae_RC9_gut_group）、拟普雷沃菌属（Alloprevotella）和拟杆菌属（Bacteroides）所驱动（图 15-4D）。拟杆菌属（Bacteroides）中的一些成员能够分泌大量碳水化合物活性酶因而具有利用多种碳水化合物的能力。同时，一些有关人类肠道中的拟杆菌降解淀粉和酵母 α-甘露聚糖的研究也阐明了类似的机制。在目前的研究中，拟杆菌属（Bacteroides）表现出极强的利用 STS 的能力，这表明拟杆菌属可能可以

分泌 STS 水解酶。在属水平上，乳酸杆菌属（*Lactobacillus*）被认为是小肠中最丰富的兼性厌氧菌（图 15-4D），这与先前的研究结果一致。具体地说，摄入富含 STS 的羊乳能够显著引起乳酸杆菌属（*Lactobacillus*）的丰度下降，而 FGS 组中的结果却与之相反（*P*<0.001）。尽管 STS 看起来并不是一种对乳酸杆菌属十分有利的碳源，但 STS、FOS 和 GOS 的结合可以为乳酸杆菌属的生长创造适合环境条件（例如低 pH），这表明混合低聚糖内部存在协同作用。与此同时，图 15-5D 还表明，富含 FOS 的羊乳可以显著增加小肠中乳酸杆菌属（*Lactobacillus*）和双歧杆菌属（*Bifidobacterium*）的比例，这主要归因于乳酸杆菌和双歧杆菌对 FOS 具有良好的发酵效果。有趣的是，这种治疗也被发现能够显著提高机会致病链球菌和大肠埃希菌志贺菌属（*Escherichia-Shigella*）的丰度，这个结果与先前的研究结果相似，即食用 Levan 果聚糖可促进粪便微生物群落中链球菌和大肠埃希菌生长。鉴于 FOS 组的小肠中有益微生物和病原微生物的比例均有所提高，可以推断出 FOS 对刺激小肠内特定有益微生物［如乳酸杆菌属（*Lactobacillus*）和双歧杆菌属（*Bifidobacterium*）］的生长的选择性较低。

在短链脂肪酸的水平方面，所有处理组小鼠的小肠中，乙酸、丙酸、丁酸和异丁酸均以微摩尔级的水平被检测到，这低于其在盲肠和结肠中的水平（毫摩尔级）。这样的结果可能是小肠中恶劣和不稳定的环境所引起的微生物寿命/转变时间较短所导致的。值得注意的是，本研究进一步表明，在 STS 组中，醋酸盐和丙酸盐的浓度均高于其他 SCFA（图 15-7A 和 B）。同时，也有研究表明，醋酸盐和丙酸盐均是由小肠内的拟杆菌属（*Bacteroides*）所产生的。除了可以充当能量底物外，乙酸盐和丙酸盐还可以通过激活 G 蛋白偶联型受体（即 Gpr41、Gpr43 或 Gpr109a）来调节宿主的代谢和体内免疫细胞的功能。值得注意的是，醋酸盐不仅对宿主具有抗炎和抗凋亡的作用，而且在保护宿主结肠免受病原体感染和抑制癌变等方面也发挥着重要作用。结合上文所述，富含 STS 的羊乳显著提高了小鼠小肠中拟杆菌属（*Bacteroides*）的丰度（图 15-4B），这表明 STS 可以作为拟杆菌属（*Bacteroides*）的首选底物并充当 SCFA 产生的功能性调节剂，并且还具有调节宿主的新陈代谢和免疫稳态的潜能。图 15-7C 显示，所有益生素均能显著降低小肠中丁酸盐的浓度。粪杆菌属（*Faecalibacterium*）和粪杆菌目（Faecalibaculum）中的肠罗斯氏菌（*Roseburia*）、厌氧菌属（*Anaerostipes*）和丁酸球菌（*Butyricicoccus*）都是常见的丁酸生产者。尽管它们在小肠中的比例十分低（<0.8%），但 STS 的摄入仍然可以上调其在小肠中的比例（图 15-11）。可以看出，STS 组中能够产生丁酸盐的微生物的增加并没有同时促进丁酸盐含量的增加。这可能是因为产生丁酸盐的微生物不仅可以产生丁酸盐，还可以产生乳酸盐、甲酸盐、氢气和二氧化碳等物质，且这些产物在肠道中的比例取决于肠道内环境的条件，例如可利用碳源的量和 pH 值等。

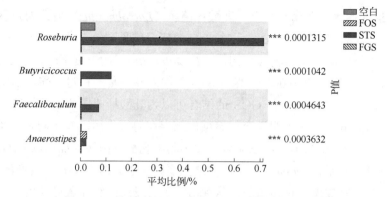

图 15-11　在属水平上主要的丁酸生产微生物的丰度

使用 Kruskal-Wallis 检验分析组间微生物的差异。***P<0.001 被认为是至少与一组存在显著性差异

　　小肠微生物群落的功能预测分析结果如图 15-12 所示。

　　功能预测表明，富含低聚糖的羊乳的摄入能够下调小鼠小肠中的代谢基因，例如与小鼠小肠中碳水化合物、氨基酸、能量和脂质代谢有关的基因（图 15-5A、B 和 C），这些结果与先前的研究相似。此外，STS 组的小鼠小肠中参与聚糖生物合成和代谢的基因在明显上调（图 15-12A），并且，聚糖代谢已被证明可以塑造宿主的结肠微生物的结构并调节免疫功能。因此，STS 对宿主小肠微生物群落的组成和免疫调节起着重要的作用。

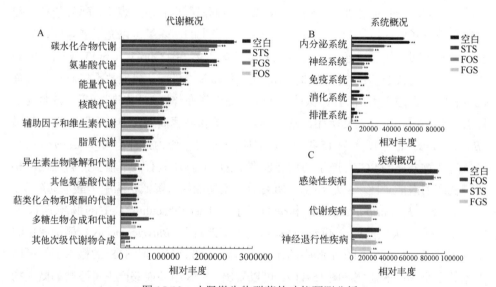

图 15-12　小肠微生物群落的功能预测分析

使用 PICRUSt 基于 KEGG 数据库对涉及代谢（图 A）、系统（图 B）和疾病（图 C）的基因的丰度进行确定。误差棒表示平均值±标准差。使用单因素方差分析和图基事后检验法分析组间差异，星号表示各组与对照之间在统计学上的显著性差异，*P<0.05 和**P<0.01

在免疫基因的表达方面，促炎细胞因子 TNFα 的表达量在 FOS 和 FGS 组中显著上调（图 15-6）。虽然，这一结果与先前有关低聚糖调节 TNFα 表达量的体内研究结果并不一致，但与一项体外研究的结果相一致，即益生素低聚糖（菊粉、低聚果糖、半乳糖和羊乳低聚糖）可以通过激活 TLR4 直接诱导单核细胞产生促炎细胞因子。本研究还表明，3 种处理均能够下调 Gzmb 的表达量，这是因为 Gzmb 能够消除引发感染的致病菌。这些发现可能是由于低聚糖可以通过调节肠道微生物群落的结构或与免疫细胞上的相应受体结合来调节免疫反应。此外，FOS 组的小鼠还被观察到小肠中 Ahr 的表达量显著上调。因此，可以得出结论，摄入富含 FOS 的羊乳可以诱导小肠的免疫反应，并刺激一些特定的有益微生物的生长，例如，乳酸杆菌属（*Lactobacillus*）和双歧杆菌属（*Bifidobacterium*）。值得注意的是，TNFα、Ahr 和 Prf 这三种细胞因子在 STS 组的小鼠小肠中的表达量与对照相比无显著性差异。综上所述，摄入富含 STS 的羊乳不会引起炎症，甚至可以显著降低小肠中的感染性和神经退行性疾病的发病率。

## 七、结论

本研究表明，低聚糖与羊乳联合能够显著影响小肠微生物群落的多样性、组成和功能。同时，富含不同低聚糖的羊乳在其特性上也存在有差异，具体表现在可以刺激特定的肠道微生物并可以诱导一些短链脂肪酸的产生。在本研究使用的低聚糖中，STS 似乎是小肠微生物群落的首选碳源，同时也是调节肠道中短链脂肪酸产生的良好的调节剂。FGS 能够有效地维持小肠微生物群落的稳定。此外，富含低聚糖的羊乳还可以通过调节促炎性细胞因子和细胞毒性因子的表达来介导肠道免疫并对宿主产生有益的作用。这些发现揭示了低聚糖与羊乳联合对小肠内环境的作用，并且在开发和优化富含低聚糖的羊乳功能性或配方食品方面具有重要意义。

# 第十六章 乳酸菌发酵羊乳对小鼠小肠微生物群落结构和免疫应答调控

## 第一节 乳酸菌的应用

### 一、乳酸菌（LAB）

乳酸菌（LAB）是一组能够产生乳酸的古老有机生物体，在碳水化合物发酵过程中，乳酸是主要的代谢最终产物之一。食品工业中最常用的乳酸菌包括链球菌属（*Streptococcus*）、乳球菌属（*Lactococcus*）、乳杆菌属（*Lactobacillus*）、明串珠菌属（*Leuconostoc*）、片球菌属（*Pediococcus*）和双歧杆菌属（*Bifidobacterium*）。链球菌（*Streptococcus*）与乳酸杆菌（*Lactobacillus*）复合菌是发酵乳生产中广泛使用的经典发酵剂配方。双歧杆菌属（*Bifidobacterium*）通常被认为是一种安全的益生菌，也因其有益健康而被广泛应用于乳制品中。乳酸菌在丰富营养价值、改善乳糖消化、抑制肠道感染和调节免疫方面发挥重要作用。

### 二、乳酸菌发酵乳

在乳品加工业中多以牛乳为主，牛乳也是乳酸菌发酵最常用的基质。然而，与牛乳相比，羊乳具有更好的消化率、更高的矿物质生物利用率、更均衡的蛋白质和脂肪结构。更为重要的是，羊乳的营养结构比其他来源的乳更接近母乳。由于营养组成更合理、商业价值更昂贵，羊乳因此成为整个乳制品行业的重要商机。

在这些方面，羊乳有很大的潜力成为乳酸菌发酵基质的一种选择。

肠道中栖息着许多微生物，它们形成了一个非常多样和活跃的生态群落。在饮食的驱动下，宿主与肠道微生物之间保持平衡和谐的关系，对保护宿主健康、预防肥胖以及抑制炎症性疾病、神经系统疾病和代谢综合征具有重要意义。据报道，乳酸菌发酵牛乳对宿主的肠道健康有多种益处。大多数研究探讨了发酵牛乳对宿主肠道微生物群落结构和免疫应答的影响。例如，Wang 等（2012）报道，在发酵牛乳中的益生菌可以有效地改变宿主动物的肠道菌群组成和免疫功能。Veiga 等（2010）也发现了动物源双歧杆菌乳酸亚种发酵的牛乳可以通过改变大肠菌群的生态位来减少炎症。然而，对于乳酸菌发酵羊乳（FGM）如何影响小肠微生物群落的组成结构还有待进一步探索。

确定乳酸菌发酵羊乳对肠道微生物群落的影响，是开发乳酸菌发酵羊乳（FGM）产品和评价其对人体生理功能的前提。本研究采用 16S rRNA 高通量测序技术分析了乳酸菌发酵羊乳处理小鼠的肠道微生物结构的变化；H&E 染色观察肠道黏膜形态；测定小鼠小肠肿瘤坏死因子 α（TNFα）、颗粒酶 B（Gzmb）、穿孔素（Prf）、芳香烃受体（Ahr）等免疫因子的表达，探讨摄入 FGM 对宿主免疫功能的影响。本研究旨在揭示 FGM 摄入对小肠微生物群落和宿主免疫应答的影响，这将有助于更好地理解发酵食品和宿主健康之间的关系。此外，本研究还可为乳酸菌发酵羊乳（FGM）作为功能性食品的开发提供一个新的途径。

# 第二节　乳酸菌发酵羊乳对小肠微生物群落结构和免疫应答调控研究

## 一、乳酸菌发酵羊乳（FGM）的制备

本研究采用 Saanen 奶山羊乳（陕西渭南）制备乳酸菌发酵羊乳（FGM）。羊乳采集时间为 2018 年 9 月至 10 月。实验在将羊乳放入装有冰袋的无菌玻璃容器中送到实验室后立即进行处理。将羊乳在 95℃加热杀菌 15min，冷却至 42℃。然后在羊乳中加入体积分数为 5%的菌株。42℃培养 4h，在 2℃下保存过夜。本研究所有菌种均购自中国江苏常州益菌加生物科技有限公司。这些菌株包括唾液链球菌嗜热亚种（*S. thermophilus*）、德氏乳杆菌保加利亚亚种（*L. bulgaricus*）和乳酸杆菌（*B. lactis*）。在本研究中使用了两种处理类型的 FGM：SLFGM 菌株组成为，唾液链球菌嗜热亚种（*S. thermophilus*）$10^8$CFU/g、德氏乳杆菌保加利亚亚种（*L.*

*bulgaricus*）10⁸CFU/g SLB FGM 菌株组成为，唾液链球菌嗜热亚种（*S. thermophilus*）10⁸CFU/g、德氏乳杆菌保加利亚亚种（*L. bulgaricus*）10⁷CFU/g 和乳酸杆菌（*B. lactis*）10⁹CFU/g。

采用平板计数法测定发酵羊乳中唾液链球菌嗜热亚种（*S. thermophilus*）、德氏乳杆菌保加利亚亚种（*L. bulgaricus*）和乳酸杆菌（*B. lactis*）的活菌数。在无菌蛋白胨水（1.5g/L）中制备 10g FGM 的连续十倍稀释液，并在培养基上接种 1mL 合适稀释倍数的稀释液，分为两份用于细菌计数。在添加质量浓度为 50g/L 无菌乳糖的 M17 琼脂上进行唾液链球菌嗜热亚种计数，在 45℃微嗜氧条件下培养 48h。使用 pH 调节至 5.2 的 MRS 琼脂进行德氏乳杆菌保加利亚亚种计数，培养皿在 45℃厌氧条件下培养 72h。乳酸杆菌在添加 0.05% L-半胱氨酸-HCl Li-Mupirocin MRS 上计数，在 45℃厌氧条件下培养 72h。具体研究方案见图 16-1。

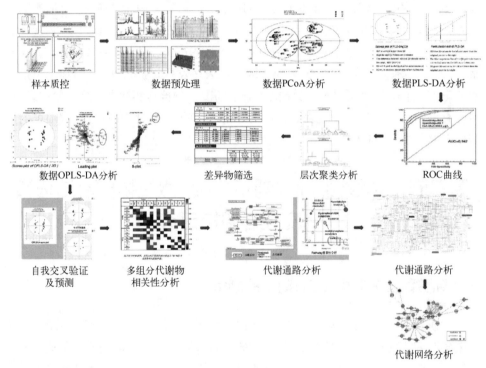

图 16-1　研究方案

## 二、实验动物

雄性 BALB/c 小鼠（体重：20g±2g），6 周龄，最初购自西安交通大学医学院，随后放置在标准动物设施中，在控制温度(23±2)℃和湿度(45±5)%下进行 12h 光/暗循环喂养。小鼠可以随意食用动物饲料和高压灭菌水。经过 1 周适应期后，将小鼠分为 3 组（每组 6 只）：对照组（饲喂新鲜羊乳）、SL 组（饲喂 SL FGM）和 SLB 组（饲喂 SLB FGM）。小鼠每天自由获得新鲜羊乳或发酵羊乳（每只小鼠 5mL），处理持续 4 周。每两周检测一次小鼠的体重。动物实验按照《陕西师范大学动物护理指南》（许可证号：2018SNNU046）进行。

## 三、组织学

麻醉下颈椎脱位处死小鼠，无菌条件下获得小肠标本。将组织放入 4%多聚甲醛中固定，使用分级乙醇系列脱水。处理后的组织用石蜡包埋，切片厚度为 4μm，用 H&E 染色。染色切片在尼康 ECLIPSE 80 显微镜下观察并拍照。

## 四、微生物 DNA 提取及 PCR 扩增

使用 E.Z.N.A.® Soil DNA Kit（Omega Bio-tek，Norcross，GA，U.S.），根据试剂盒的说明书指导从 200 mg 小肠内容物中提取微生物基因组 DNA。DNA 浓度用 NanoDrop ND-1000 分光光度计（Thermo Fisher Scientific，Waltham，MA，USA）测定，DNA 质量用 0.8%琼脂糖凝胶电泳测定。用正向引物 338F（5′-ACTCCTACGG GAGGCAGCA-3′）和反向引物 806R（5′-GGACTACHVGGGTWTCTAAT-3′）对提取的 DNA 进行部分 16S rRNA 基因扩增，主要为靶向细菌 16S rRNA 的 V3～V4 高变区。独特的八个碱基条形码被添加到引物中，用于从测序结果中对每个样本进行分类。每个反应体系为 20μL，分别含有 5× FastPfu 缓冲液 4μL、2.5mmol/L dNTPs 2μL、每个引物 0.8μL、FastPfu 聚合酶 0.4μL 和模板 DNA 10ng。热循环进行了三次，在 98℃下进行初始变性 2min，然后在 98℃下进行变性 15s 循环 25 次，在 55℃下退火 30s，在 72℃下延伸 30s，最后在 72℃下延伸 5min。

## 五、16S rRNA 基因 Illumina MiSeq 测序分析

扩增的基因产物从 2%琼脂糖凝胶中提取，用 AxyPrep DNA 凝胶提取试剂盒纯化（Axygen Biosciences，Union City，CA，U.S.）。纯化后的扩增产物在 Illumina MiSeq 平台上等分子量部分汇集，采用配对端方式（2×300 bp）测序。使用微生物生态学定量分析（QIIME v1.8.0）软件包对得到的数据进行分解复用和质量过滤。QIIME 预处理包括去除正向或反向引物序列中有两个以上不匹配的读取数据，然后从读取数据中截断引物序列。出现以下情况，应过滤掉额外的读取数据：①检测到不明确和不匹配的碱基；②重叠序列短于 10bp；③在 50bp 的

滑动窗口上的平均质量分数低于 20。读取数据由 USEARCH 质量过滤管道进一步处理，从而去除噪声和嵌合体。最终获得 768802 条高质量序列，平均长度为 424bp。这些序列被 UPARSE（version 7.1）以 97% 的相似性聚集成 608 个操作分类单元（OTUs）。为每个 OTU 选择一个有代表性的序列，使用核糖体数据库项目（RDP）分类器和 Silva（SSU115）数据库进行分类，置信度阈值为 70%。分类读取然后按分类法分类和标准化，以生成一个相对丰度表。最终的 OTU 表被抽样到每个样本 47212 个序列的深度，以标准化样本间的读取次数。

## 六、生物信息学分析

肠道菌群的数据可视化和统计分析均使用 R 软件（version 3.2.0）进行，除另有说明。基于 Miseq 序列数据，利用 MOTHUR（version v.1.30.1）对丰富度指数 Sobs 和多样性指数 Simpson 进行 α 多样性分析。各组间 α 多样性指数比较采用 Student's $t$ 检验。利用 Sobs 和 Shannon 指数绘制稀疏曲线，分析采样深度。用 QIIME 和 Bray-Curtis 距离评价 β 多样性，通过主坐标分析（PCoA）和非加权组平均法（UPGMA）进行可视化。利用 QIIME 生成了维恩图和微生物群落条形图。采用错误发现率（FDR）校正的 Kruskal-Wallis 检验比较各组微生物类群间相对丰度的差异。基于 16S rRNA 测序数据，利用 QIIME 构建封闭参考输出表，并输入到 PICRUSt。宏基因组预测采用 KEGG Orthology 作为 PICRUSt 的功能分类方案。PATHWAY/KEGG 数据库包括大部分已知的代谢通路、部分调控通路、疾病和药物类别。本研究使用 PATHWAY/KEGG 数据库生成代谢和疾病概况。采用 Turkey 后测（version SPSS 23.0）、单因素方差分析（one-way ANOVA）来确定各组间微生物功能分布的差异。

## 七、RNA 提取和实时荧光定量 PCR

用 TRIzol 试剂（Invitrogen）提取小鼠小肠 RNA，用高通量 cDNA 逆转录试剂盒（StarScript Ⅱ First-stand cDNA Synthesis Mix，GenStar）将 RNA 反转录成 cDNA。所有提取样品保存在-80℃，直至进一步分析。Real-time PCR 在以下条件下进行：95℃，10min；95℃，15s 进行 40 个循环；在特定目标相应温度（*Gzmb* 50℃，*TNFα* 54℃，*Ahr* 和 *Prf* 均 58℃）退火 30s，并从 65℃ 到 95℃ 进行最终延伸。所有 Real-time PCR 数据标准化为 β-actin（*Actb*）。靶向引物序列如下：

*TNFα* 正向 5'-ACCCTCACACTCAGATCATC-3'，反向 5'-GAGTAGACAAGGT ACAACCC-3'；

*Prf* 正向 5′-CCACTCCAAGGTAGCCAAT-3′，反向 5′-GGAGATGAGCCTGT GGTAAG-3′；

*Gzmb* 正向 5′-CTGCTAAAGCTGAAGAGTAAGG-3′，

反向 5′-ACCTCTTGTAGCGTGTTTGAG-3′；

*Ahr* 正向 5′-GAGCACAAATCAGAGACTGG-3′，反向 5′-TGGAGGAAGCATA GAAGACC-3′；

*Actb* 正向 5′-AAGATGACCCAGATCATGTTTGAGACC-3′，

反向 5′-AGCCAGTCCAGACGCAGGAT-3′。

用 ΔΔCt 算法计算免疫因子的相对表达。用单因素方差分析和图基事后检验法分析评价表达差异。

## 八、统计分析

两组间的差异采用双尾 Student's *t* 检验。多重比较采用 Kruskal-Wallis 检验或单因素方差分析。在应用单因素方差分析之前，对正态性和同方差进行了评估。$P<0.05$ 被认为是显著的。

# 第三节　乳酸菌发酵羊乳对小鼠小肠微生物群落结构和免疫应答调控结果

## 一、组织学分析

摄入 FGM 的小鼠比对照组小鼠体重增加得更多，虽然三组间体重增重没有显著差异，但 SLB 组第 2 周和第 4 周的体重值明显高于对照组（$P<0.05$，表 16-1）。

表 16-1　小鼠体重和羊乳/FGM 摄入量

| 处理方式 | 小鼠体重/g | | | 体重增长量/g | 每只小鼠羊乳/FGM 溶液摄入量/(mL/d) |
| --- | --- | --- | --- | --- | --- |
| | 0 周 | 2 周 | 4 周 | | |
| 对照 | 31.13±1.30 | 35.59±1.57 | 40.00±1.58 | 8.87±1.64 | 5 |
| SL | 31.36±1.26 | 35.03±1.92 | 40.60±2.06 | 9.24±2.72 | 5 |
| SLB | 32.78±1.12 | 38.44±1.96* | 43.02±1.38* | 10.24±1.54 | 5 |

注：数据为平均值±标准差。*$P<0.05$ 表示经单因素方差分析和图基事后检验法分析，与对照组有显著差异。

对照组和处理组小鼠小肠的组织学观察如图 16-2 所示。对照组小肠组织学结构正常，黏膜上皮细胞边缘完整，细胞核排列整齐（图 16-2A）。与对照组相比，

SL 组和 SLB 组没有观察到明显的组织结构改变（图 16-2B 和图 16-2C），这表明 FGM 处理不会引起小鼠小肠的明显组织学改变。

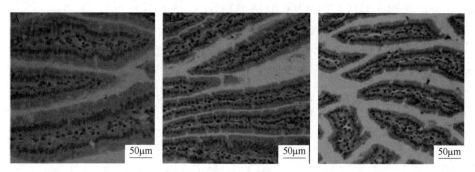

图 16-2　不同处理小鼠小肠的组织学分析

（图 A）非处理组（对照组）；（图 B）SL FGM 处理：唾液链球菌嗜热亚种（*S. thermophilus*）（$10^8$CFU/g）、德氏乳杆菌保加利亚亚种（*L. bulgaricus*）（$10^8$CFU/g）；（图 C）SLB FGM 处理：唾液链球菌嗜热亚种（*S. thermophilus*）（$10^8$CFU/g）、德氏乳杆菌保加利亚亚种（*L. bulgaricus*）（$10^7$CFU/g）和乳酸杆菌（*B. lactis*）（$10^9$CFU/g）

## 二、测序深度和微生物群多样性

采用 Sobs 指数（图 16-3A）测量的稀疏度曲线表明，采样力度足以反映微生物群落的丰富度，曲线中的 Shannon 指数（图 16-3B）也是如此。α 多样性分析结果显示，组间微生物群落丰富度和多样性差异显著（$P<0.01$ 和 $P<0.001$）。SLB 处理组菌群丰富度（通过 Sobs 指数测量）大于 SL 组（图 16-4A），且与对照组相比，两个处理组的菌群丰富度都有所降低。微生物群落多样性（Simpson 指数测定）SL 组最高，其次是 SLB 组和对照组（图 16-4B），说明三组中 SL 组的微生物多样性最低。

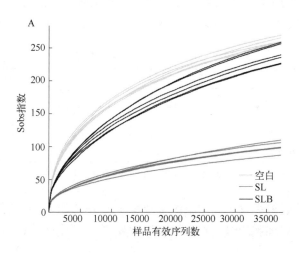

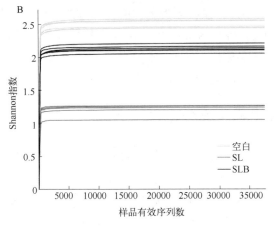

图 16-3　基于 Illumina MiSeq 测序的小鼠肠道微生物样本稀释曲线

（图 A）横轴：有效测序数据量。纵轴：OTU 水平上微生物丰度（Sobs 指数）；（图 B）OTU 水平上的微生物多样性（Shannon 指数）

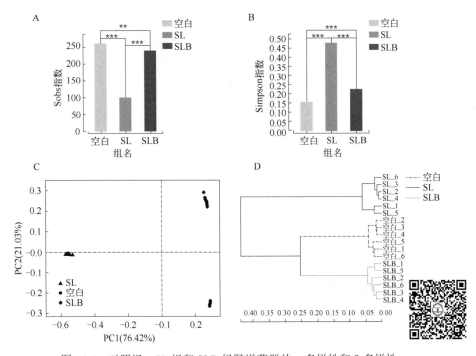

图 16-4　对照组、SL 组和 SLB 组肠道菌群的 α 多样性和 β 多样性

（图 A）丰富度指数 Sobs；（图 B）多样性指数 Simpson（**$P<0.01$，***$P<0.001$）；（图 C）基于 OTU 水平上 Bray-Curtis 距离的主成分坐标分析（PCoA），表示三组间肠道微生物结构的差异（不同颜色的形状代表不同的分组样本）；（图 D）基于 OTU 的 Bray-Curtis 距离层次聚类分析（不同颜色的点或线代表具有不同处理方式的一组样本）。空白为非处理组（对照组）；SL 为唾液链球菌嗜热亚种（*S. thermophilus*）、德氏乳杆菌保加利亚亚种（*L. bulgaricus*）处理；SLB 为唾液链球菌嗜热亚种（*S. thermophilus*）、德氏乳杆菌保加利亚亚种（*L. bulgaricus*）和乳酸杆菌（*B. lactis*）处理。数据采用 Turkey 后测的单因素方差分析，星号表示与对照组比较，差异有统计学意义，***$P\leqslant0.001$

β 多样性分析表明，样品会因为不同的处理方式而分离，在 PCoA 样品中观察到明显的聚类（PC1 76.42%和 PC2 21.03%，图 16-4C）。所有类群在 OTU 水平上用分层聚类树进一步聚类（图 16-4D），结果表明，对照组和 SLB 组通过系统发育组成被聚为一组，而 SL 组独立为另一组。

## 三、独有和共有的微生物分类群

为了研究不同处理下小鼠肠道微生物的分布，根据组间共有和独有的 OTU 数量生成维恩（Venn）图（图 16-5）。在所有 18 个样本中都发现了 173 个 OTU 的共有微生物群落，表明这些微生物在小鼠肠道中普遍存在。此外，对照组、SL 组、SLB 组中特异性 OTU 分别为 95、9、124 个。SLB 组与对照组共有 OTU 为 329，比 SL 组与对照组共有 OTU 多 145 个。说明 SLB 组与对照组的小鼠肠道菌群的相似性更高。

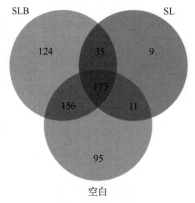

图 16-5　不同处理组小鼠肠道菌群中独特的和共有的 OTU 数量
数值是用总数据集计算出的 OTU 数量。不同的组用不同颜色的圆表示

## 四、不同分类水平的肠道微生物群落的组成

如图 16-6 所示，为 OTUs 在门水平上厚壁菌门与拟杆菌门的比值。

值得注意的是，小鼠经 FGM 处理后，厚壁菌门与拟杆菌门的比值显著增加（单因素方差分析和图基事后检验法分析，$P<0.001$，图 16-6）。

小鼠肠道微生物在门水平上的组成如图 16-7 所示。

所有样本共检出 13 个门。最普遍的门是厚壁菌门（Firmicutes），其次是软壁菌门（Tenericutes）、变形杆菌门（Proteobacteria）、拟杆菌门（Bacteroidetes）和放线菌门（Actinobacteria），其相对丰度依次递减（图 16-7A）。10 个门的丰度在

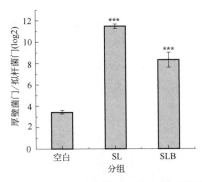

**图 16-6 OTUs 在门水平上厚壁菌门与拟杆菌门的比值**

柱状图表示平均值±标准差。纵坐标为厚壁菌门（Firmicutes）和拟杆菌门（Bacteroidetes）的比值。横坐标为处理分组。数据采用 Turkey 后测的单因素方差分析，星号表示与对照组比较差异有统计学意义，***$P \leqslant 0.001$

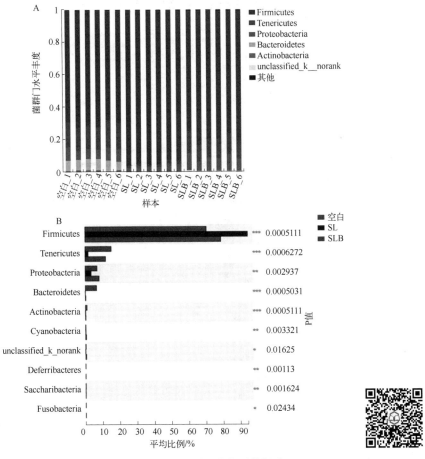

**图 16-7 门水平的肠道微生物群落组成**

（图 A）小鼠肠道优势微生物门水平上的相对丰度。少于 1%的丰度的门合并到其他门。（图 B）采用 Kruskal-Wallis 检验确定 3 组在门水平上的微生物类群差异（*$P<0.05$，**$P<0.01$，***$P<0.001$）

至少 1 个组中存在显著差异（*P*<0.05，*P*<0.01 和 *P*<0.001，图 16-7B）。SL 处理对微生物组成的影响似乎比 SLB 处理更明显。小鼠经 SL FGM 处理后，厚壁菌门（Firmicutes）增加，软壁菌门（Tenericutes）和变形杆菌门（Proteobacteria）减少。

在属水平上，对 222 个属进行了表征，图 16-8A 显示了按相对丰度排名的前 14 个主要属。已鉴定出的 15 个属的丰度在三组间存在显著差异（*P*<0.01 和 *P*<0.001，

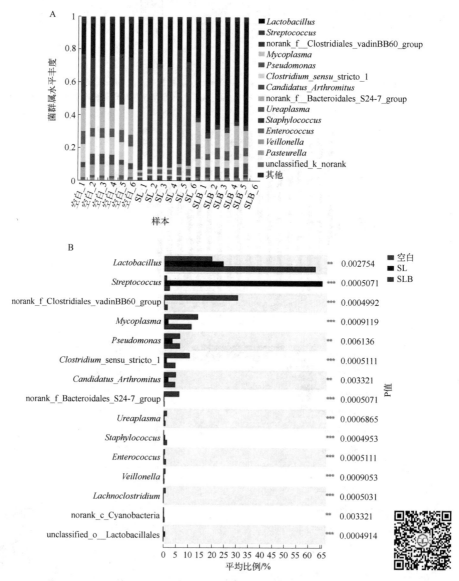

图 16-8　属水平的肠道微生物群落组成

（图 A）小鼠肠道优势微生物属的相对丰度（少于 1%的丰度的属融合到其他属）；（图 B）采用 Kruskal-Wallis 检验（\*\**P*<0.01，\*\*\**P*<0.001）确定 3 组在属水平上的微生物类群差异

图 16-8 B）。SLB 组以乳酸杆菌属最为丰富，SL 组以链球菌属最为普遍，对照组以未分类梭菌目 vadinBB60 属（norank_f_Clostridiales_vadinBB60_ group）为主（图 16-8B）。SL 组与 SLB 组相比，支原体、假单胞菌、梭状菌（*Clotridium_sensu_stricto_1*）和分段丝状细菌（*Candidatus_Arthromitus*）的比例下降更明显（$P<0.01$ 和 $P<0.001$）。与对照组相比，两种 FGM 处理组的未分类拟杆菌科 S24-7 属（norank_f_bacteroidales_S24-7_p）显著降低（$P<0.001$）。与 SLB 组和对照组相比，SL 组脲原体、肠球菌、韦荣氏球菌属（*Veillonella*）和 *Lachnoclo-stridium* 的丰度最低。此外，葡萄球菌和未分类蓝细菌（norank_c_Cyanobacteria）在 SLB 组中比其他组更常见。此外，值得注意的是，SL 处理显著促进了一个属于乳酸杆菌目的未分类属（非分类乳酸杆菌）（$P<0.001$）。

## 五、肠道微生物群落功能预测

与对照组相比，两组代谢途径（包括氨基酸代谢、碳水化合物代谢、能量代谢、脂质代谢、核苷酸代谢、外源生物降解代谢、辅助因子和维生素代谢）的相对丰度均显著下降（经单因素方差分析和图基事后检验法分析，$P<0.01$，图 16-9A）。而与对照组相比，SL 组的多糖生物合成和代谢丰度上调。此外，还发现 FGM 处理可显著降低各种疾病的风险，包括癌症、代谢性疾病和神经退行性疾病（$P<0.01$，图 16-9B）。值得关注的是，两组患者的免疫系统疾病风险均有轻微增加。同时，SL 组感染风险增加，SLB 组显著降低（$P<0.01$）。感染性疾病风险的不同反映了小鼠小肠对含乳双歧杆菌的 FGM 的可能反应。

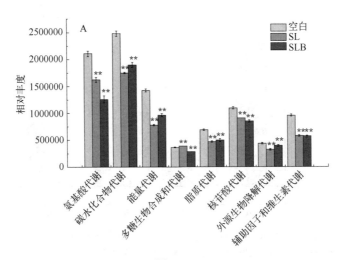

图 16-9

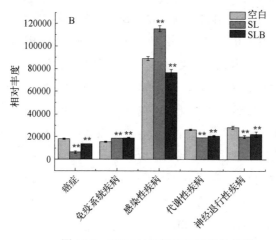

图 16-9　FGM 处理组和对照组的代谢

　　FGM 处理组和对照组的代谢（图 A）和疾病（图 B）的功能预测。柱状图表示平均值±标准差。数据采用单因素方差分析和图基事后检验法分析，星号表示与对照组比较差异有统计学意义，**$P<0.01$

## 六、免疫因子 TNFα、Prf、Gzmb、Ahr 的表达水平

　　摄入 FGM 调节了免疫因子 TNFα、Prf、Gzmb 和 Ahr 的 mRNA 相对表达（图 16-10）。FGM 处理后小鼠小肠 Prf 和 Gzmb 的表达显著下降（单因素方差分析和图基事后检验法分析，$P<0.01$）。两种处理均使 Ahr 的表达下降，其中只有 SL 处理与对照组相比差异显著（$P<0.01$）。有趣的是，我们检测到两种处理组 TNFα 的表达均增加（$P<0.01$）。

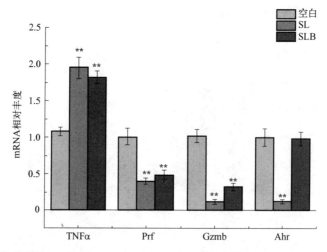

图 16-10　免疫相关因子 TNFα、Prf、Gzmb 和 Ahr 在处理组小鼠小肠中与对照组比较有差异表达

　　条形表示平均值±标准差。数据采用单因素方差分析和图基事后检验法分析，星号表示与对照组比较差异有统计学意义，**$P<0.01$

# 七、讨论

到目前为止，大多数的研究已经检验了牛乳发酵产品的摄入量与肠道微生物群落之间的关系。然而，很少有研究调查以羊乳为基础的发酵食品对于营养物质同化相关的小肠微生物群落的影响。深入了解了 FGM 摄入量、小肠微生物群落和免疫系统之间是否存在相互作用，以及这种相互作用是否会受到不同乳酸菌组合策略的影响。这项研究提供了一个基于微生物的框架来评估宿主对 FGM 摄入的反应。

本研究发现，FGM 的摄入降低了微生物多样性，改变了整个微生物群落结构。在两个处理组中，Sobs 指数下降，Simpson 指数上升，这表明 FGM 的摄入导致 α 多样性下降。Rettedal 等（2019）通过检测盲肠（大肠的隔间）的微生物群落，证明了未发酵和发酵羊乳处理组之间的 α 多样性没有显著差异。此外，Usui 等（2018）报道，长期摄入 LB81 酸乳后，小鼠粪便微生物群落的 α 多样性没有明显改变。研究结果与之前的研究结果存在矛盾，这可能是因为本次研究是针对小肠进行的，小肠的微生物环境与大肠和粪便中的微生物环境不同。在小肠中，微生物受到更严酷的胁迫（如低 pH 值、更快的运输时间和胆汁酸），因此微生物多样性的变化会更明显。此外，β 多样性分析结果表明，FGM 的摄入显著改变了整个微生物群落结构。PCoA 图和层次聚类树显示，处理组和对照组分为三个不同的聚类。该结果与之前 Zhang 等（2017）的研究结果相似，发现含有植物乳杆菌 YW11 的发酵乳对小鼠的微生物群落结构有显著影响。

在门水平上，两种处理组的厚壁菌门（Firmicutes）比例均呈上升趋势，而拟杆菌门（Bacteroidetes）比例均呈下降趋势。在最近的一项研究中也发现了类似的结果，该研究报告称，在补充"Kefir"（也被称为发酵乳制品）后，小鼠肠道中的厚壁菌门/拟杆菌门比值增加了 2.15g/(kg·d)（Hsu 等，2018）。据报道，厚壁菌门与拟杆菌门的比例升高与小鼠和人类体重指数（BMI）和肥胖有关（Ley 等，2005）。因此，在我们的研究中，厚壁菌门与拟杆菌门之间的比例增加可能意味着小鼠在 FGM 处理后体重增加。事实上，根据实验期间的体重记录，我们发现接受 FGM 的小鼠比对照组小鼠体重增加较多。此外，还发现 SL 处理导致变形杆菌门（Proteobacteria）和软壁菌门（Tenericutes）的丰度显著降低。变形杆菌门是胃肠道兼性厌氧菌的一员，其中大多数常驻微生物是专性厌氧菌。据报道，变形杆菌门含量的增加是肠道微生物失调和各种疾病发生的标志，如代谢紊乱和肠道炎症（Shin 等，2015）。此外，软壁菌门（Tenericutes）包括支原体属和脲原体属，其中某些物种可能对宿主有致病性（Waites 等，2005）。因此，可以推断，SL FGM

的摄入可能在微生物群落失调过程中控制了变形菌的扩张，降低了条件致病菌的比例。

乳酸杆菌属（*Lactobacillus*）是一种挑剔的革兰氏阳性细菌，分布在与动物和人类的食物、植物和黏膜表面相关的营养丰富的栖息地。在胃肠道中，乳酸杆菌通常被认为是共生的或健康微生物群落的指示。已有研究证明，乳酸杆菌能够发酵宿主饲料中存在的低聚糖和多糖，从而产生短链脂肪酸（SCFAs），这是调节免疫应答的重要代谢物。此外，链球菌属似乎活跃于小肠，特别是十二指肠和空肠。有报道称，链球菌在降解乳糖方面发挥着至关重要的作用，乳糖不耐受患者很难消化乳糖。在降解乳糖的过程中，链球菌可以产生乳酸，乳酸可以诱导涉及黏液生产的途径，黏液是小肠屏障的主要成分。在本研究中，SLB FGM 处理导致了乳酸菌的大量繁殖，而 SL FGM 处理促进了链球菌的繁殖。综上所述，摄入 SL FGM 可能会增加有益菌的数量，而摄入 SLB FGM 似乎增强了小肠黏膜的完整性。

本研究发现，FGM 处理可降低代谢丰度（氨基酸代谢、碳水化合物代谢、能量代谢、核苷酸代谢、辅助因子和维生素代谢、外源生物降解代谢和脂类代谢），与其他方法的结果一致。由于细菌发酵的原因，FGM 比未发酵的羊乳含有更丰富的肽、氨基酸、脂肪酸和维生素。FGM 的摄入为微生物提供了更丰富的可直接利用的底物，并可能降低营养大分子（如蛋白质和脂肪）降解所需的代谢活动，导致代谢丰度下降。这揭示了微生物群落在小肠中的适应功能。此外，拟杆菌菌群被认为是参与碳水化合物代谢的主要微生物。结果表明，FGM 处理降低了未分类拟杆菌科 S24-7 属（norank_f_Bacteroidales_S24-7_group）的比例，这可能与 FGM 处理组碳水化合物代谢丰度的降低有关。FGM 中更容易利用的微生物群落底物和微生物谱的改变可能有助于代谢丰度的变化。

近年来，有研究表明益生菌可以激活肠道相关的自然杀伤细胞来分泌免疫因子 TNFα，这是一种众所周知的促炎性细胞因子。Gzmb 和 Prf 是在感染过程中参与清除致病菌的细胞毒性因子。在本研究中，FGM 处理后 TNFα 的表达量升高。相比之下，Gzmb 和 Prf 表达下调。TNFα 表达增加，Gzmb 和 Prf 表达减少可能是宿主对外源益生菌消耗的正常免疫反应。总的来说，结果表明，FGM 摄入不会引起感染。

# 八、结论

摄入乳酸菌 FGM 降低了小鼠的微生物多样性，显著改变了小鼠的整体微生物组成。与 SLB FGM 处理相比，SL FGM 处理使微生物多样性和组成显著改变。SL FGM 处理导致链球菌数量增加，SLB FGM 处理导致乳酸菌数量增加。功能预测分析发现，FGM 处理降低了大部分重要代谢物的丰度，如氨基酸代谢、碳水化合物代谢和能量代谢。食用 FGM 的小鼠患癌症、代谢疾病和神经退行性疾病的风险更低。此外，还发现免疫因子的表达水平可被两种 FGM 处理方法所调节，特别是 SL FGM 处理。因此，研究表明发酵菌株的联合会影响 FGM 对肠道微生物结构的调控，可以驱动代谢和免疫反应的下游效应。这些发现揭示了 FGM 对肠道微生物的调控机理，为基于 FGM 功能性食品的开发提供理论基础。

# 第十七章　羊乳巴氏杀菌条件筛选

## 第一节　羊乳加工特性

### 一、羊乳巴氏杀菌的作用

　　羊乳被称为"乳中之王"，优质蛋白质含量丰富，含有颗粒较小的球蛋白，易被人体消化吸收，且羊乳酪蛋白和乳清蛋白的比例接近母乳，较其它乳源对人体健康更有利。乳的热处理主要包括预热、杀菌甚至灭菌等过程。巴氏杀菌是最常见的热处理方式，其主要目的是杀灭乳品中大多数微生物，保证乳品的品质和延长乳品的货架期，改善乳品加工性能。低温巴氏杀菌对乳中热不稳定性蛋白质的影响较小，而高温巴氏杀菌则会导致乳品蛋白质的乳化能力和稳定性发生较大的变化。因此，低温的巴氏杀菌是更受人们青睐的热加工方式。

### 二、巴氏杀菌对羊乳蛋白质的作用

　　蛋白质的水解是羊乳杀菌过程中发生的主要化学变化之一。在加工生产方面，水解后的乳蛋白往往更有利于发酵乳制品的生产；在健康方面，蛋白质水解后产生的小分子肽及氨基酸更容易被人体吸收，且部分小肽还具有调节血糖、抗氧化、抗高血压、抑菌等功能；在安全方面，巴氏杀菌后的乳蛋白相比未处理的而言更加安全，如经过 65～100℃加热处理后，α-乳白蛋白的抗原性和潜在致敏性显著降低。目前，对于乳蛋白的水解有相当多的研究，但多集中于酶对蛋白质的水解。马莹等人报道胃蛋白酶水解乳清蛋白最佳酶解工艺温度为 37℃，胰蛋白酶水解乳清蛋白最佳酶解温度为55℃；韩仁娇等人报道在55.2℃条件下，β-乳球蛋白酶解产生乳清水解蛋白，其水解率可达到60%。但是酶处理易导致蛋白质过度水解，产生大量苦肽和游离氨基酸，影响羊乳的风味。巴氏杀菌是一种常见的杀菌方式，并且广泛应用于工业生产实践，但是当下不同企业采用不同的巴氏杀菌的条件，主要体现在巴氏杀菌时间和杀菌温度的不同。虽然这些条件满足了商业杀菌的要求，但是哪一种巴氏杀菌的条件更有利于保护乳蛋白的特性，尚缺乏系统的研究。

因此本部分将较系统地研究巴氏杀菌对羊乳水解程度、色值变化、表面形貌、蛋白质种类的影响，以加深人们对于巴氏杀菌对羊乳蛋白质性状影响的认识，有利于羊乳品质的稳定。

# 第二节　羊乳巴氏杀菌条件筛选研究方法

## 一、羊乳中蛋白质含量的测定

乳中蛋白质含量的测定参考文献的方法。称量0.1g牛血清白蛋白至100mL容量瓶中，倒入0.15mol/L的NaCl溶液至刻度线，混匀配制成1.0mg/mL的标准蛋白质溶液。依次吸取标准蛋白质溶液（0.01mL、0.02mL、0.03mL、0.04mL、0.05mL、0.06mL）和0.15mol/L的NaCl溶液（0.09mL、0.08mL、0.07mL、0.06mL、0.05mL、0.04mL）于相应试管中，再分别加入考马斯亮蓝G-250试剂各5.00mL。采用722型可见分光光度计在595nm波长处测定其吸光度。以牛血清白蛋白标准溶液浓度（0mg/mL、0.1mg/mL、0.2mg/mL、0.3mg/mL、0.4mg/mL、0.5mg/mL、0.6mg/mL）为横坐标，以吸光度为纵坐标，绘制蛋白质含量测定的标准曲线。准确移取1μL羊乳于试管中，再加入99μL NaCl溶液，其余操作同上。

## 二、不同巴氏杀菌羊乳色值的测定

采用全自动色差仪测定不同巴氏杀菌条件下羊乳的红值（$a^*$）、黄值（$b^*$）和亮度（$L^*$），以常温鲜羊乳为对照。

## 三、羊乳蛋白质粒子形貌的原子力显微镜观察

取等量常温和95℃，15s处理的羊乳，经400×g离心15min后，弃去脂肪层，再使用乙醚萃取，脱去剩余残脂。对少量脱脂后的羊乳稀释25倍后，进行超声处理。取样液铺展在云母片上，静置风干。制备好的蛋白质云母片样本在Bruker原

子力显微镜 J 探头下进行扫描观察。

## 四、巴氏杀菌羊乳蛋白质十二烷基硫酸钠–聚丙烯酰胺凝胶电泳（SDS-PAGE）分析

取 2mg 不同温度处理的羊乳和对照乳，分别溶解在 1mL 样品缓冲液中。配制浓缩胶的浓度为 5%，配制分离胶的浓度为 13%。将分离胶注入凝胶板至距上部 1/4 处，再灌入蒸馏水压平，待凝固后倒掉蒸馏水。然后注入浓缩胶，插入梳子后等待凝固。倒入电泳缓冲液至没过凝胶板，拔梳子。样品上样量为 10μL。将浓缩胶中的电压控制恒压为 80V，待溴酚蓝条带跑入分离胶后，电压改为 121V，恒压直到蛋白质染液跑至距分离胶底部 1cm 左右处，关闭电源停止电泳。将凝胶片放入考马斯亮蓝染液染色，置于摇床振荡 2h。再放入脱色液脱色，每 2h 换一次，至背景通透、蛋白质条带可清楚辨别。

## 五、数据处理

所有试验平行重复 3 次，试验数据均采用 SPSS16.0 软件进行单因素方差分析（one-way ANOVA），图基事后检验法分析 5%水平进行多重比较，结果以平均值±标准差（$\bar{X}$±SD）表示。

# 第三节　羊乳巴氏杀菌条件筛选结果与分析

## 一、考马斯亮蓝法蛋白质含量测定标准曲线方程的建立

以牛血清白蛋白标准溶液浓度（0mg/mL、0.1mg/mL、0.2mg/mL、0.3mg/mL、0.4mg/mL、0.5mg/mL、0.6mg/mL）为横坐标，以吸光度为纵坐标，绘制标准曲线。依据各个浓度对应的吸光度进行线性回归，建立标准方程。结果显示：回归方程为 $y=0.9084x-0.017$，其线性范围为 0～0.6mg/mL，该方程的 $R^2=0.9919$，表明蛋白质标准曲线浓度与吸光度关系良好，该方程可信度高（$P<0.01$）。

## 二、不同巴氏杀菌羊乳中蛋白质含量

采用考马斯亮蓝法对 65℃、75℃、85℃和 95℃巴氏杀菌乳中的蛋白质含量进行测定。结果表明（图 17-1）：除 65℃巴氏杀菌处理的羊乳外，其余各巴氏杀菌处理组的羊乳总蛋白质含量均显著高于对照组（25℃未经处理的羊乳，下同）

（$P<0.05$）。考马斯亮蓝法的测定原理是蛋白质和色素的结合，但肽类物质也可以与色素结合，这可能是处理组蛋白质的含量高于对照组的原因，也进一步表明蛋白质在 75℃ 以上温度时发生了水解。75℃巴氏杀菌乳中的蛋白质含量显著高于其他巴氏杀菌组（$P<0.05$）；85℃和 95℃巴氏杀菌乳中的蛋白质含量显著高于 65℃巴氏杀菌组（$P<0.05$）；85℃和 95℃巴氏杀菌羊乳中的蛋白质含量无显著差异（$P>0.05$）。

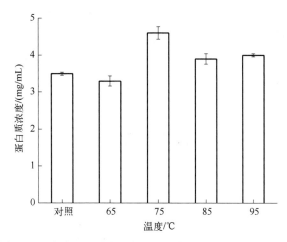

图 17-1　羊乳蛋白质含量在不同温度处理 30min 后的变化

对 95℃加热 15s、30min 和 4h 的巴氏杀菌乳中的蛋白质含量进行测定，结果表明（图 17-2）：各巴氏杀菌组的羊乳蛋白质含量均显著高于对照组（$P<0.05$）。15s 巴氏杀菌乳中的蛋白质含量显著高于其它巴氏杀菌组（$P<0.05$）。4h 巴氏杀菌乳中的蛋白质含量显著高于 30min 巴氏杀菌组（$P<0.05$）。

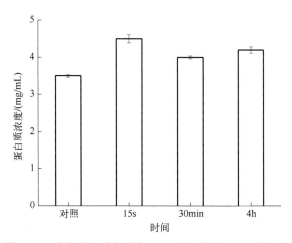

图 17-2　羊乳蛋白质含量在 95℃不同时间处理后的变化

　　结果表明，在相同时间的处理条件下随着温度的升高，蛋白质含量先增大，后降低。这可能是因为随着温度升高，羊乳蛋白质空间构象改变，二、三级结构和疏水区域发生变化，蛋白质的酶切位点数量增加，因此巴氏杀菌后的乳蛋白对蛋白酶更加敏感，而羊乳中蛋白酶、纤溶酶等内源水解酶会降解乳中蛋白质，将其分解为小分子短肽和游离氨基酸。相对于 75℃ 条件的巴氏杀菌，85℃、95℃ 的巴氏杀菌温度较高，可能致使某些特殊蛋白质发生一定凝结，从而表现为蛋白质含量下降。而在 65℃ 处理后的羊乳蛋白质含量较其它处理组最低，可能是由于耐热蛋白酶的最佳酶解温度主要集中于 60~80℃，少数例外也在 80℃ 以上，因此水解酶的活性未完全激活。在 95℃ 不同时间的处理下，处理 15s 后羊乳蛋白质含量相对其它处理组最高，这可能是由于在此条件下蛋白质水解程度较大，产生了较多游离氨基酸和小肽。

## 三、不同巴氏杀菌对羊乳色泽的影响

　　采用全自动色差仪对 65℃、75℃、85℃ 和 95℃ 巴氏杀菌乳中的蛋白质色值进行测定（表 17-1）。结果表明：65℃、75℃、85℃、95℃ 处理 30min 的羊乳 $b*$ 显著高于对照组（$P<0.05$），四组处理组之间也均具有显著性差异（$P<0.05$）。在 75℃ 以上，随着温度的增加，羊乳的 $b*$ 值呈逐渐增大的趋势，在 75℃ 时，羊乳的 $b*$ 值相对于其它处理组最低。这说明褐变现象最明显的为 95℃ 处理组，接下来依次为 85℃、65℃、75℃ 处理组。综上结果表明，在不同温度处理 30min 的条件下，羊乳 $b*$ 值的大小与处理温度的高低呈一定程度的正相关。

表 17-1　不同巴氏杀菌对羊乳色泽的影响

| 处理 | 色值 | | |
| --- | --- | --- | --- |
| | $L*$ | $a*$ | $b*$ |
| 对照 | 73.22±0.076 | −2.29±0.012 | −0.04±0.017 |
| 65℃，30min | 71.94±0.060 | −1.97±0.00 | 0.52±0.021[a] |
| 75℃，30min | 71.68±0.10 | −1.60±0.010 | 0.45±0.018[b] |
| 85℃，30min | 72.86±0.11 | −2.35±0.015 | 0.57±0.040[c] |
| 95℃，30min | 74.32±0.087 | −2.03±0.28 | 0.60±0.035[d] |

　　注：表中不同小写字母表示组间差异显著（$P<0.05$）。

　　色值变化体现了美拉德反应的程度。本部分研究结果表明 75℃ 以上，随着温度的增加，羊乳的 $b*$ 值呈逐渐增大的趋势。这可能是由于在高温条件下，乳糖降解产生还原性单糖，其羰基与乳蛋白的氨基相互作用发生美拉德反应，生成中间产物羟甲基糠醛，进一步积累形成类黑色素，且随着加热时间和加热温度的增加，褐变程度就越深。这与孙静丽等、李思宁等研究结果相一致。因此，黄值也可作为巴氏杀菌对羊乳品质影响的重要指标之一。

## 四、羊乳蛋白质粒子形貌的原子力显微镜观察结果

采用原子力显微镜对巴氏杀菌（95℃，15s）处理乳进行蛋白质粒子形貌观察，结果如图 17-3、图 17-4，表 17-2、表 17-3 所示。结果表明：95℃，15s 巴氏杀菌处理组蛋白质的颗粒数目（77 个）显著低于对照组（437 个）（$P<0.05$），蛋白质的颗粒密度（3.08 个/$\mu m^2$）显著低于对照组（17.48 个/$\mu m^2$）（$P<0.05$），蛋白质的颗粒直径（93.91nm）大于对照组（80.41nm），蛋白质的片状凝聚程度（8221.42$nm^2$）显著高于对照组（5636.28$nm^2$）（$P<0.05$），而且蛋白质颗粒表面的起伏程度（2.50～23.79nm）大于对照组（2.54～16.92nm）。

图 17-3　常温（25℃）对照组羊乳蛋白质粒子表面形貌

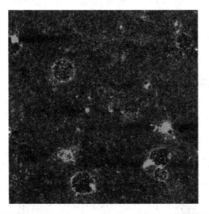

图 17-4　巴氏杀菌（95℃，15s）处理后羊乳蛋白质粒子表面形貌

表 17-2　常温（25℃）对照组羊乳蛋白质粒度

| 项目 | 平均值 | 最小值 | 最大值 |
|---|---|---|---|
| 数目/个 | 437 | 437 | 437 |
| 颗粒密度/(个/μm$^2$) | 17.480 | 17.480 | 17.480 |
| 高度/nm | 5.335 | 2.536 | 16.922 |
| 面积/nm$^2$ | 5636.281 | 2384.186 | 28228.760 |
| 颗粒直径/nm | 80.407 | 55.09 | 189.584 |

表 17-3　巴氏杀菌（95℃，15s）羊乳蛋白质粒度

| 项目 | 平均值 | 最小值 | 最大值 |
|---|---|---|---|
| 数目/个 | 77 | 77 | 77 |
| 颗粒密度/(个/μm$^2$) | 3.080 | 3.080 | 3.080 |
| 高度/nm | 5.920 | 2.497 | 23.792 |
| 面积/nm$^2$ | 8221.416 | 2384.186 | 35858.156 |
| 颗粒直径/nm | 93.914 | 55.097 | 213.673 |

　　结果表明巴氏杀菌后羊乳蛋白质粒度大于常温（25℃）对照组羊乳。这可能是加热导致羊乳蛋白质的结构改变。巴氏杀菌后的羊乳表面有较大的凝聚颗粒可能是因为高温导致蛋白质分子内部肽链运动加剧，β-乳球蛋白、κ-酪蛋白、α-乳白蛋白等的空间结构改变，导致蛋白质分子间形成二硫键，结合成直径更大的蛋白质颗粒。因为这种结合方式下蛋白质空间排布不紧密，可能形成了疏松多孔结构，所以更多的小颗粒蛋白质附着在羊乳酪蛋白表面，蛋白质粒子也会逐渐增大。另一方面，大分子蛋白质粒子数目在巴氏杀菌后大幅下降，这可能是由于在巴氏杀菌处理中，除部分含巯基蛋白质聚集外，还有部分其它的蛋白质在该温度下发生大量水解，形成小分子氨基酸，使得大分子蛋白质粒子数目明显降低。与李子超、杨楠、Corredig 等和 Kazmierski 等研究结果类似，并且这种结果与上文热处理对羊乳蛋白质水解程度的影响分析结果一致。

## 五、巴氏杀菌羊乳蛋白质 SDS-PAGE 分析

　　采用 SDS-PAGE 电泳法对 65℃、75℃、85℃和 95℃巴氏杀菌乳中的蛋白质条带进行分析（图 17-5）。结果表明，各样品均含有 2 条类似的蛋白质条带，但 65℃、75℃巴氏杀菌组的 A 条带蛋白质灰度与对照组相近；85℃、95℃巴氏杀菌组的 A 蛋白质条带灰度明显低于其它处理组，并且蛋白质条带数目较 75℃的巴氏杀菌处理组明显减少。另外，65℃和 75℃巴氏杀菌组的 A 蛋白质条带灰度无明显差异；85℃和 95℃巴氏杀菌组的 A 蛋白质条带灰度无明显差异。

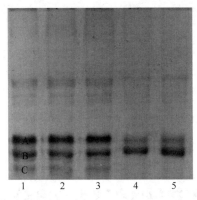

图 17-5　巴氏杀菌羊乳蛋白质 SDS-PAGE 分析

图中条带 1、2、3、4、5 分别代表对照、65℃、75℃、85℃和 95℃羊乳热处理 30min

　　85℃、95℃巴氏杀菌的羊乳 SDS-PAGE 电泳灰度明显变浅表明，随着温度的增高，羊乳蛋白质水解程度增加。电泳条带的灰度值与蛋白质分子的凝聚和交联作用有关，形成这种现象的原因可能是高温促进了蛋白质的水解使蛋白质分解成更小分子肽和游离氨基酸，从而使条带变浅。65℃和 75℃处理的羊乳与对照组相比灰度无明显差异，表明该温度处理基本不会导致蛋白质的明显水解，并且较 85℃、95℃处理而言，65℃和 75℃处理的羊乳蛋白质电泳条带数目与对照组相比无明显变化，也进一步证明上述结果。在 75℃蛋白质条带灰度的变化较小，因此这种温度的处理可能在一定程度上更有利于保存蛋白质活性。

## 六、结论

　　巴氏杀菌是影响乳品加工品质的关键因素之一。本部分研究表明巴氏杀菌会导致蛋白质含量、色值、表观形貌的变化。巴氏杀菌的温度和时间均对羊乳蛋白质的水解存在着显著影响（$P<0.05$）。温度的增加容易导致蛋白质变性程度的增加，表现为水解程度的增大、羊乳褐变程度的加深，也进一步表现为 75℃蛋白质条带无明显变化，85℃、95℃蛋白质条带减少、灰度变浅，并且 95℃，15s 巴氏杀菌后的羊乳蛋白质数目减少、粒度增大。综上所述，75℃，30min 的巴氏杀菌方法最适于羊乳的加工与生产，为羊乳的热加工提供了参考。

# 第十八章　牛羊乳热处理蛋白质变性程度比较及机理分析

## 第一节　牛羊乳热处理蛋白质变性程度比较及机理分析研究方法

乳及乳制品是人们摄取动物性蛋白质的重要来源，其中液态乳是消费量最大的一种，主要包括巴氏杀菌乳和常温乳（UHT 乳）2 类，而以 UHT（超高温瞬时杀菌）牛乳最为普遍，其保质期达 6 个月，但其在货架期会出现蛋白质沉淀现象，引起消费者的安全顾虑。现代营养科学证明，羊乳具有和母乳更为接近的营养组成。生产实践证明羊乳热处理后蛋白质沉淀现象较为严重，成为液态羊乳生产的技术瓶颈，因此市场上的羊乳产品主要以羊乳粉为主，产品单一，影响其消费量的增加和奶山羊产业的发展。影响乳热稳定性的因素有酸度、pH值、酪蛋白组成、乳清蛋白和酪蛋白的相互作用、热处理温度等，其中热处理是最为重要的影响因素。常规热处理对乳品体系沉淀率影响不大，但高温处理对蛋白质稳定性的影响是目前工业生产一直存在的问题，特别是羊乳热稳定性更为脆弱。沉淀和色变是衡量蛋白质稳定性的重要指标，目前尚缺乏对二者的定量研究及机理分析。

本研究主要探讨不同热处理对牛、羊乳蛋白质变性指标沉淀率和色值的影响，并分析热处理后牛、羊乳相关理化特征指标的变化，以期揭示牛、羊乳热变性机理，丰富牛、羊乳稳定性研究理论，进而为牛、羊乳稳定性热加工技术参数的确定提供参考依据。

## 一、蛋白质沉淀率的测定

牛、羊乳于 95℃、121℃ 各处理 15min，冷却至 2～4℃ 保存 60h，每隔 12h 取样液，400×g 离心 15min，倾出上清液，称量沉淀蛋白质的质量，每次平行测定 3 个样品，共测定 5 次，同时设置未热处理常温（18～20℃）牛、羊乳为对照。按下式计算蛋白质沉淀率：

$$W=(m_1/m)\times100\%$$

式中，$W$ 为蛋白质沉淀率百分率，%；$m_1$ 为沉淀蛋白质质量，g；$m$ 为样液质量，g。

## 二、酪蛋白提取及其红值测定

取常温、95℃ 加热 15min 和高压锅 121℃ 加热 15min 的牛、羊乳各 30mL，200×g 离心 5min，弃去上层脂肪；下层液体加入等体积 0.2mol/mL 醋酸-醋酸钠缓冲液（pH4.6），摇匀，加热至 40℃，冷却至室温，放置 5min，200×g 离心 5min 倾出上层液体，沉淀物用蒸馏水洗涤，200×g 离心 5min，重复洗涤 3 次，所得沉淀物即为粗酪蛋白。将粗酪蛋白置于 30mL 体积分数 95%乙醇中洗涤 2 次，200×g 离心 5min，再用乙醚洗涤 2 次，抽滤，将所得沉淀物摊开在表面皿上，使乙醚完全挥发，所得沉淀物即为酪蛋白。相机拍照，并利用全自动色差仪测定其红值（$a^*$）。

## 三、酪蛋白组成的 SDS-PAGE 分析

取酪蛋白 1mg 溶于 1mL 样品缓冲液中，沸水煮 5min。配制质量分数 12%分离胶加入凝胶板中，凝固 40min，加入质量分数 3%浓缩胶，凝固 40min，在加样孔中加入样品 10μL，开始电泳，80V 恒压 40min，然后 100V 恒压 2.5h，停止电泳。体积分数 20%三氯乙酸浸泡凝胶板 8h，150mL 去离子水充分洗涤凝胶板 20min，重复洗涤 3 次；体积分数 1%戊二醛溶液 150mL 避光浸泡凝胶板 6h，去离子水洗涤 10min，重复洗涤 3 次；氨银染液 100mL 避光染色 20min；去离子水 150mL 洗涤凝胶表面 2 次，每次 1min。加入显色液至显色清晰后弃去显色液，去离子水洗涤 2 次，每次 1min，加入终止显色液终止显色，凝胶成像系统照相。

## 四、蛋白质质量浓度的测定

采用考马斯亮蓝法。用 0.15mol/L NaCl 溶液配制 1mL 质量浓度为 1mg/mL 的标准牛血清白蛋白溶液；称取 100mg 考马斯亮蓝 G-250 溶于 50mL 体积分数 95% 乙醇中，加入 100mL 850g/L 磷酸，用蒸馏水定容至 1000mL，滤纸过滤并装入棕色瓶中保存。最终试剂中含 0.1g/L 考马斯亮蓝 G-250、体积分数 4.7% 乙醇、85g/L 磷酸。以标准蛋白质质量浓度为横坐标，吸光度为纵坐标绘制标准曲线，根据标准曲线计算样液蛋白质质量浓度。

## 五、还原糖质量浓度测定

取牛、羊乳各 30mL，加蒸馏水 50mL，慢慢加入 5mL 乙酸锌溶液（219g/L 乙酸锌，30mL/L 冰乙酸）和 5mL 亚铁氰化钾（106g/L）溶液，定容至 150mL，静置 30min，过滤，滤液备用；取碱性酒石酸铜甲液（15g $CuSO_4 \cdot 5H_2O$ 及 0.05g 亚甲蓝溶于 1000mL 水中）、乙液（50g 酒石酸钾钠及 75g 氢氧化钠溶于水中，加入 4g 亚铁氰化钾，充分溶解后，用水稀释至 1000mL）各 5mL，置于 150mL 锥形瓶中，加蒸馏水 10mL，加入玻璃珠 2 粒，2min 内加热至沸，滴加试样溶液，并保持溶液沸腾状态，以每 2 秒 1 滴的速度滴定至溶液蓝色刚好褪去为终点，记录消耗样液体积，每次平行测定 3 次，根据样液消耗体积计算还原糖质量浓度，计算公式为：

$$W = \frac{C \times V_1 \times V}{V_2 \times V_3 \times 1000}$$

式中，$W$ 为试样中还原糖的质量浓度，mg/L；$C$ 为葡萄糖标准溶液的质量浓度，mg/mL；$V_1$ 为滴定 10mL 斐林试剂消耗葡萄糖标准溶液的体积，mL；$V_2$ 为滴定时平均消耗样品溶液的体积，mL；$V_3$ 为样品体积，mL；$V$ 为样品定容体积，mL。

## 六、粒度测定

各取 50mL 牛、羊乳加入等体积乙醚，静置 10min，1200×$g$ 离心 15min，倾去上层脂肪，用激光粒度分析仪测定粒度。

## 七、数据处理

运用 SPSS 软件进行数据处理，结果以"平均值±标准差"表示。

# 第二节　牛羊乳热处理蛋白质变性程度比较及 机理结果与分析

## 一、不同温度处理牛、羊乳蛋白质沉淀率的变化

不同温度处理后牛、羊乳蛋白质沉淀率的动态变化如图 18-1、图 18-2 所示。

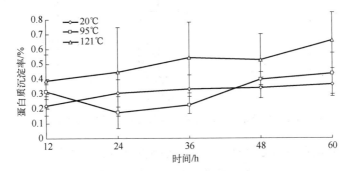

图 18-1　不同温度处理后牛乳蛋白质沉淀率的动态变化

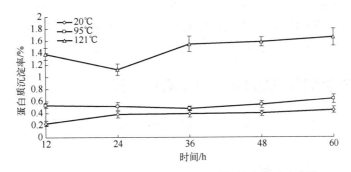

图 18-2　不同温度处理后羊乳蛋白质沉淀率的动态变化

图 18-1 表明，不同处理温度和贮存时间对牛乳蛋白质沉淀率虽有一定程度影响，但影响均不显著（$P>0.05$）。由图 18-2 可见，贮存时间对羊乳蛋白质沉淀率无显著影响（$P>0.05$），但温度则不同，随着处理温度升高羊乳蛋白质沉淀率显著增加（$P<0.05$）。图 18-1 和图 18-2 结果比较表明，羊乳的热稳定性低于牛乳。

## 二、不同温度处理后牛、羊乳酪蛋白颜色的变化

不同温度处理后牛、羊乳酪蛋白颜色变化如图 18-3、图 18-4 所示。

图 18-3　不同温度处理后牛、羊乳酪蛋白颜色的变化

C1～C3、G1～G3 分别为牛、羊乳于 121℃、95℃、20℃处理的酪蛋白

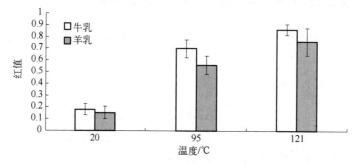

图 18-4　不同温度处理对牛、羊乳酪蛋白红值变化的影响

　　由图 18-3 可见，121℃处理的牛、羊乳酪蛋白明显呈红褐色。由图 18-4 可见，随着处理温度的提高，牛、羊乳酪蛋白的红值均显著增加（$P<0.05$），但牛乳酪蛋白的红值显著高于羊乳（$P<0.05$）。该结果表明，牛、羊乳在热处理的过程中均发生一定程度的美拉德反应，牛乳发生美拉德反应的程度高于羊乳，表明牛、羊乳蛋白质和还原性糖的质量浓度有一定的差异。

## 三、牛、羊乳酪蛋白的 SDS-PAGE 分析

　　不同温度处理牛、羊乳酪蛋白的 SDS-PAGE 分析结果如图 18-5 所示。

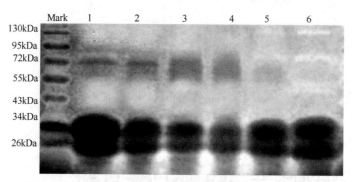

图 18-5　不同温度处理牛、羊乳酪蛋白的 SDS-PAGE 分析

条带 1～3 依次为 20℃、95℃、121℃处理的牛乳酪蛋白，6～4 依次为相同处理的羊乳酪蛋白

由图 18-5 可见，牛、羊乳酪蛋白主要有 β-酪蛋白和 $α_{s1}$-酪蛋白 2 种蛋白质，依据标准蛋白质 Mark，β-酪蛋白和 $α_{s1}$-酪蛋白的分子质量分别为 34kDa 和 26kDa 左右，表明热处理对牛、羊乳酪蛋白分子大小影响不大。

## 四、牛、羊乳蛋白质和还原糖质量浓度

牛、羊乳蛋白质和还原糖质量浓度比较如图 18-6、图 18-7 所示。

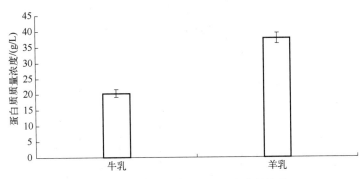

图 18-6 牛、羊乳蛋白质质量浓度的比较

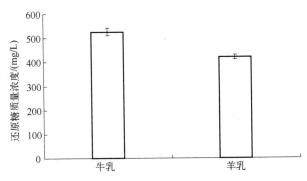

图 18-7 牛、羊乳还原糖质量浓度的比较

图 18-6 表明，羊乳蛋白质质量浓度(37.67±1.67)g/L 显著高于牛乳(20.33±1.20)g/L（$P<0.05$），该结果与文献所得的牛、羊乳蛋白质含量的结果一致。图 18-7 表明，牛乳还原糖质量浓度(525.67±14.98)mg/L 显著高于羊乳还原糖质量浓度(421.77±10.17)mg/L（$P<0.05$），这与文献的研究结果一致。

## 五、不同温度处理对牛、羊乳蛋白质粒度的影响

不同温度处理对牛、羊乳蛋白质粒度的影响结果如图 18-8、图 18-9 所示。

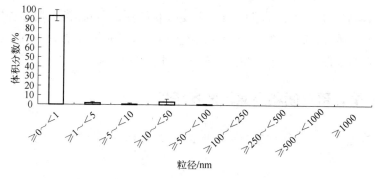

图 18-8　牛乳蛋白质粒径的分布

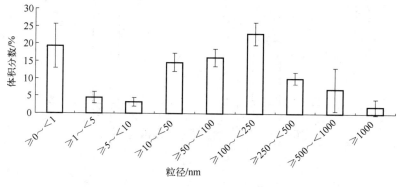

图 18-9　羊乳蛋白质粒径的分布

由图 18-8、图 18-9 可见，牛乳蛋白质粒度大小主要集中在 1nm 以下，而羊乳蛋白质粒度只有少部分在 1nm 以下，主要分布在 10～1000nm，其中以 100nm 左右最多。该结果表明羊乳蛋白质粒度大于牛乳。

# 六、讨论

## （一）蛋白质和还原性糖含量对美拉德反应的影响

美拉德反应的发生与乳中含有的蛋白质和还原糖有关，同时也受温度的影响，温度越高，美拉德反应越剧烈，红值越高。本研究结果也表明，随着热处理温度的升高，牛、羊乳红值均显著增加（$P<0.05$）。这是由于乳糖在 100℃以上的温度条件下可降解产生还原性的葡萄糖，其与蛋白质发生美拉德反应，羟甲基糠醛是美拉德反应的一种中间产物，而且加热时间越长，褐变就越严重。本研究表明，牛乳蛋白质含量低于羊乳，而发生美拉德反应的程度却高于羊乳，结合还原糖质量浓度测定结果表明，乳糖降解产生葡萄糖的多少是影响美拉德反

应程度大小的主要原因。

## （二）蛋白质结构对牛、羊乳稳定性的影响

本研究表明，牛、羊乳酪蛋白均主要含有 β-酪蛋白和 $\alpha_{s1}$-酪蛋白 2 种蛋白质，这与前人的研究结果一致，表明热处理对牛、羊乳酪蛋白分子量影响较小。章宇斌、李子超等研究结果表明，热处理后乳酪蛋白二级结构 α-螺旋、β-转角和 β-折叠数目均发生明显变化，牛、羊乳酪蛋白胶束结构有很大差异。上述结果提示，牛、羊乳热变性可能是其酪蛋白结构发生变化所致，但是牛、羊乳酪蛋白热处理结构的差异是基于二者本身结构的异同，还是仅仅热变性所致，尚待进一步研究。

本研究表明，牛乳蛋白质粒度大小主要集中在 1nm 以下。李子超等采用纳米粒度仪对酪蛋白粒径的测量结果表明，巴氏杀菌牛乳蛋白质粒度集中分布于 105.7～1106.0nm，UHT 牛乳中粒径为 105.7～164.2nm 和 255.0～458.7nm，蛋白质含量分别占 58.8%和 41.1%，这与本研究牛乳蛋白质粒度分析结果有一定的差异，可能是测定乳样是否进行加热和脱脂所致。综上所述，热处理后牛乳蛋白质粒度有所增大。本研究结果表明，羊乳蛋白质粒度大于牛乳，而且羊乳在 121℃处理后可明显观察到沉淀，表明羊乳热稳定性较差。该结果显示牛、羊乳蛋白质粒度大小是牛、羊乳热稳定性差异的直接影响因素。

# 七、结论

牛乳蛋白质热稳定性显著高于羊乳（$P<0.05$），羊乳蛋白质粒度远大于牛乳，二者酪蛋白主要由 β-酪蛋白和 $\alpha_{s1}$-酪蛋白 2 种蛋白质组成，其分子质量分别为 34kDa 和 26kDa，热处理对二者的分子质量影响不大，牛、羊乳蛋白质粒度大小是影响其稳定性的主要因素。牛乳热处理发生美拉德反应的程度显著大于羊乳（$P<0.05$），牛乳还原糖质量浓度(525.67±14.98)mg/L 显著高于羊乳(421.77±10.17)mg/L（$P<0.05$），羊乳蛋白质含量(37.67±1.67)g/L 显著高于牛乳(20.33±1.20)g/L（$P<0.05$），还原糖质量浓度是影响美拉德反应程度大小的主要因素。

# 第十九章　中国奶山羊产业发展现状和趋势

## 第一节　羊乳的营养价值

羊乳业是我国乳业的重要组成部分，是部分地区经济发展的重要支柱产业。本节简要介绍了羊乳的营养价值研究进展，世界、我国奶山羊产业的发展现状，并展望奶山羊产业发展前景，以期为我国奶山羊产业的发展提供参考。

### 一、羊乳消费概况

奶山羊养殖投资小、风险低、见效快，是奶山羊集中养殖地区和经济发展相对落后地区农民经济收入的主要来源。现代营养科学证明羊乳具有和母乳更为接近的营养组成和功能作用，在欧美、中国香港、中国台湾等地区，羊乳受到越来越多人的青睐。在欧美市场，山羊乳作为特色乳，设专店销售或在医药店作为食疗保健品配售。关于羊乳的营养保健作用在我国古代典籍《本草纲目》《食疗本草》《食医心鉴》《魏书》《饮膳正要》《传言方》《药性论》《日华子本草》《千金方》《备急方》《中国药膳学》等早有记载，中国百姓也早有饮用羊乳的习惯。正是这传统的中国营养保健理念和欧美、中国香港、中国台湾等地区饮用羊乳的习惯，促成羊乳成为中国城市白领消费的时尚，主要集中在广州、深圳及珠三角周边地区，消费群体相对稳定，拉动了中国奶山羊产业的发展，对我国奶山羊养殖业集中地区的农业产业结构调整和农民增收发挥了积极的推动作用。本部分针对羊乳营养价值研究进展、我国奶山羊生产、羊乳加工现状和奶山羊产业化前景作以阐述，以期为中国奶山羊产业发展提供参考。

## 二、羊乳的营养价值

我国古代典籍记载羊乳对胃肠炎、胃病、肾病、肝病等有缓解和促进康复的作用。研究表明，山羊乳含有的脂肪酸大都是短链脂肪酸，和母乳中脂肪酸组成结构相似，容易代谢，不会造成脂肪堆积引起肥胖；山羊乳中人体易过敏源 $\alpha_{s1}$-酪蛋白含量低，饮用不易引起过敏；山羊乳中含丰富的核苷酸，可促进新陈代谢，减少黑色素生成，使皮肤白净细腻；山羊乳中含有独特的上皮细胞生长因子（EGF），能快速修补老化的皮肤细胞，增强皮肤的自我修护能力，使肌肤健康白皙光嫩；山羊乳中超氧化物歧化酶（SOD）是体内自由基清除剂，具有护肤消炎抗衰老的作用；山羊乳中的免疫球蛋白含量较高，有利于提高人体免疫力，增强抵抗力；羊乳中维生素 C、维生素 E、镁非常丰富，维生素 C 能促进胶原蛋白的合成，使肌肤光嫩有弹性，镁能缓解压力，维生素 E 可阻止体内多不饱和脂肪酸的氧化，延缓皮肤的衰老；山羊乳中含有三磷酸腺苷，能增加血清蛋白和白蛋白的含量，增加人体的抗病力；山羊乳中酪蛋白与乳清蛋白的比例为 74：26，人乳和牛乳分别为 60：40 和 80：15，其酪蛋白与乳清蛋白的比例接近母乳，易消化吸收，不会引起胃部不适、腹泻等牛乳制品容易引发的过敏症状；山羊乳、牛乳和母乳的消化时间分别为 20min、120min 和 30min，吸收时间分别为 22h、32h 和 36h，婴儿对羊乳的消化率可达 95%，吸收率可达90% 以上；山羊乳中的糖类主要是半乳糖，而且其含量高，母乳亦是如此，可克服绝大多数中国人由于体内缺乏乳糖分解酶而产生的乳糖不耐受；山羊乳中钙和磷的含量也高，其含钙量为人乳的 5 倍，比牛乳多 15%，对于发育旺盛的青少年、婴幼儿及怀孕哺乳期的妇女非常有益；山羊乳中含有丰富的脑磷脂、核苷酸等益智健脑的因子；山羊乳偏碱性，pH 为 7.0 左右，长期饮用有利于维持和调节人体酸碱平衡。欧洲最新研究报道，山羊乳是天然的抗生素，具有抗癌的功效。对于羊乳更接近母乳营养作用，专家提出了"结构决定功能"论，认为奶山羊的泌乳器官、泌乳方式、泌乳阶段、羔羊与婴儿出生体重，甚至山羊的食饲结构都与人相近。研究同时表明山羊乳中的化学成分如羊油酸（$C_{6:0}$）、羊脂酸（$C_{8:0}$）、和葵酸（$C_{10:0}$）等是造成羊乳膻味的主要原因，是影响羊乳消费的主要因素。随着奶山羊产业的发展，对山羊乳的营养作用及其作用机理研究也日益深入。

# 第二节　奶山羊产业发展现状

## 一、世界奶山羊发展现状

据联合国粮农组织（FAO）报道，2007年全世界山羊总数约为8.16亿只，奶山羊总数约为6500万只。奶山羊分布地域辽阔，在世界各大洲均有分布。欧洲的奶山羊主要分布在灌木等饲草资源丰富的丘陵、山谷地带，而亚洲、非洲的奶山羊多分布于干旱、半干旱地区。中国的奶山羊主要集中在农区，最近几年南方浅山丘陵区的奶山羊饲养量呈增长趋势。

奶山羊是人类最早驯化的奶畜品种之一，品种资源丰富，目前全世界大约有200个品种，著名的有瑞士的萨能奶山羊、吐根堡奶山羊和奥博哈斯利奶山羊，法国的阿尔卑斯奶山羊，印度的加姆拉巴里奶山羊和比陶奶山羊，埃及的努比亚奶山羊，德国的海森奶山羊，美国的拉美查奶山羊及我国的关中、崂山奶山羊等10多个品种。另外，奶山羊专用品种还有捷克短毛白奶山羊、俄罗斯白奶山羊、法国普瓦图、芬兰兰德瑞斯、德国图林根、意大利比奥那达、西班牙格兰纳达和北拉塔等，但这些品种在规模、推广范围上都较有限。

### 1. 萨能奶山羊

是世界上最优秀的奶山羊品种之一，具有"头长、颈长、躯干长、四肢长"的"四长"外形特点，体型高大，泌乳性能良好，现有的奶山羊品种几乎半数以上都程度不同地含有萨能奶山羊的血缘。

### 2. 吐根堡奶山羊

体质健壮，性情温驯，耐粗饲，对炎热气候和山地牧场适应性强。泌乳期长，产乳量高，羊乳品质好、膻味小。我国四川、陕西、山西、东北等地都先后引入吐根堡奶山羊，进行纯种选育和杂交改良。

### 3. 法国阿尔卑斯奶山羊

耐粗饲，平均每日产乳量3kg以上，稍优于吐根堡奶山羊，略低于萨能奶山羊。母羊的泌乳期长，体质强健，对不同气候环境的适应性良好。

### 4. 努比亚奶山羊

原产于非洲东北部的埃及、苏丹及邻近的埃塞俄比亚、利比亚、阿尔及利亚等地区，在英国、美国、印度、东欧及南非等国家和地区都有分布。该羊头短小，鼻梁隆起，耳大下垂，颈长，毛色较杂。母羊乳房发育良好，产乳量高、风味好，以产羔数多而著称。

### 5. 加姆拉巴里奶山羊

起源于印度境内三条河流交汇地区和爱塔瓦地区，故又称爱塔瓦奶山羊，为印度及其邻国分布最广的优秀乳用山羊品种。体型大，耳长下垂，被毛为栗色或亮褐色或黑色斑块。250 天产乳量为 360～540kg，乳脂率 3.5%，屠宰率可达 44%～45%，相对而言，该品种繁殖率较差。

### 6. 德国的海森奶山羊

又称德国白色改良羊，是 20 世纪用萨能奶山羊有计划地改良杂交地方白羊育成的新的奶羊品种，因产于德国海森地区而得名。体型高大，结实健壮，被毛粗短白色，产乳能力强，达到 1000～1200kg，含脂率 3.5%～3.9%，耐粗饲，适应性强，居于当代奶山羊之冠。

### 7. 美国的拉美查奶山羊

是 20 世纪 30 年代培育的乳用羊新品种，因耳朵短小又称为无耳奶山羊。其因产乳量高、适应性强、对饲料要求低而颇受美国及其他各国的欢迎和重视。

## 二、世界羊乳生产

FAO（2009）统计资料显示，山羊乳产量大的国家有印度、孟加拉国、苏丹、巴基斯坦、法国、西班牙、希腊、伊朗、索马里、尼日尔、印度尼西亚、中国等，其中印度山羊乳总产量最大，孟加拉国和苏丹其次，总体来看发展中国家山羊乳产量占世界山羊乳总产量的 83%。法国、希腊、德国、英国、西班牙、荷兰、葡萄牙、意大利、瑞士等国山羊乳的生产比较发达，产业化程度高，其中西班牙、法国和希腊三个国家是山羊乳生产大国，产量也相近。欧洲国家生产的鲜乳多用于制作乳酪，山羊乳酪 60% 的消费量也在欧美等发达国家和地区。

追踪 FAO 世界山羊乳的年总产量报道：1990 年为 1000 万 t，1995 年为 1180 万 t，2000 年为 1270 万 t，2003 年为 1390 万 t，2005 年为 1244 万 t，2007 年为 1490 万 t，2009 年为 1550 万 t（见图 19-1），平均占世界家畜总产乳量的 2.2%，可见世界奶山羊乳生产量总体呈上升趋势。自 2010 年起，全球山羊乳产量呈波动上升走势。2020 年，全球奶山羊乳产量达到 2062.96 万 t，同比上涨 2.81%。2021 年，全球奶山羊乳产量约为 2084 万 t。山羊吃草是连根吃掉，会破坏植被和环境，许多发达国家为保护环境限制山羊养殖，因此欧洲国家奶山羊生产发展缓慢，山羊乳产量难以满足市场需求，山羊乳价格呈现上涨趋势。

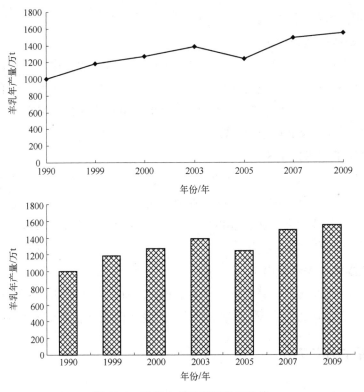

图 19-1　世界山羊乳产量发展趋势

## 三、我国奶山羊产业发展现状

我国是世界上饲养奶山羊最多的国家之一，奶山羊品种资源丰富，主要包括西农萨能奶山羊、关中奶山羊、崂山奶山羊、文登奶山羊、延边奶山羊、唐山奶山羊、广州奶山羊等品种或品种群，均是在我国培育的高产奶山羊品种，年平均产乳量均达到 600～700kg，商品羊的平均产乳量在 500kg 左右，基本上都是经过世界著名品种奶山羊与本地山羊杂交长期群选群育和定向培育形成的。

### （一）奶山羊分布

2003 年我国绵、山羊存栏数达 $3.168×10^8$ 只，其中山羊存栏数达 $1.73×10^8$ 只（占绵、山羊存栏总数的 54.61%），占世界山羊存栏总数的 22.6%，羊乳产量 $2.42×10^8$t，占世界乳产量的 2.04%。我国山羊存栏数、出栏数排在世界第一位。我国存栏山羊 $4.50×10^6$ 只以上的省（自治区、直辖市）有陕西、山东、河北、河南、新疆、内蒙古等 12 个山羊生产集中产区，合计存栏占全国山羊存栏总数的 91.60%，羊乳产量分别占全国羊乳总产量的 41.8%、29.5%、11.8%、6.5%、6.4%、

4.0%，其他省（自治区、直辖市）的奶山羊饲养量相对较少，羊乳产量约为 $0.2×10^4$～$4×10^4$t。2005 年全国奶山羊存栏数约 $4.00×10^4$ 只，产乳量约 $8.50×10^5$t，约占全国乳类总产量的 5%，在部分奶山羊集中产区占到 20%～30%。2007 年全国奶山羊存栏量约 $5.30×10^6$ 只，产乳量约 $1.00×10^6$t。2011 全国奶山羊存栏量约 $6.64×10^6$ 只，羊乳年产量约 $1.24×10^6$t，占全国乳产量的 4%。2012 年初步统计，奶山羊存栏总数约 $1.20×10^7$ 只，主要分布在陕西（$2.30×10^6$ 只）、山东（$2.10×10^6$ 只）、河南（$1.17×10^6$ 只）、河北（$6.70×10^5$ 只）、甘肃（$5.60×10^5$ 只）、新疆（$5.30×10^5$ 只）、山西（$5.20×10^5$ 只）、云南（$5.10×10^5$ 只）、内蒙古（$4.50×10^5$ 只）等省（自治区、直辖市），全国年产羊乳总量大约 $3.60×10^6$t。从以上对我国 2003—2012 年奶山羊发展趋势分析可以看出，我国奶山羊生产势头良好，已经形成陕西、山东两大传统奶山羊主产区，以及辽宁、河北、河南等省奶山羊产业也快速发展。羊乳制品主要为全脂羊乳粉和婴幼儿配方乳粉，广东、福建等省开发具有保健功能的羊乳产品，成为奶山羊生产新的区域。

## （二）奶山羊产业受重视程度

在相当长的一段时间内，牛乳由于生产成本高、发展缓慢，难以解决中国奶源短缺问题。羊乳生产则相反，是我国乳业的有益补充，而且羊乳也一直是我国山区、丘陵、干旱和半干旱地区、贫困和经济欠发达地区居民的主要奶源。2005 年以来，奶山羊产业在国家科技计划中已占有一席之地，国家将奶山羊产业列入《全国奶业"十一五"发展规划和 2020 年远景目标规划》，在奶山羊良种繁育体系建设、奶山羊生产基地建设和科研推广工作等方面提供经费支持。政府也鼓励奶山羊生产产业化，并通过立项甚至重大专项予以支持，一些大型公司企业开始涉足奶山羊产业，投资兴建种羊繁殖基地和乳品加工厂等。

## （三）奶山羊产业亟需解决的问题

我国奶山羊产业发展也面临一些困境，主要表现为：饲养方式落后，以千家万户分散饲养为主，养殖规模多为 7～20 只，千只以上的大型羊场数量相对较少；良种化程度不高，良种高效繁育技术落后，良种供应能力较弱；优质粗饲料严重短缺，山羊乳有时候存在营养缺陷；乡村动物防疫体系基础薄弱，疾病防控不力；羊乳加工企业规模小、产品单一、缺少名牌产品，规模较大企业龙头带动作用不强，而且奶山羊集中养殖地区的羊乳加工企业布局缺乏合理性，导致乳品企业间抢夺原料乳的恶性竞争；山羊乳的生产期不均衡，产乳期一般为 3～10 月份，11～2 月份不产乳；山羊乳不耐高温、难脱膻、基地建设技术不配套、机器挤乳推广不力、乳品质量安全保障措施不健全等问题仍需攻关。

### （四）陕西省奶山羊产业发展现状

陕西是我国优良奶山羊发源地，是全国奶山羊主产区，存栏数、产乳量、乳品加工量一直位居全国第一。陕西关中平原土地肥沃、农业发达，号称"八百里秦川"，是全省玉米主产区，关中、渭北地区有天然草场和人工草场。汉江谷地是陕南"粮仓"和全省亚热带资源宝库，素有"小江南"之称，具有丰富的饲草饲料资源。2012 年全省奶山羊存栏 200 万只，羊乳产量 44 万 t，约占全国总量的三分之一，人均占有鲜乳 5.2kg，其中关中地区奶山羊存栏数和产乳量占到全省的95%，已成为全国最大的奶山羊生产基地。

#### 1. 奶山羊分布

陕西的奶山羊主要分布在关中地区，有 10 个奶山羊基地县（区），以富平、阎良、临潼、蓝田等县（区）为主要养殖基地，其中富平更是有"奶山羊之乡"的美誉。因此，业界一直流传着"中国羊乳看陕西，陕西羊乳看富平"的说法。陕西的萨能奶山羊和关中奶山羊是全国最优秀的两个奶山羊品种，均具有产乳多、繁殖率高、耐粗饲和适应性强等特点。目前陕西省已建成省级奶山羊良种繁育中心，基础母羊存栏 2000 多只，同时建立了一批良种繁育示范村，每年向国内外提供种羊 200000 只左右，是全国重要的奶山羊良种基地。

#### 2. 羊乳加工现状

陕西羊乳加工在全国具有举足轻重的地位，具有一定的带动能力。目前已形成了以渭南、宝鸡、咸阳、西安四市下辖区县以及杨凌示范区为主的羊乳制品生产基地。近年来围绕羊乳加工，羊乳产业链已经形成。在国内的十大羊乳品牌中，陕西的羊乳品牌几乎占据一半。陕西已成为我国第二大婴幼儿配方乳粉生产省份，目前全省 45 家乳品加工企业中婴幼儿乳粉生产企业有 19 家，生产婴幼儿羊乳粉的企业有 16 家。百跃和金牛两家企业已分别建成国内领先并达到国际水平的乳粉生产线。2013 年生产羊乳粉 6 万余吨，加工的乳粉占到市场的 85% 以上，产值约30 亿元，市场前景广阔。

同时陕西的羊乳加工也面临重大挑战。陕西是羊乳粉主产区，但消费主阵地却在长三角、珠三角等东南沿海经济发达地区，羊乳制品还属于小群体消费品，市场空间需进一步拓展。

## 四、奶山羊产业前景展望

2013 年 6 月，食品药品监管总局等部门发布《关于进一步加强婴幼儿配方乳粉质量安全工作的意见》（以下简称《意见》），《意见》首次将羊乳提高到与牛乳同样的地位，牛羊并举成为国家新的乳业发展战略，同时《意见》也要求"婴幼儿配方乳粉生产企业须具备自建自控奶源"。建立奶山羊生产合作社和完善社会化服务体系，促进奶山羊产业规模化、集约化发展，形成稳定的奶源生产基地是奶山羊产业化发展的必然趋势。

目前全国有127家生产婴幼儿配方乳粉的企业，前十家的企业所占比重只有42%左右。2014年，工信部等部门提出《推动婴幼儿配方乳粉企业兼并重组工作方案》，方案指出，力争到2018年底，培育形成3～5家年销售收入超过50亿元的大型婴幼儿配方乳粉企业集团，婴幼儿配方乳粉行业企业总数整合到50家左右，前十家国产品牌企业的行业集中度超过80%。截至2023年，国内已形成多家婴幼儿配方乳粉生产大型企业集团，业内已形成多个名牌产品。可见大型企业集团，形成名牌产品将是未来羊乳加工企业的发展趋势。

总之，随着消费者对羊乳营养保健功能认识的进一步提高和消费观念的逐步转变，羊乳及其制品的消费量将稳步增加，奶山羊产业发展空间会更加广阔。

# 第二十章 乳中 DNA 提取方法的优化及试剂盒方法的建立

乳和乳制品是人们的日常消费品，为人们提供丰富的营养，因此其质量备受人们关注。尽管有关规定要求乳品生产过程中必须标注其各种组成成分，但是欺诈性和偶然性的错误标签还是偶有发生，这就会造成乳品的不纯正。乳品掺假不仅危害消费者经济利益，而且还会造成消费者食物过敏等问题。现有的检测乳品掺假的方法包括以蛋白质或脂肪为目标分析物的免疫法、电泳法和色谱法等，这些方法已成功应用于乳品的鉴定，但这些方法具有明显的局限性，它们不适用于深加工的乳制品，原因在于乳品中的蛋白质和脂肪在加工过程中如高温、高压或化学处理下稳定性较差。为此，基于 DNA 分子的分析引起人们的关注。尽管 DNA 分子也是热敏性分子，但是相对于蛋白质和脂肪它具有更低的检测限和更高的稳定性，因此，以 DNA 为目标分析鉴定乳品来源的应用越来越广泛。

DNA 分析方法的原理是依据不同物种之间某些 DNA 片段存在差异序列，找到差异的 DNA 序列并设计相应的引物，利用 PCR 技术可以在短时间内对 DNA 分子进行大量复制，然后将 PCR 扩增产物进行琼脂糖凝胶电泳检测特异性 DNA 片段，从而实现物种的鉴别。目前 PCR 技术已经应用到食品领域的各个方面，如食品种类鉴别、过敏原检测、有害微生物鉴定。从乳中提取高质量的 DNA 对后续 PCR 分析至关重要。牛乳中每毫升含有 2 万~20 万个体细胞，远少于组织和血液，因此从牛乳中提取高质量的 DNA 更困难。基于此，许多研究者以牛乳为研究对象，开展了牛乳中 DNA 的提取研究。

# 第一节 牛乳中牛 DNA 分离提取方法

国外学者研究发现牛乳中体细胞数与 DNA 含量呈正相关，而大量研究也证明体细胞数与生鲜乳中蛋白质含量、乳糖含量、乳脂含量等牛乳品质指标关系密切。因此，理论上 DNA 质量应该与牛乳品质有一定关联。

## （一）牛乳体细胞的富集

取 10mL 牛乳于离心管中，4℃、7000r/min 离心 10min；弃去离心管上层脂肪和中层乳清，保留底部沉淀。向离心管底部加入 600μL 磷酸盐缓冲溶液（PBS），用移液枪反复吹打底部沉淀使之悬浮并转移至 2mL 的离心管中，4℃、12000r/min 离心 10min，弃去上清液，保留底部沉淀。

## （二）牛乳体细胞的裂解与牛 DNA 的纯化

向上述沉淀中加入 350μL DNA 提取缓冲液、质量分数 20% 的十二烷基硫酸钠（SDS）、20mg/mL 蛋白酶 K，用橡胶小杵将沉淀分散成细小颗粒，随后将此混合液在水浴中进行消化，对消化过程中的关键参数（消化温度和时间、SDS 用量、蛋白酶 K 用量）依次进行优化。消化结束后使用有机试剂纯化牛 DNA，具体操作步骤如下：在装有上述水浴后混合液的离心管中加入 500μL Tris 平衡酚，涡旋使之充分混匀，4℃、12000r/min 离心 10min；吸取上清液（400μL）并转移至新的离心管中，加入等体积苯酚-氯仿-异戊醇混合液，涡旋使之充分混匀，4℃、12000r/min 离心 10min；吸取上清液（300μL）并转移至新的离心管，加入等体积氯仿-异戊醇混合液，涡旋使之充分混匀，4℃、12000r/min 离心 10min；吸取上清液（200μL）并转移至新的离心管，加入 2 倍体积（400μL）无水乙醇，涡旋使之充分混匀，4℃、12000r/min 离心 10min，小心吸去上层乙醇，室温晾 10～15min 使乙醇蒸发；加入 25μL Tris-EDTA（TE）缓冲液溶解 DNA，于-20℃冰箱保存备用。

## （三）DNA 质量浓度和纯度检测

总 DNA 质量浓度和纯度通过核酸分析仪测定。以 TE 缓冲液为空白对照，吸取 1μL DNA 样品至测定室进行测定，直接读取所测 DNA 质量浓度（ng/μL）和纯度（$A_{260}/A_{280}$）。

## （四）总 DNA 完整性检测

吸取 4μL DNA 与 2μL 6×DNA 上样缓冲液充分混合，然后将此混合液直接加入 1% 琼脂糖凝胶孔中进行电泳（电压为 100V，电流为 100mA，电泳 40min），电泳结束后，在凝胶成像仪中观察拍照。

### （五）DNA 的 PCR 扩增能力检测

为进一步分析线粒体 DNA（mtDNA）和核 DNA（nDNA）的扩增能力，以线粒体基因 *12SBT-REV* 和核基因 *B2M* 作为目的基因进行 PCR 扩增。PCR 反应体系总体积为 10μL：牛 DNA 1μL，2×Taq Master Mix 3.3μL，正向引物 0.3μL，反向引物 0.3μL，ddH₂O 5μL。PCR 反应程序为：94℃预变性 10min；94℃变性 30s，60℃退火 30 s，72℃连接 30s，循环 30 次；72℃延伸 10min，分别扩增 *12SBT-REV* 和 *B2M* 基因。

# 第二节　牛乳中牛 DNA 分离提取结果与分析

牛乳样品经体细胞的富集、体细胞的裂解与 DNA 的纯化后得到 DNA，通过检测 DNA 质量浓度、纯度、总 DNA 完整性和 PCR 扩增能力，筛选出牛乳体细胞最优的消化温度、消化时间、SDS 用量和蛋白酶 K 用量。表 20-1 所示为关键参数设置，牛 DNA PCR 扩增所用的引物及序列如表 20-2 所示。

表 20-1　牛乳体细胞消化过程中的关键参数设置

| 序号 | 试验处理 | 消化温度/℃ | 消化时间/min | SDS 用量/μL | 蛋白酶 K 用量/μL |
|---|---|---|---|---|---|
| 1 | | 55 | 10 | 50 | 10 |
| 2 | | 55 | 60 | 50 | 10 |
| 3 | | 55 | 120 | 50 | 10 |
| 4 | | 55 | 180 | 50 | 10 |
| 5 | | 55 | 240 | 50 | 10 |
| 6 | | 60 | 10 | 50 | 10 |
| 7 | | 60 | 60 | 50 | 10 |
| 8 | 消化温度和时间 | 60 | 120 | 50 | 10 |
| 9 | | 60 | 180 | 50 | 10 |
| 10 | | 60 | 240 | 50 | 10 |
| 11 | | 65 | 10 | 50 | 10 |
| 12 | | 65 | 60 | 50 | 10 |
| 13 | | 65 | 120 | 50 | 10 |
| 14 | | 65 | 180 | 50 | 10 |
| 15 | | 65 | 240 | 50 | 10 |

续表

| 序号 | 试验处理 | 消化温度/℃ | 消化时间/min | SDS 用量/μL | 蛋白酶 K 用量/μL |
|---|---|---|---|---|---|
| 16 | | 60 | 10 | 20 | 10 |
| 17 | | 60 | 10 | 35 | 10 |
| 18 | SDS 用量 | 60 | 10 | 50 | 10 |
| 19 | | 60 | 10 | 65 | 10 |
| 20 | | 60 | 10 | 80 | 10 |
| 21 | | 60 | 10 | 50 | 0 |
| 22 | | 60 | 10 | 50 | 10 |
| 23 | 蛋白酶 K 用量 | 60 | 10 | 50 | 30 |
| 24 | | 60 | 10 | 50 | 50 |
| 25 | | 60 | 10 | 50 | 70 |

注：上述所有试验处理均设置 3 个平行。

表 20-2　牛 DNA PCR 扩增所用的引物及序列

| 目的基因 | 引物序列（5′→3′） | 片段大小 |
|---|---|---|
| B2M | F：GGCTTTCCCAGCATCACTAAC | 729 bp |
| | R：TCACAGCACCACCAAACTTATCT | |
| 12SBT-REV | F：CTAGAGGAGCCTGTTCTATAATCGATAA | 346 bp |
| | R：AAATAGGGTTAGATGCACTGAATCCAT | |

## （一）消化温度和消化时间对牛乳中提取 DNA 品质的影响

将牛乳体细胞分别在 55℃、60℃、65℃消化 10min、60min、120min、180min 和 240min，比较不同消化温度和消化时间对牛乳 DNA 提取效果及对 DNA 质量浓度和纯度的影响，结果见图 20-1。从图 20-1 可以看出，在同一温度下消化不同时间提取的牛乳 DNA 质量浓度存在差异，在不同温度下消化相同时间提取的牛乳 DNA 质量浓度也存在差异；消化温度为 60℃时提取的牛乳 DNA 质量浓度整体高于 55℃和 65℃，且在此温度下消化 10min 所得 DNA 质量浓度达到最大值 98ng/μL，表明牛乳在 60℃消化 10min 即可提取到高含量 DNA。由图 20-1 还可以看出，消化温度和消化时间均影响 DNA 纯度；当消化温度和消化时间分别为 65℃、60min 时所得 DNA 纯度达到最大值 1.46；而 60℃消化 10min 时所得 DNA 纯度为 1.38，极为接近最大值。不同消化温度和消化时间对牛乳中提取的牛总 DNA 完整性的检测结果如图 20-2 所示。从图 20-2 可以看出，用不同消化温度和消化时间消化牛乳，均提取到较高质量的双链 DNA 条带，即使短暂消化 10min，也提取到可扩增的 DNA。为进一步探索牛乳中提取的 DNA 的 PCR 扩增能力，分别选择牛线粒体基因和核基因为目的基因进行 PCR 扩增，结果如图 20-3 所示。图 20-3 显示，在不同消化温度和消化时间所提取的 DNA 均能扩增出单一、明亮的目的条带，即使仅消化 10min，也可以提取到 mtDNA 和 nDNA。通过对比 mtDNA 和 nDNA 的条带亮度，可以发现 mtDNA 条带亮度明显高于 nDNA 的条带亮度，表明 DNA 模板中可扩增的 mtDNA 的含量远高于 nDNA。

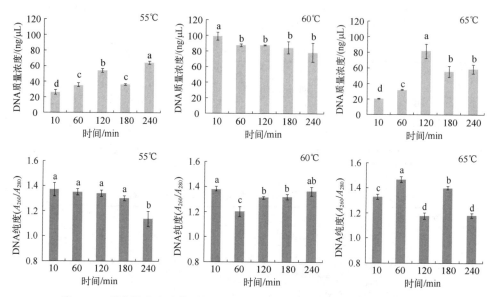

图 20-1　消化温度和消化时间对牛乳中提取的牛 DNA 浓度和纯度的影响

图中不同小写字母表示组间差异显著（$P<0.05$）

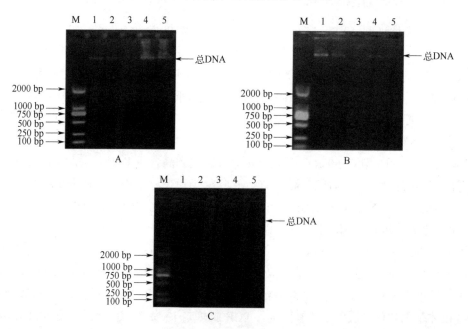

图 20-2　消化温度和消化时间对牛乳中提取的牛总 DNA 完整性的影响

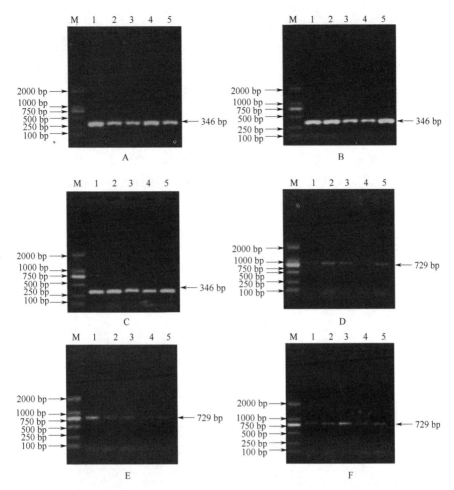

图 20-3　消化温度和消化时间对牛乳中提取的牛 mtDNA 及 nDNA 扩增的影响

A~C 和 D~F 分别表示消化温度为 55℃、60℃、65℃时 mtDNA 和 nDNA 扩增结果；1~5 分别表示消化 10min、60min、120min、180min 和 240min；M：2000bp ladder

综上可知，当消化温度和消化时间分别为 60℃、10min 时，牛乳中提取的 DNA 质量浓度最高，DNA 纯度和完整性良好，PCR 扩增能力较强。综合考虑时间成本，可以得出最优的牛乳 DNA 提取的消化条件为：消化温度 60℃，消化时间 10min。

## （二）SDS 的用量对牛乳中提取 DNA 品质的影响

使用不同用量的 SDS（20μL、35μL、50μL、65μL 和 80μL）消化牛乳体细胞，60℃消化 10min，提取的 DNA 质量浓度和纯度如图 20-4 所示。从图 20-4 可以看出，SDS 的用量对牛乳 DNA 提取的质量浓度和纯度有一定影响。当 SDS 用量为

50μL 时，DNA 的质量浓度和纯度均达到最大值，分别为 99ng/μL 和 1.35；当 SDS 用量小于和大于 50μL 时，DNA 的质量浓度和纯度均显著下降（$P<0.05$）。使用不同用量的 SDS 消化牛乳体细胞，总 DNA 的完整性如图 20-5A 所示，mtDNA 和 nDNA 的扩增结果如图 20-5B 和 20-5C 所示。从图 20-5A 可以看出，使用不同的 SDS 用量消化牛乳体细胞均提取到 DNA，虽然 SDS 用量对 DNA 质量浓度和纯度有显著影响，但对总 DNA 的完整性并无显著影响。图 20-5B 和 20-5C 表明，不同的 SDS 用量都可以扩增出 mtDNA 和 nDNA 片段。整体考虑 DNA 质量浓度和纯度、总 DNA 完整性以及 PCR 扩增能力，50μL 被选择为合适的 SDS 用量。

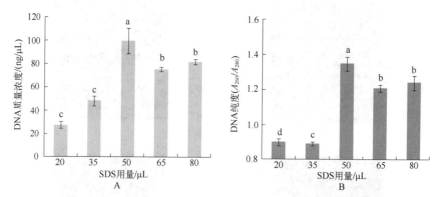

图 20-4　SDS 用量对牛乳中提取的牛 DNA 质量浓度和纯度的影响

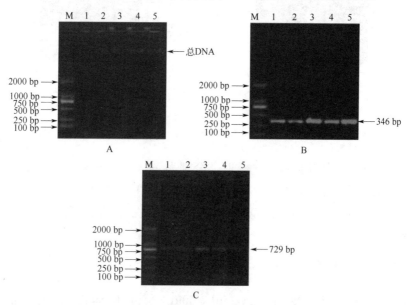

图 20-5　SDS 用量对牛乳中提取的牛总 DNA 完整性及 mtDNA 和 nDNA 扩增的影响

　　分别表示总 DNA 完整性、mtDNA 和 nDNA 的扩增结果；1～5 分别表示 SDS 的用量为 20μL、35μL、50μL、65μL 和 80μL

### （三）蛋白酶 K 的用量对牛乳中提取 DNA 品质的影响

使用不同用量的蛋白酶 K（0μL、10μL、30μL、50μL、70μL）消化牛乳体细胞，消化温度和时间分别为 60℃、10min，SDS 用量为 50μL，所得 DNA 质量浓度和纯度结果如图 20-6 所示。从图 20-6 可以看出，消化中不添加蛋白酶 K 时，DNA 质量浓度和纯度均最低，随着蛋白酶 K 加入，DNA 质量浓度和纯度比不添加蛋白酶 K 时显著增加（$P<0.05$）。蛋白酶 K 的用量为 50μL 时，DNA 质量浓度和纯度达到最大值，分别为 97ng/μL 和 1.44。通过添加不同用量的蛋白酶 K 消化牛乳体细胞，总 DNA 的完整性的结果如图 20-7A 所示，mtDNA 和 nDNA 的 PCR 扩增结果如图 20-7B 和 20-7C 所示。从图 20-7A 可以看出，使用不同用量蛋白酶 K 消化牛乳体细胞所得总 DNA 完整性均良好；虽然不添加蛋白酶 K 消化牛乳体细胞所得 DNA 质量浓度较低，但仍然可以提取到完整的总 DNA。从图 20-7B 和 20-7C 可以看出，mtDNA 和 nDNA 均能扩增出目的条带，表明不同用量的蛋白酶 K 消化牛乳体细胞均能提取到 mtDNA 和 nDNA。整体考虑总 DNA 完整性、DNA 质量浓度和纯度以及 PCR 扩增能力，50μL 被选为合适的蛋白酶 K 用量。

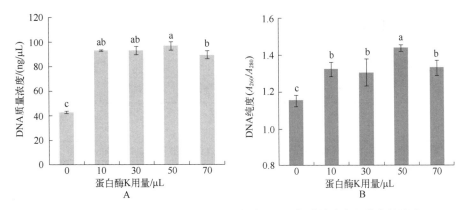

图 20-6　蛋白酶 K 用量对牛乳中提取的牛 DNA 的质量浓度和纯度的影响

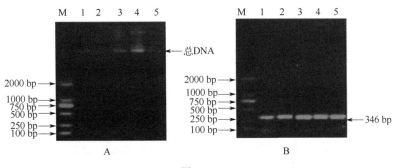

图 20-7

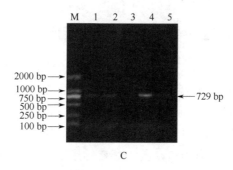

图 20-7　蛋白酶 K 用量对牛乳提取的牛总 DNA 完整性及 mtDNA 和 nDNA 扩增的影响

A～C 分别表示总 DNA 完整性、mtDNA 和 nDNA 扩增结果；1～5 分别表示蛋白酶 K 的用量为 0μL、10μL、30μL、50μL 和 70μL

# 第三节　牛乳 DNA 提取试剂盒法的建立及应用

建立稳定的分离提取牛乳中牛 DNA 的试剂盒法，将所建立的试剂盒方法应用到液态和固态乳制品 DNA 的提取，进一步扩大试剂盒应用范围。

## 一、试剂盒组成

试剂盒主要成分见表 20-3。

表 20-3　试剂盒组成

| 名称 | 试剂组成 |
| --- | --- |
| 溶液 A | pH7.4 磷酸盐缓冲液 |
| 溶液 B | 350μL DNA 提取缓冲液、50μL 20% SDS 和 50μL 20mg/mL 的蛋白酶 K |
| 溶液 C | 550μL Tris 平衡酚 |
| 溶液 D | 400μL 苯酚-氯仿-异戊醇混合液 |
| 溶液 E | 300μL 氯仿-异戊醇混合液 |
| 溶液 F | 400μL 无水乙醇 |
| 溶液 G | 25μL TE 缓冲液 |

## 二、试剂盒法提取牛乳 DNA 的具体操作步骤

### （一）体细胞的富集

取 10mL 牛乳于离心管中，4℃、7000r/min 离心 10min；弃去离心管上层乳脂和中层乳清，保留底部沉淀；向离心管底部加入 600μL 溶液 A，通过反复吹打使底部沉淀悬浮并转移至 2mL 的离心管中，4℃、12000r/min 离心 10min，弃去

上清液，保留底部沉淀。

### （二）体细胞的裂解与 DNA 的纯化

向沉淀中加入溶液 B，将离心管底部沉淀用橡胶小杵分散成细小颗粒，60℃消化 10min。随后向离心管中加入溶液 C，涡旋使之充分混匀，4℃、12000r/min 离心 10min；吸取上清液 400μL 转移至新离心管，加入溶液 D，涡旋使之充分混匀，4℃、12000r/min 离心 10min；吸取上清液 300μL 转移至新离心管，加入溶液 E，涡旋使之充分混匀，4℃、12000r/min 离心 10min。

### （三）DNA 的沉淀

吸取上清液 200μL 转移至新离心管中，加入溶液 F，小心混匀，4℃、12000r/min 离心 10min，小心吸去上层溶液，室温晾 10~15min 使之挥发，加入溶液 G，−20℃ 冰箱保存备用。

## 三、试剂盒法提取牛乳 DNA 的应用电泳验证

以生鲜牛乳为材料建立的牛 DNA 提取的试剂盒法，选择多种高、低温灭菌乳和乳粉产品进行验证，检验此试剂盒的稳定性和适用范围。乳粉和灭菌乳总 DNA 完整性以及 mDNA 和 nDNA 的扩增结果见图 20-8。从图 20-8 可以看出，

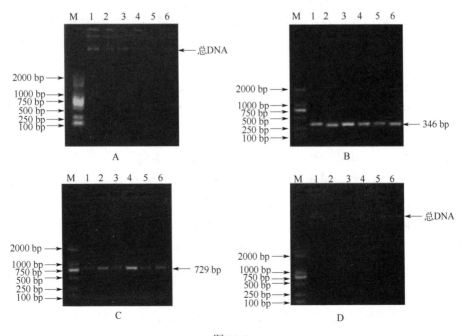

图 20-8

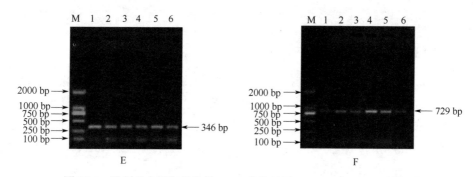

图 20-8　乳制品中提取的牛总 DNA 完整性及 mtDNA 和 nDNA 的扩增

A～C 分别代表固态乳制品中总 DNA、mtDNA 和 nDNA，1～3 代表中老年乳粉，4～6 代表婴幼儿乳粉；D～F 分别代表液态乳制品中总 DNA、mtDNA 和 nDNA，1～3 代表全脂高温灭菌乳，4～6 代表低脂高温灭菌乳

中老年乳粉、婴幼儿乳粉、全脂高温灭菌乳和低脂高温灭菌乳中提取的总 nDNA 完整性均良好，mtDNA 和 nDNA 的 PCR 扩增能力强。

## 四、讨论

　　乳及乳制品的质量安全问题备受人们关注，其中乳及乳制品掺假是乳品行业面临的最严重的问题之一，鉴别乳及乳品种来源已经成为强制性措施。随着分子生物学技术的蓬勃发展，分子生物学技术被逐渐应用到物种鉴定中。近年来，越来越多研究将 DNA 作为乳品掺假检测的目标分析物。因此，高质量 DNA 对基于 DNA 的下游研究至关重要。可靠的 DNA 提取方法对基于牛乳 DNA 的检测至关重要，不同的 DNA 提取方法对提取效果有不同的影响，优化最适宜的 DNA 提取条件对后续分子实验关系重大。早在 1957 年，Kirby 用酚抽提 DNA 奠定了至今仍在广泛使用的 DNA 纯化方法的基础。分离纯化 DNA 主要包含以下三个过程：使用离液剂（如盐酸胍）、离子去污剂（如 SDS）等裂解细胞；从裂解液（如阴离子交换树脂）中吸收、释放 DNA，以及使用有机溶剂（如苯酚和氯仿）去除裂解液中的蛋白质；最后使用乙醇或者异丙醇沉淀 DNA 并除去盐离子。评估 DNA 提取方法的优劣，主要是评估 DNA 质量浓度、纯度、总 DNA 完整性及聚合酶链反应（PCR）扩增能力等参数。DNA 纯化方法对 DNA 质量浓度、纯度和 PCR 扩增能力有重要影响。DNA 纯化方法中，苯酚-氯仿法仍然是目前使用最广泛的方法之一。研究表明，传统的苯酚-氯仿法提取的 DNA 含量较高，但是试验过程十分耗时。Liao 等提取牛乳中牛 DNA，需要消化达 4h。Liu 等和刘永峰等提取牛乳中牛 DNA 则需要消化过夜，试验周期更长。基于此，本研究针对 DNA 提取过程中的关键环节进行优化。通过优化消化温度和时间掌握牛乳体细胞消化条件；通过优化 SDS 用量使牛乳体细胞被破碎得更充分彻底，从而释放更多的核酸；通过优化蛋白酶 K 用量，除掉大部分蛋白质，使 DNA 独立地游离在溶液中。通过以上这些步骤，筛选出适合牛乳 DNA 分离提取的最优条件。

由于市场上缺少牛乳中牛 DNA 分离提取的试剂盒，本研究建立了从牛乳中分离提取牛 DNA 的试剂盒方法。该试剂盒方法中 SDS 用量和蛋白酶 K 用量均为 50μL，在 60℃仅消化 10min 即可得到高质量的 DNA。与其他研究相比，该方法可以极大程度缩短牛乳 DNA 的提取时间。DNA 完整性直接反映 DNA 的质量，大量研究者通过 PCR 扩增检测牛乳中提取 DNA 的质量，他们通常选择 nDNA 且主要用于基因分型，因而忽视了 mtDNA 在物种鉴别中的重要作用。为此，本试剂盒方法充分考虑了 mtDNA 和 nDNA 在物种鉴别中的重要作用，通过同时扩增 mtDNA 和 nDNA 判断提取的 DNA 质量，结果表明 PCR 扩增效果良好。此外，酚、乙二胺四乙酸（EDTA）、蛋白酶、脂类、高浓度的钙离子等物质均是 PCR 扩增的抑制剂，不合适的 DNA 纯化方法可能会带入更多的 PCR 抑制剂。本试剂盒方法已经成功应用于含更多 PCR 抑制剂的乳粉和灭菌乳制品中，能同时扩增出 mtDNA 和 nDNA 目的片段，该试剂盒方法的可靠性进一步得到了验证，并扩大了其应用范围。

试剂盒的成本也是该类研究中需要考虑的重要问题之一。许多试剂盒利用 DNA 可以选择性吸附稳定固定相（通常是硅酸盐或二氧化硅）的特性纯化 DNA，在高盐、高 pH 的溶液中，DNA 吸附在二氧化硅介质上，在低盐环境中被洗脱下来。然而，二氧化硅材料非常昂贵，并且有 5%～10% 的 DNA 很难被洗脱下来，二氧化硅柱在使用完一次后必须废弃。因此，本研究出于经济、高效的原因选择苯酚-氯仿法纯化牛乳 DNA，建立了从牛乳及乳制品中提取牛 DNA 的试剂盒方法，该方法具有成本低且高效率的优点。

## 五、小结

不同的 DNA 提取方法对 DNA 的提取效果不同，本章中采用最经典的苯酚-氯仿方法纯化牛乳 DNA。通过优化牛乳体细胞消化过程中的关键参数，针对牛乳体细胞消化过程的关键参数（消化温度、消化时间、SDS 用量、蛋白酶 K 用量）进行逐一优化，通过测定 DNA 品质筛选最优的 DNA 提取条件，建立稳定的牛乳中牛 DNA 提取的试剂盒方法，并用深加工的乳粉和灭菌乳验证试剂盒效果。不同的消化温度和消化时间所得 DNA 质量浓度和纯度有差异，但总 DNA、mtDNA 和 nDNA 的完整性良好。最优的消化条件为：消化温度为 60℃，消化时间为 10min，SDS 和蛋白酶 K 的用量均为 50μL。在此条件下，提取的牛乳中牛 DNA 质量浓度和纯度分别为 97ng/μL 和 1.44。对优化参数后的试剂盒方法进行验证，结果表明该试剂盒不仅适用于生鲜牛乳 DNA 的提取，也适用于液态和固态乳制品。在获得的最优 DNA 提取条件下，牛乳体细胞裂解充分，所得 DNA 质量浓度和纯度较高，DNA 完整性较好，PCR 扩增能力强。本章中建立的牛乳 DNA 提取试剂盒，经过多种乳粉和灭菌乳的验证，证明了此试剂盒稳定可靠，同样适用于其他乳制品 DNA 的提取。

# 参考文献

李贺, 马莺, 2017. 羊乳营养及其功能性特性[J]. 中国乳品工业, 45(1): 29-33,49.

高佳媛, 邵玉宇, 王毕妮, 等, 2017. 羊奶及其制品的研究进展[J]. 中国乳品工业, 45(1): 34-38.

杨姗娜, 丁瑞雪, 刘语萌, 等, 2019. 巴氏杀菌乳风味品质及残留微生物测定研究进展[J]. 乳业科学与技术, 42(4): 40-45.

赵春卉, 项爱丽, 张立田, 等, 2018. 乳制品热处理强度评价方法研究进展[J]. 中国奶牛(7): 63-65.

张雪喜, 2018. 羊乳乳清蛋白的热变性作用及其微观特性和功能性质研究[D]. 济南: 齐鲁工业大学.

逯莹莹, 赵丽双, 刘丽波, 等, 2018. 乳清蛋白适度水解与其致敏性及益生菌生长的相关性[J]. 乳业科学与技术, 41(6): 1-5.

马莹, 薛璐, 胡志和, 等, 2019. 双酶水解乳清蛋白 ACE 抑制肽的制备工艺优化[J]. 食品工业, 40(6): 153-158.

韩仁娇, 王彩云, 罗述博, 等, 2017. 复合中性蛋白酶水解乳清蛋白中 β-乳球蛋白的工艺条件优化[J]. 食品工业科技, 38(8): 203-208.

聂昌宏, 郑欣, 李欣荣, 等, 2019. 考马斯亮蓝法检测不同乳中乳清蛋白含量[J]. 食品安全质量检测学报, 10(5): 1138-1142.

张延红, 高素芳, 陈红刚, 等, 2016. 甘草种子蛋白质提取及 SDS-PAGE 电泳技术研究[J]. 种子(2): 21-24.

吴相佚, 刘泽朋, 毛学英, 2019. 热处理对乳蛋白结构和消化特性的影响[J]. 乳业科学与技术, 42(3): 8-13.

孙静丽, 2018. 不同热处理对乳蛋白理化性状影响[D]. 西安: 陕西师范大学.

李思宁, 唐善虎, 胡洋, 等, 2017. 酶法水解乳糖与热处理偶联对牛乳 Maillard 反应的影响[J]. 食品科学, 38(7): 122-128.

李子超, 明芳, 向明霞, 等, 2013. 巴氏杀菌与超高温灭菌牛乳酪蛋白结构差异性的研究[J]. 华南农业大学报, 34(2): 192-196.

杨楠, 2013. 巴氏杀菌对牦牛乳酪蛋白性质影响的研究[D]. 兰州: 甘肃农业大学.

李林强, 田万强, 昝林森, 2011. 超高温灭菌乳货架期理化特性变化及超滤对其品质稳定性的影响[J]. 西北农林科技大学学报(自然科学版), 39(5): 185-189.

田万强, 林清, 李林强, 等, 2014. 中国奶山羊产业发展现状和趋势[J]. 家畜生态学报, 35(10): 80-84.

赵正涛, 李全阳, 赵红玲, 等, 2009. 酪蛋白在不同 pH 值下特性的研究[J]. 乳业科学与技术, (1): 26-29.

乔星, 张富新, 乌素, 等, 2012. 羊奶热稳定因素的研究[J]. 农产品加工(学刊), (1): 46-48.

赵丽丽, 2014. 羊乳热稳定性及凝胶特性的研究[D]. 北京: 中国农业科学院.

周洁瑾, 张列兵, 梁建芬, 2010. 加热及贮藏对牛乳脂肪及蛋白聚集影响的研究[J]. 食品科技, 35(5): 72-76.

韩清波, 刘晶, 2007. 酪蛋白胶束结构及其对牛乳稳定性的影响[J]. 中国乳品工业, 35(2): 43-44.

吴惠玲, 王志强, 韩春, 等, 2010. 影响美拉德反应的几种因素研究[J]. 现代食品科技, 26(5): 440-444.

骆承庠, 2003. 喝牛奶还是喝巴氏杀菌奶比较好[J]. 中国乳业, (3): 26-28.

张歌, 2013. 牛乳和羊乳蛋白质差异比较及检测方法的研究[D]. 西安: 陕西科技大学.

中华人民共和国商业部教材编审委员会, 1990. 烹饪化学[M]. 北京: 中国商业出版社: 136-148.

章宇斌, 2007. 酪蛋白多级结构及聚集行为的多尺度研究[D]. 天津: 天津大学.

李子超, 王丽娜, 李昀锴, 等, 2012. 3 种乳源酪蛋白粒径及胶束结构的差异性[J]. 食品科学, 33(5): 58-61.

曹斌云, 2009. 山羊奶与中国人的营养和健康[C]. 2009 中国羊业进展论文集: 1-7.

冯芝, 罗永康, 2008. 山羊奶脱膻技术的研究[J]. 中国乳业, 5: 48-49.

罗军, 李建文, 2005. 奶山羊生产现状及发展前景展望[A]. 2005 中国羊业进展——第二届中国羊业发展大会论文集[C]. 37-44.

罗军, 曹斌云, 姚军虎, 等, 2006. 奶山羊产业发展现状与产业化前景[A]. 2006 中国羊业进展——第三届中国羊业发展大会论文集[C]. 74-78.

韩军定, 魏志杰, 张军, 等, 2010. 陕西奶山羊生产现状与发展前景[J]. 畜牧兽医杂志, 29(2): 50-54.

张宏兴, 曹斌云, 李西汉, 2012. 陕西奶山羊产业发展的思考及建议[J]. 畜牧兽医杂志, 29(2): 50-52.

贾志海, 2005. 我国养羊业发展机遇、面临挑战与对策[J]. 现代畜牧兽医, 04: 23-27.

中国奶业协会, 2012. 中国奶业年鉴[M]. 北京：中国农业出版社.

中国奶业协会, 2013. 中国奶业年鉴（2012）[D]. 北京：中国农业出版社.

Marteau P, Pochart P, Dore J, et al., 2001. Comparative study of bacterial groups within the human cecal and fecal microbiota[J]. *Appl Environ Microbio*, 67 (10): 4939-4942.

Campbell J M, Fahey G C Jr, Wolf B W, 1997. Selected indigestible oligosaccharides affect large bowel mass, cecal and fecal short-chain fatty acids, pH and microflora in rats[J]. J Nutr, 127 (1): 130-136.

Tharakan A, Norton I T, Fryer P J, et al., 2010. Mass transfer and nutrient absorption in a simulated model of small intestine[J]. J Food Sci, 75 (6): E339-E346.

Caspary W F, 1992. Physiology and pathophysiology of intestinal absorption[J]. Am J Clin Nutr, 55 (1), 299S-308S.

Martinez-Guryn K, Hubert N, Frazier K, et al., 2018. Small Intestine Microbiota Regulate Host Digestive and Absorptive Adaptive Responses to Dietary Lipids[J]. Cell Host Microbe, 23 (4): 458-469 e5.

Zoetendal E G, Raes J, van den Bogert B, et al., 2012. The human small intestinal microbiota is driven by rapid uptake and conversion of simple carbohydrates[J]. ISME J, 6 (7): 1415-1426.

Voragen A G J, 1998. Technological aspects of functional food-related carbohydrates[J]. Trends in Food Science & Technology, 9 (8-9): 328-335.

Mudgil D, Barak S, 2013. Composition, properties and health benefits of indigestible carbohydrate polymers as dietary fiber: a review[J]. Int J Biol Macromol: 61, 1-6.

Mussatto S I, Mancilha I M, 2007. Non-digestible oligosaccharides: A review[J]. Carbohyd Polym, 68(3): 587-597.

Swennen K, Courtin C M, Delcour J A, 2006. Non-digestible oligosaccharides with prebiotic properties[J]. Crit Rev Food Sci, 46 (6): 459-471.

Gibson G R, Roberfroid M B, 1995. Dietary modulation of the human colonic microbiota: introducing the concept of prebiotics[J]. J Nutr, 125 (6): 1401-1412.

Rycroft C E, Jones M R, Gibson G R, et al., 2001. A comparative in vitro evaluation of the fermentation properties of prebiotic oligosaccharides[J]. J Appl Microbiol, 91 (5): 878-887.

Crittenden R G, Playne M J, 1996. Production, properties and applications of food-grade oligosaccharides[J]. Trends Food Sci Tech, 7 (11): 353-361.

Ehara T, Izumi H, Tsuda M, et al., 2016. Combinational effects of prebiotic oligosaccharides on bifidobacterial growth and host gene expression in a simplified mixed culture model and neonatal mice[J]. Brit J Nutr, 116 (2): 270-278.

Chen X X, Zheng R, Liu R, et al., 2019. Goat milk fermented by lactic acid bacteria modulates small intestinal microbiota and immune responses[J]. J Funct Foods, 65 , 103744.

Langille M G, Zaneveld J, Caporaso J G, et al., 2013. Predictive functional profiling of microbial communities using 16S rRNA marker gene sequences[J]. Nat Biotechnol, 31 (9): 814-821.

Zhou X L, Kong X F, Lian G Q, et al., 2014. Dietary supplementation with soybean oligosaccharides increases short-chain fatty acids but decreases protein-derived catabolites in the intestinal luminal content of weaned Huanjiang mini-piglets[J]. Nutr Res, 34 (9): 780-788.

Bruno-Barcena J M, Azcarate-Peril M A, 2015. Galacto-oligosaccharides and colorectal cancer: Feeding our intestinal probiome[J]. J Funct Foods, 12: 92-108.

Rastall R A, Maitin V, 2002. Prebiotics and synbiotics: towards the next generation[J]. Curr Opin Biotechnol, 13(5): 490-496.

Cheng W, Lu J, Li B, et al., 2017. Effect of functional oligosaccharides and ordinary dietary fiber on intestinal microbiota diversity[J]. Front Microbiol, 8, 1750.

Johnson E L, Heaver S L, Walters W A, et al., 2017. Microbiome and metabolic disease: revisiting the bacterial phylum Bacteroidetes[J]. J Mol Med, 95 (1): 1-8.

Ormerod K L, Wood D L, Lachner N, et al., 2016. Genomic characterization of the uncultured Bacteroidales family S24-7 inhabiting the guts of homeothermic animals[J]. Microbiome, 4 (1).

El Kaoutari A, Armougom F, Gordon J I, et al., 2013. The abundance and variety of carbohydrate-active enzymes in the human gut microbiota[J]. Nat Rev Microbiol, 11 (7): 497-504.

Flint H J, Bayer E A, Rincon M T, et al.,2008. Polysaccharide utilization by gut bacteria: potential for new insights from genomic analysis[J]. Nat Rev Microbiol, 6(2): 121-131.

Cuskin F, Lowe E C, Temple M J, et al., 2015. Human gut Bacteroidetes can utilize yeast mannan through a selfish mechanism[J]. Nature, 517 (7533): 165-169.

Li D, Chen H, Mao B, et al., 2017. Microbial Biogeography and Core Microbiota of the Rat Digestive Tract[J]. Sci Rep, 8, 45840.

Kaplan H, Hutkins R W, 2000. Fermentation of fructooligosaccharides by lactic acid bacteria and bifidobacteria[J]. Appl Environ Microb, 66 (6): 2682-2684.

Adamberg K, Tomson K, Talve T, et al., 2015. Levan Enhances Associated Growth of Bacteroides, Escherichia, Streptococcus and Faecalibacterium in Fecal Microbiota[J]. PLoS One, 10 (12): e0144042.

Kaji I, Iwanaga T, Watanabe M, et al., 2015. SCFA transport in rat duodenum[J]. Am J Physiol Gastrointest Liver Physiol, 308 (3): 188-197.

Rios-Covian D, Salazar N, Gueimonde M, et al., 2017. Shaping the Metabolism of Intestinal Bacteroides Population through Diet to Improve Human Health[J]. Front Microbiol, 8, 376.

Hong Y H, Nishimura Y, Hishikawa D, et al., 2005. Acetate and propionate short chain fatty acids stimulate adipogenesis via GPCR43[J]. Endocrinology, 146 (12): 5092-5099.

Fukuda S, Toh H, Hase K, et al., 2011. Bifidobacteria can protect from enteropathogenic infection through production of acetate[J]. Nature, 469 (7331): 543-547.

Jan G, Belzacq A S, Haouzi D, et al., 2002. Propionibacteria induce apoptosis of colorectal carcinoma cells via short-chain fatty acids acting on mitochondria[J]. Cell Death Differ, 9 (2): 179-188.

Knol J, Scholtens P, Kafka C, et al., 2005. Colon microflora in infants fed formula with galacto- and fructo-oligosaccharides: more like breast-fed infants[J]. J Pediatr Gastroenterol Nutr, 40 (1): 36-42.

Louis P, Flint H J, 2009. Diversity, metabolism and microbial ecology of butyrate-producing bacteria from the human large intestine[J]. FEMS Microbiol Lett, 294 (1): 1-8.

Barcenilla A, Pryde S E, Martin J C, et al., 2000. Phylogenetic relationships of butyrate-producing bacteria from the human gut[J]. Appl Environ Microb, 66 (4): 1654-1661.

Macfarlane S, Macfarlane G T, 2003. Regulation of short-chain fatty acid production[J]. Proc Nutr Soc, 62 (1), 67-72.

Delzenne N M, Kok N, 2001. Effects of fructans-type prebiotics on lipid metabolism[J]. Am J Clin Nutr, 73 (2): 456S-458S.

Venema K, 2010. Role of gut microbiota in the control of energy and carbohydrate metabolism[J]. Curr Opin Clin Nutr, 13 (4): 432-438.

Martin F P, Sprenger N, Yap I K, et al. Panorganismal gut microbiome-host metabolic crosstalk[J]. J Proteome Res, 8 (4): 2090-2105.

Koropatkin N M, Cameron E A, Martens E C, 2012. How glycan metabolism shapes the human gut microbiota[J]. Nat Rev Microbiol, 10 (5): 323-335.

Chen B R, Du L J, He H Q, et al, 2017. Fructo-oligosaccharide intensifies visceral hypersensitivity and intestinal inflammation in a stress-induced irritable bowel syndrome mouse model[J]. World J Gastroenterol, 23 (47): 8321-8333.

Stillie R, Bell R C, Field C J, 2005. Diabetes-prone BioBreeding rats do not have a normal immune response when weaned to a diet containing fermentable fibre[J]. Brit J Nutr, 93 (5): 645-653.

Che T M, Johnson R W, Kelley K W, et al., 2011. Mannan oligosaccharide improves immune responses and growth efficiency of nursery pigs experimentally infected with porcine reproductive and respiratory syndrome virus[J]. J Anim Sci, 89 (8): 2592-2602.

Capitan-Canadas F, Ortega-Gonzalez M, Guadix E, et al., 2014. Prebiotic oligosaccharides directly modulate proinflammatory cytokine production in monocytes via activation of TLR4[J]. Mol Nutr Food Res, 58 (5): 1098-1110.

Jeurink P V, Van Esch B C, Rijnierse A, et al., 2013. Mechanisms underlying immune effects of dietary oligosaccharides[J]. Am J Clin Nutr, 98 (2): 572S-577S.

# 附录一　名词解释

1. 生乳：从符合国家有关要求的健康奶畜乳房中挤出的无任何成分改变的常乳。产犊后七天的初乳、应用抗生素期间和休药期间的乳汁、变质乳不应用作生乳。

2. 乳粉（milk powder）：以生鲜牛（羊）乳为主要原料，添加或不添加辅料，经杀菌、浓缩、喷雾干燥制成的粉状产品。按脂肪含量、营养素含量、添加辅料的区别，分为：全脂乳粉、低脂乳粉、脱脂乳粉、全脂加糖乳粉、调味乳粉和配方乳粉。

3. 超高温灭菌乳（ultra high-temperature milk）：以生牛（羊）乳为原料，添加或不添加复原乳，在连续流动的状态下，加热到至少 132℃并保持很短时间的灭菌，再经无菌灌装等工序制成的液体产品。

4. 保持灭菌乳（retort sterilized milk）：以生牛（羊）乳为原料，添加或不添加复原乳，无论是否经过预热处理，在灌装并密封之后经灭菌等工序制成的液体产品。

5. 酸乳（yoghurt）：以生牛（羊）乳或乳粉为原料，经杀菌、接种唾液链球菌嗜热亚种和保加利亚乳杆菌（德氏乳杆菌保加利亚亚种）发酵制成的产品。

6. 发酵乳（fermented milk）：以生牛（羊）乳或乳粉为原料，经杀菌、发酵后制成的 pH 值降低的产品。以生乳为原料添加乳酸菌，经发酵而制成的饮料或食品，大多尚经过调味。发酵乳中所含的乳酸菌有很多种，其中有一些能在人体肠道中生长繁殖，具有调整肠道菌群作用。

7. 风味发酵乳（flavored fermented milk）：以 80%以上生牛（羊）乳或乳粉为原料，添加其它原料，经杀菌、发酵后 pH 值降低，发酵前或后添加或不添加食品添加剂、营养强化剂、果蔬、谷物等制成的产品。

8. 风味酸乳（flavored yoghurt）：以 80%以上生牛（羊）乳或乳粉为原料，

添加其它原料，经杀菌、接种唾液链球菌嗜热亚种和保加利亚乳杆菌（德氏乳杆菌保加利亚亚种），发酵前或后添加或不添加食品添加剂、营养强化剂、果蔬、谷物等制成的产品。

9. 调制乳粉（formulated milk powder）：以生牛（羊）乳或及其加工制品为主要原料，添加其它原料，添加或不添加食品添加剂和营养强化剂，经加工制成的乳固体含量不低于70%的粉状产品。

10. 巴氏杀菌乳（pasteurized milk）：仅以生牛（羊）乳为原料，经巴氏杀菌等工序制得的液体产品。

11. 调制乳（modified milk）：以不低于80%的生牛（羊）乳或复原乳为主要原料，添加其他原料或食品添加剂或营养强化剂，采用适当的杀菌或灭菌等工艺制成的液体产品。

12. 炼乳：以生鲜牛（羊）乳或复原乳为主要原料，添加或不添加辅料，经杀菌、浓缩，制成的黏稠态产品。按照添加或不添加辅料，分为：全脂淡炼乳、全脂加糖炼乳、调味/调制炼乳、配方炼乳。

13. 淡炼乳（evaporated milk）：以生乳和（或）乳制品为原料，添加或不添加食品添加剂和营养强化剂，经加工制成的黏稠状产品。

14. 加糖炼乳（sweetened condensed milk）：以生乳和（或）乳制品、食糖为原料，添加或不添加食品添加剂和营养强化剂，经加工制成的黏稠状产品。

15. 调制炼乳（formulated condensed milk）：以生乳和（或）乳制品为主料，添加或不添加食糖、食品添加剂和营养强化剂，添加辅料，经加工制成的黏稠状产品。

16. 配方乳粉：针对不同人群的营养需要，以生鲜乳或乳粉为主要原料，去除了乳中的某些营养物质或强化了某些营养物质（也可能二者兼而有之），经加工干燥而成的粉状产品。配方乳粉的种类包括婴儿、老年及其他特殊人群需要的乳粉。

17. 婴幼儿配方乳粉：使用牛乳或羊乳及其加工制品（乳清粉、乳清蛋白、脱脂乳粉、全脂乳粉等）为主要原料，加入适量的维生素、矿物质和其他辅料，使用法律法规及标准规定所要求的条件，加工制作供婴幼儿（三周岁以内）食用的婴儿配方乳粉、较大婴儿配方乳粉、幼儿配方乳粉。婴幼儿配方乳粉包括婴儿配方乳粉、较大婴儿配方乳粉、幼儿配方乳粉。

18. 干酪：以生鲜牛（羊）乳或脱脂乳、稀奶油为原料，经杀菌、添加发酵剂和凝乳酶，使蛋白质凝固，排出乳清，制成的固态产品。

19. 干酪素：以脱脂牛（羊）乳为原料，用酶或盐酸、乳酸使所含酪蛋白凝固，然后将凝块过滤、洗涤、脱水、干燥而制成的产品。

20．乳清粉：以生产干酪、干酪素的副产品——乳清为原料，经杀菌、脱盐或不脱盐、浓缩、干燥制成的粉状产品。

21．乳脂肪：以生鲜牛（羊）乳为原料，用离心分离法分出脂肪，此脂肪成分经杀菌、发酵或不发酵等加工过程，制成的黏稠状或质地柔软的固态产品。按脂肪含量不同，分为：稀奶油、奶油、无水奶油。

22．复原乳：指以全脂乳粉、浓缩乳、脱脂乳粉和无水奶油等为原料，经混合融合后，制成与牛乳成分相同的饮用乳。

23．地方特色乳制品：使用特种生鲜乳（如水牛乳、牦牛乳、羊乳、马乳、驴乳、骆驼乳等）为原料加工制成的各种乳制品，或具有地方特点的乳制品（如奶皮子、奶豆腐、乳饼、乳扇等）。稳定可控奶源基地：系指自建牧场、合建牧场、参股小区及签订购销合同的合法生鲜乳收购站等。

# 附录二  乳制品国家标准目录

GB 19301—2010 食品安全国家标准  生乳

GB 19645—2010 食品安全国家标准  巴氏杀菌乳

GB 25190—2010 食品安全国家标准  灭菌乳

GB 25191—2010 食品安全国家标准  调制乳

GB 19302—2010 食品安全国家标准  发酵乳

GB 13102—2022 食品安全国家标准  浓缩乳制品

GB 19644—2010 食品安全国家标准  乳粉

GB 11674—2010 食品安全国家标准  乳清粉和乳清蛋白粉

GB 19646—2010 食品安全国家标准  稀奶油、奶油和无水奶油

GB 5420—2021 食品安全国家标准  干酪

GB 25192—2022 食品安全国家标准  再制干酪和干酪制品

GB 10765—2021 食品安全国家标准  婴儿配方食品

GB 10767—2021 食品安全国家标准  幼儿配方食品

GB 10769—2010 食品安全国家标准  婴幼儿谷类辅助食品

GB 10770—2010 食品安全国家标准  婴幼儿罐装辅助食品

GB 12693—2010 食品安全国家标准  乳制品良好生产规范

GB 23790—2010 食品安全国家标准  粉状婴幼儿配方食品良好生产规范

GB 5009.2—2016 食品安全国家标准  食品相对密度的测定

GB 5413.30—2016 食品安全国家标准  乳和乳制品杂质度的测定

GB 5009.239—2016 食品安全国家标准  食品酸度的测定

GB 5009.6—2016 食品安全国家标准  食品中脂肪的测定

GB 5413.29—2010 食品安全国家标准  婴幼儿食品和乳品中溶解性的测定

GB 5009.168—2016 食品安全国家标准  食品中脂肪酸的测定

GB 5009.8—2023 食品安全国家标准　食品中果糖、葡萄糖、蔗糖、麦芽糖、乳糖的测定

GB 5413.6—2010 食品安全国家标准　婴幼儿食品和乳品中不溶性膳食纤维的测定

GB 5009.82—2016 食品安全国家标准　食品中维生素 A、D、E 的测定

GB 5009.158—2016 食品安全国家标准　食品中维生素 $K_1$ 的测定

GB 5009.84—2016 食品安全国家标准　食品中维生素 $B_1$ 的测定（含第 1 号修改单）

GB 5009.85—2016 食品安全国家标准　食品中维生素 $B_2$ 的测定

GB 5009.154—2023 食品安全国家标准　食品中维生素 $B_6$ 的测定

GB 5009.285—2022 食品安全国家标准　食品中维生素 $B_{12}$ 的测定

GB 5009.89—2023 食品安全国家标准　食品中烟酸和烟酰胺的测定

GB 5009.211—2022 食品安全国家标准　食品中叶酸的测定

GB 5009.210—2023 食品安全国家标准　食品中泛酸的测定

GB 5413.18—2010 食品安全国家标准　婴幼儿食品和乳品中维生素 C 的测定

GB 5009.259—2023 食品安全国家标准　食品中生物素的测定

GB 5009.268—2016 食品安全国家标准　食品中多元素的测定

GB 5009.87—2016 食品安全国家标准　食品中磷的测定

GB 5009.267—2020 食品安全国家标准　食品中碘的测定

GB 5009.44—2016 食品安全国家标准　食品中氯化物的测定

GB 5009.270—2023 食品安全国家标准　食品中肌醇的测定

GB 5009.169—2016 食品安全国家标准　食品中牛磺酸的测定

GB 5009.83—2016 食品安全国家标准　食品中胡萝卜素的测定

GB 5413.36—2010 食品安全国家标准　婴幼儿食品和乳品中反式脂肪酸的测定

GB 5009.24—2016 食品安全国家标准　食品中黄曲霉毒素 M 族的测定

GB 5009.5—2016 食品安全国家标准　食品中蛋白质的测定

GB 5009.3—2016 食品安全国家标准　食品中水分的测定

GB 5009.4—2016 食品安全国家标准　食品中灰分的测定

GB 5009.12—2023 食品安全国家标准　食品中铅的测定

GB 5009.33—2016 食品安全国家标准　食品中亚硝酸盐与硝酸盐的测定

GB 5009.93—2017 食品安全国家标准　食品中硒的测定

GB 5009.28—2016 食品安全国家标准　食品中苯甲酸、山梨酸和糖精钠的测定

GB 22031—2010 食品安全国家标准　干酪及加工干酪制品中添加的柠檬酸盐的测定

GB 5413.38—2016 食品安全国家标准　生乳冰点的测定

GB 5413.39—2010 食品安全国家标准　乳和乳制品中非脂乳固体的测定

GB 4789.1—2016 食品安全国家标准　食品微生物学检验 总则

GB 4789.2—2022 食品安全国家标准　食品微生物学检验 菌落总数测定

GB 4789.3—2016 食品安全国家标准　食品微生物学检验 大肠菌群计数

GB 4789.4—2016 食品安全国家标准　食品微生物学检验 沙门氏菌检验

GB 4789.10—2016 食品安全国家标准　食品微生物学检验 金黄色葡萄球菌检验

GB 4789.15—2016 食品安全国家标准　食品微生物学检验 霉菌和酵母计数

GB 4789.18—2010 食品安全国家标准　食品微生物学检验 乳与乳制品检验

GB 4789.30—2016 食品安全国家标准　食品微生物学检验 单核细胞增生李斯特氏菌检验

GB 4789.35—2023 食品安全国家标准　食品微生物学检验 乳酸菌检验

GB 4789.40—2016 食品安全国家标准 食品微生物学检验 克罗诺杆菌属（阪崎肠杆菌）检验

# 附录三 乳粉车间清洁和消毒作业管理规程

## 1．目的

确保符合食品生产卫生要求。

## 2．适用范围

适用于乳粉生产现场清洁、消毒。

## 3 名词解释

### 3.1 清洁作业区

是指清洁程度要求高，与内容物直接接触的车间或存放区，空气净化程度达到十万级的区域（如：裸露待包装的半成品拆包间、内包装车间、配料区、拌料区、干混预混料存放区）等。

### 3.2 准清洁作业区

是指清洁程度要求次于清洁作业区的区域（如：外包装车间、杀菌间、理罐区、上料区）。

### 3.3 一般作业区

清洁度要求低于准清洁作业区的区域（如打包间、原料仓、包装材料仓、成品仓库等）。

## 4．内容

### 4.1 车间环境的清洁、消毒方式分类及要求

#### 4.1.1 天花板、墙壁、门窗、灯罩、护栏

生产过程中，天花板、墙壁、门窗、灯罩、护栏等上的粉尘，一般只采用外壁吸尘器吸干净或用干毛巾（尘推罩）擦拭干净，特殊情况时则采用(74±1)%食用酒精擦拭消毒。清洁时，先用干毛巾（尘推罩）擦拭干净，再用(74±1)%食用酒精进行彻底擦拭消毒，特别注意门把及窗沿、门沿的卫生。

4.1.2　地面

4.1.2.1　干法：一般用于生产过程中，采用专用吸尘器吸干净地面的粉尘。

4.1.2.2　湿法：先用吸尘器或扫把扫干净地面的粉尘，再将浸泡消毒水的拖把拧半干（不滴水为宜），进行拖拭消毒，特别注意缝隙及卫生死角的卫生。卫生死角相适应的工具：小毛刷等。

4.1.3　下水道

打扫完卫生后必须对清洗房的下水道口清洗、消毒，用清水清洗下水道，保持下水道的畅通及干净，清洗后再灌冲消毒水进行消毒。

4.1.4　空间

4.1.4.1　每天生产前必须预先开 30min 以上臭氧（臭氧最大浓度达到 1.0～1.5μg/mL）对空间进行消毒。

4.1.4.2　洁净车间（包括拌料间、配料间、内包装间）的空间湿度应控制在55%以下，温度 16～23℃。

4.1.4.3　用干法生产的原辅料在使用前，内袋表面须杀菌或消毒，且表面保持干燥方能投用。如若在准洁净作业区，可以用(74±1)%食用酒精对内袋外表面进行彻底擦拭消毒或在紫外线下照射消毒 30min 或者使其经过袋外杀菌输送带进行杀菌。

4.1.4.4　风淋室：每个生产周期结束或生产过程中，每天不定期对风淋室风筒内、墙壁表面、回风网上的粉尘进行清理干净，再用伏泰消毒水或(74±1)%食用酒精擦拭消毒。

4.1.4.5　清洁结束后，确保各洁净区开臭氧杀菌 4h，臭氧最大浓度达到5μg/mL 以上。

4.1.5　衣柜、鞋柜

每天至少 1 次用伏泰消毒水或(74±1)%食用酒精对衣柜、鞋柜的表面及内部进行擦拭消毒。

4.1.5.1　工作服每次清洗消毒后，密封包扎转运回车间，挂放于各区标识为"未穿工作服"衣柜中，并进行紫外线杀菌，方便员工随时取用；同时员工临时出车间，脱下工作服挂入"已穿工作服"衣柜中，进行紫外线杀菌。

4.1.5.2　若工作服受到水或油渍污染，则不得穿着，换下放入工作服回收筐待清洗，重新更换一套已消毒未穿的工作服。

4.1.5.3　洁净区工作鞋与准洁净区工作鞋分开清洗，烘干后密封包扎转运至各自区域分选存放，统一进行空间臭氧杀菌半小时；同时洁净区工作鞋使用前放于鞋消毒柜消毒半小时，方能使用。

#### 4.1.6 净化空调管道

每年至少 1 次对净化空调管道内部进行除尘清洁，确保净化车间内空气质量及洁净度符合要求。

4.1.6.1 每两个生产周期结束（即 1 个月），各楼层水塔轮流清洁一次；

4.1.6.2 每两个生产周期结束，轮流关闭空调系统，快速更换滤袋；

4.1.6.3 每次干清洁期间，中效和初效换下的滤袋，采用 60～80℃热水浸泡半小时，清水洗后，再接着用伏泰消毒水进行浸泡 30min，最后用洗衣机脱水后进行晒干或转烘干房，烘箱温度控制在 60～80℃，时间约 1～2h 进行烘干，接着用超膜密封包扎放在塑料地脚板，转入准清洁区洁具暂存间备用。

#### 4.1.7 其他

回风口、过滤网、灯罩、标识牌、传递窗等，生产过程中洁净区内一般只采用吸尘器吸干净，使用(74±1)%食用酒精及消毒水擦拭或浸泡消毒；特殊必要时或干清洁时，可拆卸部件如过滤网（清洁频率：每 3 天一次）转运到清洗间，用清水进行清洗，保证其表面没有物料残留，再用伏泰消毒水擦拭或(74±1)%食用酒精擦拭消毒，并烘干后使用；清洁时，不可拆卸部件特殊必要时则采用(74±1)%食用酒精擦拭消毒，并吹或烘干，务必确保干燥。

### 4.2 生产工具的清洗、消毒

#### 4.2.1 直接接触物料的生产工具

如瓢、勺、筛、盆、刷子、铲子等转运清洗间，尤其是专用长、短毛刷先采用 60～80℃热水浸泡半小时，接着用自来水清洗干净后，烘箱温度控制在 60～80℃，时间约 1～2h 烘干；或先采用(74±1)%食用酒精擦拭消毒，接着摆放在烘干房操作台上烘干并用移动臭氧机杀菌消毒半小时，烘干后及时采用 PE 膜袋密封包扎或封口备用，最后转运各区域使用。

#### 4.2.2 不直接接触物料的生产工具

如胶筛、塑料筐/桶（拖地盛水的塑料桶和盛放相关物料包材的塑料筐应区分）、地脚板、毛刷等，可转清洗间或清洗场，先用清水清洗干净，再用(74±1)%食用酒精喷洒后，悬挂晾干或太阳下晒干，最后转车间准洁净区烘干房，用移动臭氧机杀菌消毒半小时。

#### 4.2.3 操作台、上料架等

生产过程中一般只用专用吸尘器吸干净表面的物料，特殊必要时和干清洁或湿清洁时转清洗间，先用清水和刷子进行刷洗，再用(74±1)%食用酒精擦拭消毒，最后转准清洁作业区用臭氧杀菌消毒并晾干备用。

#### 4.2.4 推车、叉车等

生产过程中一般只用专用吸尘器吸干净表面的物料，特殊必要时和干清洁或湿清洁时转清洗场，先用刷子等工具去除车轮上的杂物，再用清水和刷子将其表面刷洗干净，特别注意扶手、车轮的卫生。清洗完，将其喷洒 0.4%伏泰消毒水，并放太阳下晒干或转准清洁作业区自然晾干，开启空间臭氧杀菌消毒备用。生产过程中或每天生产结束即停产期间，将洁净区所用推车和叉车拉至缓冲间或准清洁作业区，使用浸泡于(74±1)%食用酒精中的毛巾，拧半干进行擦拭或直接喷洒消毒，并晾干备用，转入洁净作业区，使用时务必确保其完全干燥。

### 4.3　生产设备的清洗消毒

#### 4.3.1　可拆卸设备

生产过程中，设备故障时需要拆卸设备上的零部件（尤其是跟粉接触的部位）和干清洁需要拆卸设备上的零部件（跟粉不接触的部位）转入清洗间，放入清洗池内先用清水清洗干净，然后用(74±1)%食用酒精擦拭消毒，接着转运烘干房进行烘干，最后杀菌后采用 PE 膜袋或超膜包扎转运各区域备用。装机前先采用(74±1)%食用酒精擦拭消毒，务必确保设备各部件呈干燥状态，方可安装使用。

#### 4.3.2　不可拆卸设备

除需要拆卸设备上零部件转出清洁外，其他设备外壁先用专用吸尘器或专用毛刷将设备上的物料吸扫干净，后用浸有(74±1)%食用酒精的毛巾拧半干（不滴水为宜）进行擦拭消毒。